高职高专制造业人才培养培训规划教材

数控铣床(加工中心)编程、操作及实训

主　编　黄道业
副主编　邵　刚
　　　　王文浩
　　　　杨　辉

合肥工业大学出版社

责任编辑：陈淮民
封面设计：王国亮

图书在版编目(CIP)数据

数控铣床(加工中心)编程、操作及实训 / 黄道业主编. —合肥：合肥工业大学出版社，2005.8

ISBN 978-7-81093-236-3

Ⅰ.数… Ⅱ.黄… Ⅲ.①数控铣床：铣床-程序设计-高等学校：技术学校-教学参考资料 ②数控机床加工中心-程序设计-高等学校-：技术学校-教学参考资料 ③数控机床：铣床-操作-高等学校：技术学校-教学参考资料 ④数控机床加工中心-操作-高等学校：技术学校-教学参考资料 Ⅳ.①TG547 ②TG659

中国版本图书馆 CIP 数据核字(2005)第 097643 号

数控铣床(加工中心)编程、操作及实训

主编 黄道业　　　副主编 邵 刚 王文浩 杨 辉

出 版	合肥工业大学出版社	**版 次**	2005 年 8 月第 1 版
地 址	合肥市屯溪路 193 号	**印 次**	2008 年 6 月第 3 次印刷
邮 编	230009	**开 本**	787×1092 1/16
电 话	总编室：0551-2903038	**印 张**	15
	发行部：0551-2903198	**字 数**	270 千字
网 址	www.hfutpress.com.cn	**发 行**	全国新华书店
E-mail	press@hfutpress.com.cn	**印 刷**	安徽江淮印务有限责任公司

ISBN 978-7-81093-236-3　　　**定价**：22.00 元

内容提要

全书共10章。分别为数控铣床概述、数控铣削加工的工艺分析、数控铣削的编程基础、数控铣床的基本操作技术、数控铣削加工编程实例、数控铣床安装、调试、验收和使用要求、加工中心概述、加工中心的程序编制、加工中心编程实例、加工中心的维护与保养。本书比较详实地介绍了采用国内外主流数控系统FANUC的数控铣床及加工中心的加工操作与维护方法，对数控铣床及加工中心的对刀操作也作了详细的介绍，内容丰富，实用性强。

本书主要供数控车、铣、加工中心专业课程学习的高职高专学生使用，也可作为工矿企业数控机床操作工、编程工艺人员以及有关从事数控技术教学的教师、工程技术人员参考用书。

前　言

随着信息技术在全球的迅猛发展，社会各行各业都发生了很大的变化，尤其加工制造业出现了喜人的局面，新的机械产品层出不穷，新的加工技术不断更新。将成为生产战线技术骨干的高职院校学生，需要全面了解和掌握机械加工的新技术。

数控加工作为一种新技术，在许多加工企业得到了应用。为了适应现代化生产的需要，培养和提高学生在数控加工过程中的工艺分析能力以及实际加工的操作技能，作者在多年教学实践的基础上编写了该书。编写中以简明扼要的适用基础知识为先导，以生产操作步骤为主线，力求内容简明易懂，方法实用可行，技术具体明确。编排上力求使各章节既相互贯通，又相对独立，便于各校结合实际调整课时、增减内容。全书力求做到了图文并茂，通俗易懂，便于教学，有利于培养学生良好的基本理论和基本技能，提高学生的动手能力和创造能力。

全书内容丰富，实用性强，共分为10章。第一章为数控铣床概述，第二章为数控铣削加工的工艺分析，第三章为数控铣削的编程基础，第四章为数控铣床的基本操作技术，第五章是数控铣削加工编程实例，第六章为数控铣床安装、调试、验收和使用要求，第七章为加工中心概述，第八章为加工中心的程序编制，第九章为加工中心编程实例，第十章为加工中心的维修与维护。本书比较详实地介绍了采用国内外主流数控系统 FANUC 的数控铣床及加工中心的加工操作与维护方法，对数控铣床及加工中心的对刀操作也作了详细的介绍，各章附有思考与实训题，可供学生练习或作为实训课题。

本书以数控加工综合实训为目标，以数控工艺、编程和机床操作三大技术为核心，全面、系统地介绍了数控铣削加工、加工中心加工的工艺分析、数控加工的编程基础与操作方法。本书以突出操作技能为主导，在分析加工工艺的基础上应用多种实例，重点讲述了常见典型零件进行数控加工的操作方法和编程思路,并给出了参考程序。本书编写力求理论表述简洁易懂,步骤清晰明了,便于初学者学习使用。

本书由安徽国防科技职业学院副教授黄道业任主编,邵刚、王文浩和杨辉任副主编。其中第一、六章由滁洲职业技术学院王晓明编写;第二、五章由合肥通用职业技术学院邵刚编写;第三章由安徽国防科技职业学院黄道业编写;第四章由阜阳职业技术学院杨辉编写;第七章由安徽职业技术学院张书诚编写;第八至十章由安徽机电职业技术学院王文浩编写。全书由韩江教授审定,由黄道业负责统稿和定稿。

2007 年本书被安徽省教育厅列为"省级'十一五'规划教材"。在同道的支持、帮助下,本书不断完善并多次重印。但由于编者的水平和经验所限,书中还是难免会有欠妥和错误之处,恳请读者批评指正。

编　者

2008 年 6 月

目　录

第一章 数控铣床概述

第一节 数控铣床分类

一、数控机床的产生与发展

随着科学技术和社会生产力的不断发展,各类机械产品更趋复杂,社会对机械产品的质量和生产效率也提出了越来越高的要求。特别是在航空航天、军工、计算机等工业领域中,零件精度高、形状复杂、批量小、加工困难、劳动强度大,同时质量又难以保证。为了解决以上种种问题,一种具有灵活、通用、高精度、高效率的自动化生产设备——数控机床便通过多方协作开发研制出来了。

数字控制(Numerical Control),简称 NC。数控机床就是用数字化的信息将刀具移动轨迹信息记录在程序介质上,然后送入数控系统经过译码和运算,从而控制机床刀具与工件的相对运动(如主轴变速、松夹工件、开车和停车、进刀和退刀、切削液的开关等),最终加工出合格工件的一类机床。数控加工的基本过程如图 1-1 所示。

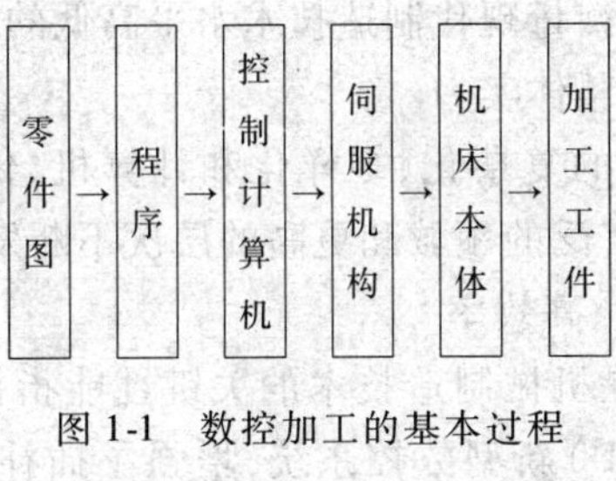

图 1-1　数控加工的基本过程

1. 数控机床的产生

数控机床的最初设想是 1948 年由美国巴森兹公司提出的,1949 年该公司与麻省理工学院(MIT)合作,开始了三坐标铣床的数控化研究工作。

1952 年 3 月终于开发研制出一台数控铣床,这也是世界上公认的第一台数控机床。它可作直线插补。不过当时用的是电子管。经过 3 年的试用、改进和提高,数控机床于 1955 年进入实用化阶段。

1958 年,晶体管元件和印刷电路板开始应用于数控机床中。1959 年美国 Keaney-Treckre 公司成功开发了具有刀库、刀具交换装置和回转工作台的数控机床,即加工中心(Machining Center,简称 MC)。

从 1960 年起,其他一些国家,如原联邦德国、日本、英国和苏联等国都开始了数控机床的研发,其中日本发展得最快。当今世界上著名的数控系统厂家有日本的 FANUC 公司、德国的 SIEMENS 公司、美国的 A-B 公司、意大利的 A-BOSZA 公司等。

1965 年,数控装置中运用了小规模集成电路,但以上均属于硬件 NC 系统。

1967 年,英国将几台数控机床联接成为最初的柔性制造系统(Flexible Manufacturing System,简称 FMS)。

1970 年,世界上生产出第一台运用小型计算机控制的数控机床(Computer Numerical Control,简称 CNC)。

1974 年,随着数控装置中微处理器的使用,更加促进了数控机床的普及应用和数控技术的发展。

20 世纪 80 年代后期,出现了以加工中心为主体,再加上工件自动检测与装卸装置的柔性制造单元(Flexible Manufacturing Cell,简称 FMC)。

FMC 和 FMS 是实现计算机集成制造系统(Computer Integrated Manufacturing System,简称 CIMS)的重要基础。

2. 数控机床的发展

数控技术已经成为衡量现代制造技术水平高低的重要标志。它的拥有量代表着一个国家工业的整体实力。

随着社会产品需求的复杂化、多样化和计算机、传感器等技术的迅速发展,数控机床将会向更广泛的领域和更高的层次不断发展和完善。

(1)高速度、高精度、高效率

速度、精度和效率是机械制造技术的关键性能指标。目前采用的 32 位、64 位中央处理单元(CPU)新型数控系统,增强了插补运算功能、快速进给功能,从而实现了高速加工、多轴控制功能,如 FANUC15 系统可控轴数和联动轴数为 2 ~ 15 轴,SIEMENS880 系统可控联动轴数为 24 轴。高分辨率检测元件在伺服系统中的应用,以及采取了改善机床动态特性和静态特性的多项有效措施,使得数控机床的高速度、高精度、高效率得到了不断提高。如加工中心的直线坐标的定位精度由 ±5μm/m 提高到 ±0.15μm/m,重复定位精度由 ±2μm/m 提高到 ±1μm/m。

(2)多功能

现代数控机床基本上都具有多种监控、检测和补偿功能。具有刀具磨损检测、系统精度检测和热变形检测等,还具有刀具长度补偿、刀具半径补偿和刀尖补偿等功能。同时采用了 CRT 显示,可以进行二维图形的轨迹显示,有的还可以进行三维彩色动态图形显示。现代数控机床也具有硬件、软件及故障自诊断功能。

(3)人工智能化

目前,人工智能化控制正沿着自适应控制、专家控制、模糊控制、学习控制等几个主要方向发展。如自适应控制(Adaptive Control,简称 AC)技术能在加工过程中调节实际测得的工作状态和特性,并且能使加工过程达到和维持在最佳状态。又如将机械加工的一般规律、特殊规律和加工经验存入一个系统,以工艺参数所形成的数据库作为支撑,就建立了专家系统。

(4)柔性化和自动化

数控机床在单机柔性化的同时,单元和系统也成为了当前重要的发展趋势。又由于系统硬件、软件结构实现了模块化、标准化和通用化,“无人化”的生产管理模式也更趋于完善。

(5)网络化

如将数控机床联网,就可实现远程控制和无人化生产。在所有联网的数控机床中的任何一台都可以共享其他数控机床所拥有的各种数据,同时也能实现对其他数控机床的编程、操作和运行等方面的控制。

(6)开放式

由于利用了第 6 代 PC 机的开放性,数控伺服控制系统由专用型、封闭式开环控制模式正向着通用型、开放式全闭环控制模式不断发展。同时远程通信、远程诊断和维修也会被普遍采用。

我国数控机床的研制与生产开始于 20 世纪 60 年代,但由于种种原因直到 80 年代才得到大力发展和推广。目前,我国涌现了北京 FANUC、广州数控、华中数控等一大批数控系统和数控机床的研发和生产厂家,但是其结构和性能与国际水平相比较还有很大的差距。

二、数控铣床的功能及加工对象

1. 数控铣床的功能

数控铣床的种类很多,不同的数控铣床的功能也不完全相同,其功能大致可分为一般功能和特殊功能。一般功能是指各类数控铣床都具有的功能。如各种固定循环功能、刀具半径补偿功能、点位控制功能、直线控制功能和轮廓控制功能等。特殊功能则是指数控铣床在增加了一定的特殊装置或附件后,才能具有的一些特殊功能。譬如自动交换工作台功能、刀具长度补偿功能、靠模加工功能、自适应功能等。

与数控镗铣类加工中心相比,数控铣床除了刀库和自动换刀功能以外,其他结构和功能都与镗铣类加工中心基本相同,可以对各种工件进行钻孔、扩孔、锪孔、铰孔、镗孔的加工以及攻螺纹等,但是数控铣床的最主要功能还是进行铣削类加工。

适合于数控铣床加工的零件有:

(1)周期性重复生产的零件

某些机械产品的市场需求具有一定的周期性和季节性,若采用专机生产则经济效益太差;采用普通设备则加工效率低,质量又难以保证。而采用数控铣床完成首件(批)加工后,该零件的加工程序和相关的生产信息都可以保存下来,当下一批同样产品再生产时,只需要很短的准备时间,使得生产周期大大缩短。

(2)高精度零件

有些设备上的关键部件,需求量小,但要求其精度高、一致性好。而数控铣床本身所具有的高精度正好可以满足产品要求,同时由于整个生产加工过程完全由程序自动控制,从而避免了人为因素的干扰,保证了同一批产品的质量一致性。

(3)形状复杂的零件

多轴联动的应用以及各种 CAD/CAM 技术的不断成熟与完善,使得被加工零件的形状复杂程度可以大大提高。另外,DNC 加工(在线加工)方式的使用使复杂零件的自动加工变得更加容易和方便。

(4)具有合适批量的零件

数控铣床适合中、小批量的生产加工,甚至是单件生产。

2. 数控铣床的主要加工对象

(1)平面类工件

加工平行、垂直于水平面或者加工面与水平面的夹角为定角度的工件则称为平面类工件。其特点是：各个需加工面必须是平面或者可以展开为平面。

(2)曲面类工件

如果待加工面是空间曲面的工件则属于曲面类零件。它的特点是：待加工面不能展开为平面，但同时加工面又始终与铣刀为点接触。一般采用三坐标数控铣床来加工曲面类工件。

(3)角度变化类工件

加工面与水平面的夹角呈连续性变化的工件就称为角度变化类工件，该类零件多为航天航空设备上的零件。其特点是：加工面不能展开为平面，而且在加工过程中，加工面与铣刀接触的一瞬间为一条直线。一般情况下，最好采用四坐标、五坐标联动的数控铣床进行摆角加工。

三、数控铣床的分类

数控铣床根据结构和功能的不同可以分为好多种类，一般常根椐主轴方向的不同分为以下 3 类：

1. 立式数控铣床

立式数控铣床是数控铣床中应用范围最广、数量最多的一种。从数控系统所控制的坐标数量来看，立式数控铣床多采用三坐标数控系统，可以进行三轴联动加工，也可以实现两轴或者两轴半（NC 装置只能同时控制两个轴的移动，而第三轴只能作等距离周期性移动）控制。如果主轴能够绕 X、Y、Z 轴中的一个或者两个轴作出一定的摆角加工，则称为四坐标或者五坐标立式数控铣床。当然，数控铣床可控轴数越多，特别是可联动轴数越多，则机床的功能就越强大，加工范围就越广，可加工对象就越多。但同时也使得对 NC 装置的要求更高，编程的难度随之增大，机床的结构更加复杂，设备价格也就越高。因此，三坐标数控系统在立式数控铣床上应用得最为普遍。

X、Y、Z 轴的移动也随机床的规格不同而有所区别。一般情况下，小型数控立式铣床 X、Y、Z 轴的移动都由工作台来完成；主运动由主轴来完成。其结构和运动方式与普通升降台式铣床相类似。中型数控立式铣床的 X 轴和 Y 轴的移动通常由工作台完成，而且工作台也能进行手动升降；主轴不仅完成主运动，同时还要完成 Z 轴的运动。大型数控立式铣床由于必须具有较大行程、较高的刚性，而且要尽量减小体积，所以通常采用龙门架移动式结构，龙门架沿床身作纵向（X 轴）移动；主轴在龙门架的横向（Y 轴）和垂直溜板上（Z 轴）移动。如图 1-2 所示就是五坐标龙门式数控铣床的结构示意图。

在有些情况下，为了扩大立式数控铣床的功能、加工范围、加工对象，提高加工效率，也可以依靠给立式数控铣床增加数控转盘、自动交换工作台、增加靠模等方式来实现。

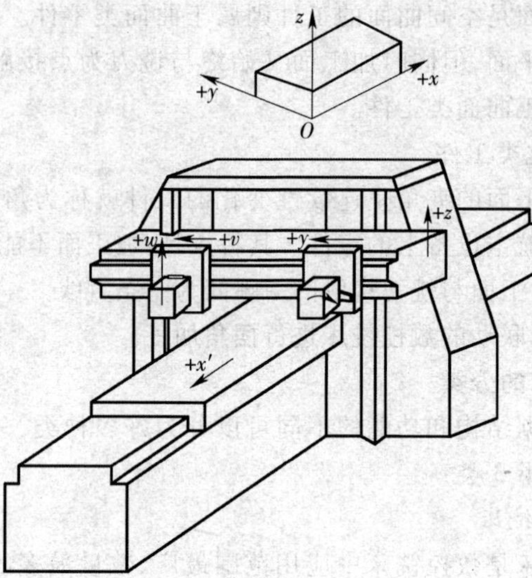

图 1-2　龙门式数控铣床

2. 卧式数控铣床

卧式数控铣床的结构设计和普通卧式铣床相同,即其主轴轴线平行于水平面。同时卧式数控铣床为了增强其加工功能,扩大加工范围,通常都采用数控转盘或者万能数控转盘的方式来实现四轴或者五轴加工。

卧式数控铣床与立式数控铣床相比较,其优势在于在增加了数控转盘以后,通过一次工件装夹,就可以对工件的所有侧面进行加工,即通常所说的"四面加工"。如果增加了万能数控转盘,则可以通过适当调整万能数控转盘从而将工件上呈不同角度或者空间角度的加工面转换成水平面来加工,这样就可以大大提高加工效率,节省很多成型铣刀和专用夹具。特别适合于箱体类零件的加工。但在价格方面,同等规格的卧式数控铣床要高于立式数控铣床。卧式数控铣床的结构如图 1-3 所示。

3. 立卧两用数控铣床

立式数控铣床和卧式数控铣床在结构和功能上存在着一定的区别,为了综合两种数控铣床的优点,便研制出立卧两用数控铣床。这类铣床的主轴方向可以变换为水平与垂直两种方式,所以既可以进行立式加工,又可以进行卧式加工。主轴方向的变换方式有手动和自动两种。当采用了数控万能主轴头

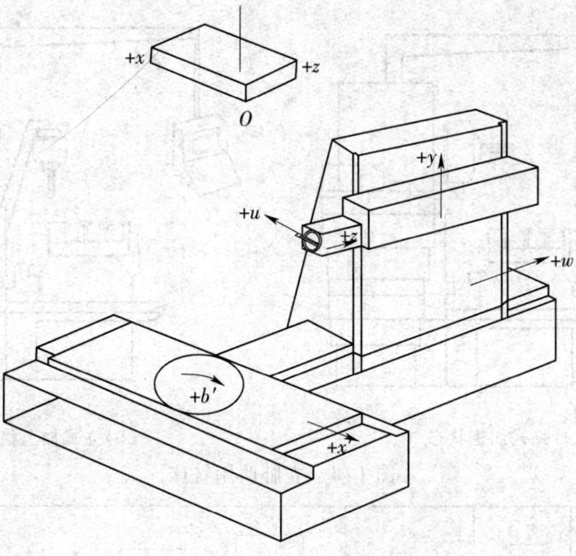

图 1-3 卧式数控铣床

时,则主轴头的方向就可以任意变换,进而加工出与水平面成不同角度的加工面。如果再增加了数控转盘,那么在立、卧两用数控铣床就可以实现“五面加工”了。这样就使该类数控铣床的功能更全面,适用范围更广,加工对象更多,加工效率更高。因此这类数控铣床的使用正逐渐增加。图 1- 4(a)为立卧两用数控铣床的卧式加工状态,1- 4(b)为立卧两用数控铣床的立式加工状态。

数控铣床除了上述 3 种类型以外,根据结构和用途的不同还有数控仿形铣床、数控工具铣床、数控钻铣床和数控镗铣床等类型。

第二节 数控铣床的组成

数控铣床一般由计算机数控系统(CNC 系统)和机床本体两大部分组成,如图 1-5 所示。

一、计算机数控系统

一台数控铣床性能的优劣主要取决于 CNC 系统,如脉冲当量的大小、进给速度的高低、检测精度的高低等,所以应该说 CNC 系统是数控铣床的核心。

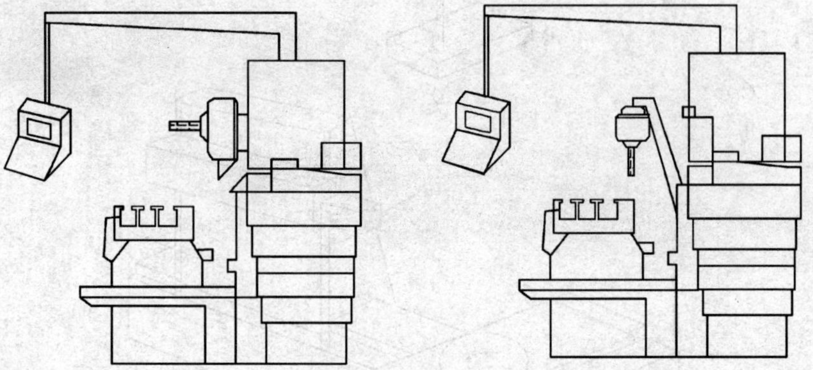

(a)卧式加工状态　　(b)立式加工状态

图 1-4　立卧两用铣床

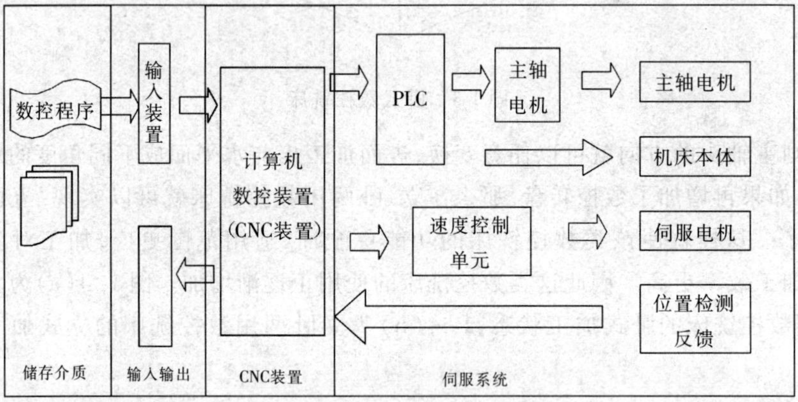

图 1-5　数控铣床的组成

CNC 系统又可分为硬件设备和数控软件两个部分,也可具体地分为输入与输出装置、数控装置、伺服驱动装置、可编程序控制器(PLC)、检测与反馈装置等。

1. 输入与输出装置

输入与输出装置是数控铣床与外部设备的接口。根据零件图编制的加工信息(程序)必须通过输入装置输送到机床数控系统后,数控系统才能根据程序控制机床的运动,从而加工出满足图纸要求的零件;机床内存中的程序也可以通过输出装置传送到不同的存储介质上。

由于编制好的加工程序一般都存放在穿孔纸带、磁盘、磁带、光盘上,所以常用的典型输入装置有纸带阅读机、磁带机、磁盘驱动器等。

手动数据输入方式(Manual Data Input,简称 MDI)和程序编辑方式(EDIT)也是常用的输入方式。操作人员可以直接在 NC 装置的控制面板上利用键盘输入、编辑、修改程序和发送各种命令,同时可利用显示器显示各项操作是否正确。

目前,RS232C 串行通信接口也应用得越来越广泛。

2. 数控装置

数控装置是数控铣床的核心。现代的数控铣床都采用计算机数控装置(CNC 装置),它主要包括微处理器 CPU、存储器、各种接口电路、CRT 显示器、键盘等。它的作用是接收外部所输入的信息(程序)后,通过各种插补运算得到最优化的刀具或工作台的运动轨迹,并将信号输出到执行元件(伺服元件、驱动元件)上,最终加工出合格的工件。数控装置的作用可以概括为 3 点:输入、轨迹插补运算、位置控制。

3. 伺服驱动装置

伺服驱动装置包括伺服驱动电机、各种伺服驱动元件和执行机构,是整个数控系统的执行部分。其中,伺服元件主要作用是接收来自数控装置的进给指令,经过放大和变换后再输送给驱动装置,这样由数控装置发出的微弱信号就变成了大功率信号。根据接收指令形式的不同可以将伺服单元分为模拟式和脉冲式,根据电源种类的不同又将其分为直流伺服单元和交流伺服单元。驱动装置将放大后的指令信号转换成各种机械运动,主要是刀具和工作台之间的相对运动。

一台数控铣床的程序运行完全是依靠伺服驱动装置来完成的,因此伺服驱动装置是数控铣床的重要组成部分。可以这样说,一台数控铣床功能的强弱主要由数控装置决定,而其性能的好坏则主要取决于它的伺服驱动装置。

4. 可编程序控制器(PLC)

数控铣床的自动控制是由 CNC 系统和 PLC 共同完成的。其中 CNC 系统主要完成与数字运算和管理方面有关的工作,包括轨迹插补运算、译码和编辑加工程序等。PLC 是专门应用于工业环境的以微处理器为基础的通用型自动控制装置。它的主要作用是解决各种工业设备中的逻辑关系和开关量的控制,但没有轨迹运算与控制上的功能。如 PLC 可以接收 M(辅助功能)、T(叫刀、换刀功能)、S(主轴转速功能)等控制代码,再经过译码后转换为相对应的控制信号,并驱动相关的辅助装置去完成一系列的开关动作,如进给保持、切削液的开关、更换刀具、主轴转动与停止等。

5. 检测反馈装置

检测反馈装置的作用是对数控铣床的实际运动方向、速度、位移量和加工状态等加以检测,并将检测结果转化为电信号反馈给数控装置,再通过分析比较,计算出实际位置与指令要求位置之间的差值后,发出纠正误差的信号,直到满足要求为止。检测反馈装置通常安装在工作台或滚珠丝杠上,其类型和安装位置由伺服控制系统的类型决定。伺服系统一般分为开环、闭环和半闭环控制系统。开环控制系统一般没有检测反馈装置,其系统精度取决于步进电动机和滚珠丝杠的精度;半闭环控制系统常将检测反馈装置装在滚珠丝杠上,闭环控制系统则将检测反馈装置装在工作台上,半闭环和闭环控制系统的精度由检测反馈装置的精度来决定。常用的位置检测元件有磁栅、光栅、感应同步器等。

二、机床本体

机床本体是加工运动的实际机械部件,是数控铣床的主体,主要包括:基础部件(床身、立柱、底座)、主运动部件(主轴)、进给运动部件(工作台、刀架),还有用于冷却、润滑、转位等功用的部件。

机床本体不仅要完成数控装置所控制的各种运动,而且还要承受包括切削力在内的各种力,所以机床本体必须具有良好的几何精度、足够的刚度、较小的热变形、较低的摩擦阻力,才能保证数控铣床的加工精度。

数控铣床的机床本体与普通铣床相比具有以下特点:

(1)采用高性能主轴部件及传动机构。

(2)机械结构具有较高的刚度和耐磨性,热变形小。

(3)采用了更多的高精度传动部件,如滚动导轨、静压导轨、滚珠丝杠等。

第三节　数控铣床的机械结构

数控铣床的机械结构主要包括主传动机构和进给系统两大部分。由于数控铣床在功能和原理上与普通铣床有很大的差别,所以数控铣床对主传动机构和进给系统提出了更高的要求,在结构上作出了很大的改进。

一、数控铣床的主传动机构

1. 主轴部件

数控铣床的主轴部件对机床加工质量和性能的影响是最大的,也是最直接的。其回转精度影响零件的加工精度,主轴准停、自动变速等不仅影响机床的自动化程度,而且也和主轴电机功率、主轴回转速度等一起共同影响机床的加工效率。所以就要求数控铣床的主轴部件能够与其工作性能相适应，要具有较高的回转精度、刚度、抗震性、耐磨性和较低的温升。这样在其结构上就必须解决好主轴轴承的配置、主轴的润滑和密封以及刀具的装夹等问题。

（1）主轴轴承的配置

根据数控铣床的规格和精度要求的不同，主轴所采用的轴承也不一样。通常中、小规格的数控铣床多采用成组高精度滚动轴承；大型、重型数控铣床采用液体静压轴承；高精度数控铣床则应采用气体静压轴承；对于转速在20 000r/min以上的就必须采用磁力轴承或者氮化硅材料的陶瓷滚珠轴承。

（2）主轴的润滑和密封

为了减小主轴高速转动时的磨损和摩擦发热，把产生的热量带走，应尽量减小主轴的热变形，一般采用循环式润滑系统，即利用液压泵来供油润滑，同时利用油温控制器控制油箱内油液的温度。但是高档数控铣床的主轴轴承则采用了高级油脂封闭式润滑，加一次润滑油脂可以使用7～10年，这样既简化了机床结构，又降低了使用成本，而且更易于维护和保养。常用的主轴润滑方式有：油气润滑方式，油雾润滑方式，喷注、滴注润滑方式。

在解决好主轴润滑问题的同时，还要解决好主轴的密封问题。被密封的介质或外部介质通常是以穿漏、渗透、扩散的方式越界泄漏到密封连接处的另一侧的。造成泄漏的根本原因在于密封面上存在一定的间隙，从而使得介质能够溢出或进入，或者是因为密封件两侧的介质压力、浓度差使得介质从压力高、浓度大的一侧向压力低、浓度小的一侧流动。下面以卧式数控铣床主轴前支承的密封为例，介绍主轴的密封问题，如图1-6所示。

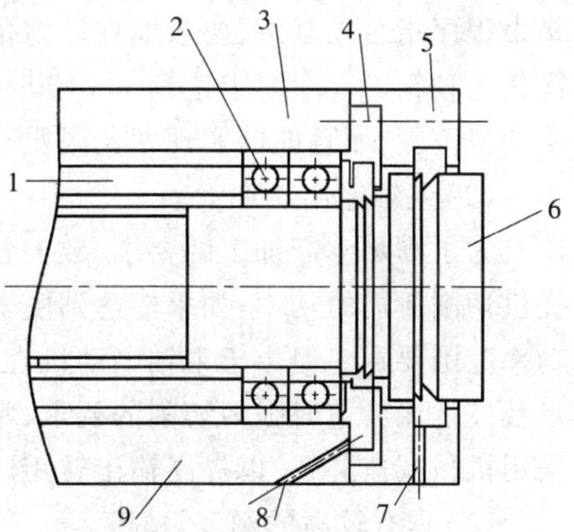

图1-6　主轴的密封

该密封结构采用的是双层小间隙密封装置。在主轴的前端车有两组锯齿形的护油槽，在法兰盘4和5上开有沟槽和泄油孔。当润滑油由通道1进入喷到轴承2内，流出时被法兰盘4的内壁挡住，经其下面的泄油孔9和套筒3上的回油斜孔8流回油箱。有少量的油液沿主轴6流出时，又在离心力的作用下被主轴护油槽甩至法兰盘4的沟槽内，经回油斜孔8回到油箱，所以防止了内部润滑油的溢出。当外部的切削液、切屑和灰尘等沿主轴 6 和法兰盘 5 的间隙进入时,经法兰盘 5 的沟槽,从泄油孔 7 排出,少量的切削液、切屑和灰尘进入主轴的前锯齿沟,又在主轴 6 高速旋转所产生的离心力作用下甩至法兰盘 5 的沟槽,从泄油孔 7 排出。这样一来,就达到了主轴前端部密封的目的。但要使间隙密封结构能在一定的压力和温度范围内具有良好的密封防漏作用,就必须要保证法兰盘 4 和 5 与主轴及轴承端面之间的配合间隙。

(3)刀具的装夹

对具有刀具自动夹紧装置的数控铣床,其刀杆常采用 7:24 的大锥度锥柄,它既有利于定心,又方便松刀。在夹紧状态下,蝶形弹簧通过拉杆和夹头,拉住刀柄的尾部,从而使刀具的锥柄与主轴锥孔紧密配合,其夹紧力可达 10 000N以上;松刀时,通过液压缸活塞推动拉杆,压缩蝶形弹簧,使夹头张开,这样夹头与刀柄上的拉钉脱离,就可拔出刀具,同时压缩空气由喷气口经过活塞中心孔和拉杆中的孔喷出,将锥孔清理干净,防止主轴锥孔中进入切屑和灰尘把锥孔表面和刀杆锥柄划伤。在拔出旧刀具后,就可以装入新刀具。此时液压缸的活塞后移,新刀具又被蝶形弹簧拉紧。

2. 主轴传动系统的要求

随着各项技术的不断发展,现代数控铣床对主轴传动系统也提出了更多、更高的要求:

(1)具有更大的调速范围

数控铣床为了能在加工中选用合理的切削用量,从而获得最高的生产效率、加工精度和表面质量,就必须具有更大的调速范围。数控铣床的主轴变速是由程序指令控制的,要求能在较宽的范围内实现无级调速,减少中间环节,简化主轴箱。一般要求达到 1:(100~1 000)的恒转矩调速范围,1:10 的恒功率调速范围,而且能够实现四象限驱动功能。

(2)主轴输出功率大

为了满足生产加工的要求,数控铣床的主轴在整个速度范围内都必须能提供切削所需的功率,如果能达到主轴电机的最大输出功率则更好,也就是恒功率范围要宽。但由于主轴电动机在低速阶段均为恒转矩输出,因此为了满足数控铣床低速时强力切削的要求,常采用分段无级变速的方法,即在低速时采用机械减速装置,以提高输出转矩。

(3)具有较高的刚度、精度

数控铣床的加工精度与其主传动系统的精度密切相关,因此就必须提高主轴传动件的制造精度和刚度,齿轮齿面要经过调频感应加热淬火以增加耐磨性；最后一级采用斜齿轮传动，使传动平稳；采用高精度的轴承、合理的支承跨距，以提高主轴组件的刚性。

(4)具有良好的抗震性和热稳定性

数控铣床在加工过程中，由于断续切削、加工余量不均匀、运动部件不平衡和切削过程中的自振等原因所引起的冲击力或者交变力的影响，使主轴产生振动，从而影响加工精度和表面粗糙度，甚至可能破坏刀具或主传动系统中的零件。同时主传动系统的发热又使其中所有的零部件产生热变形，降低传动效率，破坏零部件之间的相对位置精度和运动精度，从而造成加工误差。因此主轴组件要有较高的固有频率，实现动平衡，并保持合适的配合间隙，而且要进行循环润滑等。

主轴传动系统除了有以上要求以外，还有主轴定向准停控制、主轴旋转与坐标轴进给的同步、恒线速度切削等控制要求。

3. 主传动的变速方式

数控铣床常用的主传动变速方式有以下两种：

(1)具有变速齿轮的主传动

这是大、中型数控铣床经常采用的一种变速方式。它通过几级齿轮降速，以增大输出扭矩，从而满足主轴输出扭矩特性的要求，如图 1-7 所示为 XK5040 型数控铣床主传动系统图。

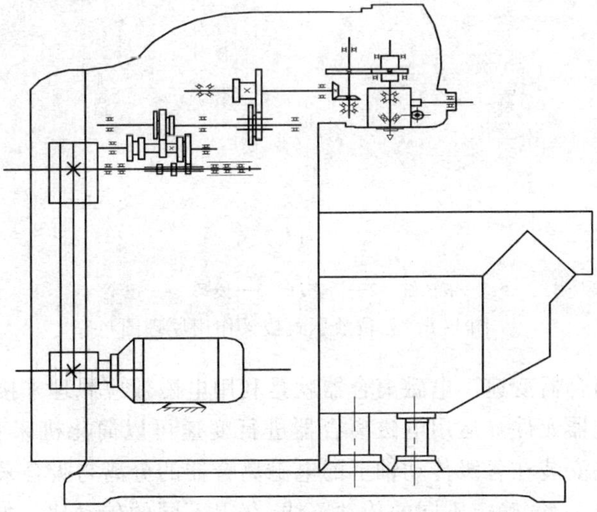

图 1-7　XK5040 数控铣床的主传动系统

在采用变速齿轮的主传动系统中,一般利用液压拨叉和电磁离合器两种变速操纵方法。

①液压拨叉变速机构　液压变速机构的原理和形式如图 1- 8 所示。滑移齿轮的拨叉与变速液压缸的活塞杆连接,通过改变不同通油方式可以使三联齿轮获得三个不同的变速位置。当液压缸 1 通压力油,液压缸 5 卸压时(图 1- 8a),活塞杆带动拨叉 3 向左移动到极限位置,同时拨叉带动三联齿轮移到左端啮合位置,行程开关发出信号。当液压缸 5 通压力油而液压缸 1 卸压时(图 1- 8b),活塞杆 2 和套筒 4 一起向右移动,套筒 4 碰到液压缸 5 的端部之后,活塞杆 2 继续右移到极限位置,此时三联齿轮被拨叉 3 移到右端啮合位置,行程开关发出信号。当压力油同时进入左右两液压缸时(1-8c),由于活塞杆 2 两端直径不同使活塞杆向左移动,活塞杆靠上套筒 4 的右端时,此时活塞杆左端受力大于右端,活塞杆不再移动,拨叉和三联齿轮被限制在中间位置,行程开关发出信号。液压拨叉变速是一种有效的方法,但它需要配置液压系统。

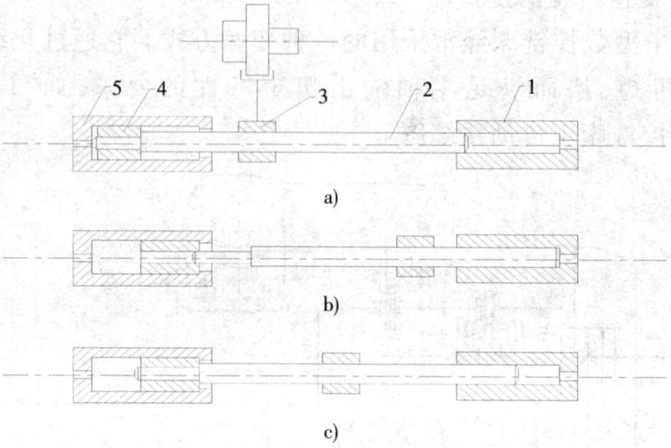

1、5—液压缸　2—活塞杆　3—拨叉　4—套管

图 1- 8　三位液压式拨叉作用原理图

②电磁离合器变速　电磁离合器就是利用电磁效应原理来接通或者断开运动的一种电器元件。运用电磁离合器进行变速可以简化机床变速机构,它只是通过一些安装在各级传动轴上的电磁离合器的分离与吸合来改变各级齿轮之间的啮合关系,确定不同的传动路线,获得不同的传动比。如图 1-9 所示的主传动系统图,就是利用了 6 个电磁离合器和一台双速三相异步电动机进行主轴变速的,它可以获得 18 级变速。

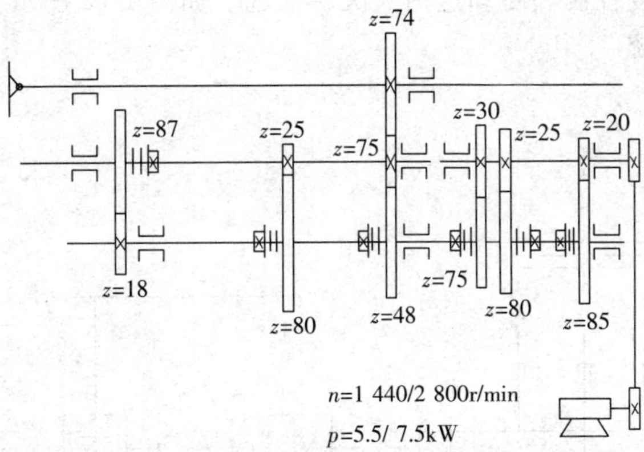

图 1-9　电磁离合器变速系统

(2)利用调速电动机变速的主传动

调速电动机直接驱动的主传动是用电动机来直接带动主轴旋转。这种方式进一步简化了主轴和主轴箱体的结构,提高了主轴部件的刚度,但同时使主轴的输出转矩减小,而且电动机发热又会对主轴的精度产生较大的影响。根据主轴电动机的类别不同,又分为直流主轴调速和交流主轴调速两种。

在数控铣床中,如果主轴采用直流电动机驱动,则其调速常采用晶闸管调速。由于数控铣床都要求主轴能够实现正、反转,具有大的切削功率,启动、停止和改变转向要迅速,所以主轴采用直流电动机驱动的数控铣床一般运用三相桥式反并联逻辑无环流可逆调速系统,图 1-10 为该调速系统的主电路图。

早期的数控铣床多采用晶闸管直流驱动系统,但是其适用性差,维护比较困难,恒功率调速范围小。随着交流调速理论、微电子技术及大功率半导体技术的发展,交流驱动系统在主传动机构中得到了越来越广泛的应用。目前生产的数控铣床,其主轴驱动系统有 85% 采用了交流调速系统,即利用变频器对交流电动机进行调速。图 1-11 为 SIEMENS 6SC650 系列主轴交流驱动系统原理图。(关于直流电动机、交流电动机调速的详细内容可以参阅相关书籍)

最近几年来,又出现了一种新型的内装式电动机主轴,即主轴与电动机的转子合为一个整体。它的优点是主轴部件结构紧凑、惯量小、质量小,因此提高了机床主轴启动和停止的响应特性,而且更有利于控制机床的震动和噪声。但这种类型的主轴传动方式也有一个很大的缺点,那就是主轴电动机高速运转时所产生的热量会使主轴产生热变形,因此在使用这种主轴传动方式时,必须解决好其温度控制和冷却这两大关键问题。如图 1-12 所示为内装式电动机主轴驱动系统。

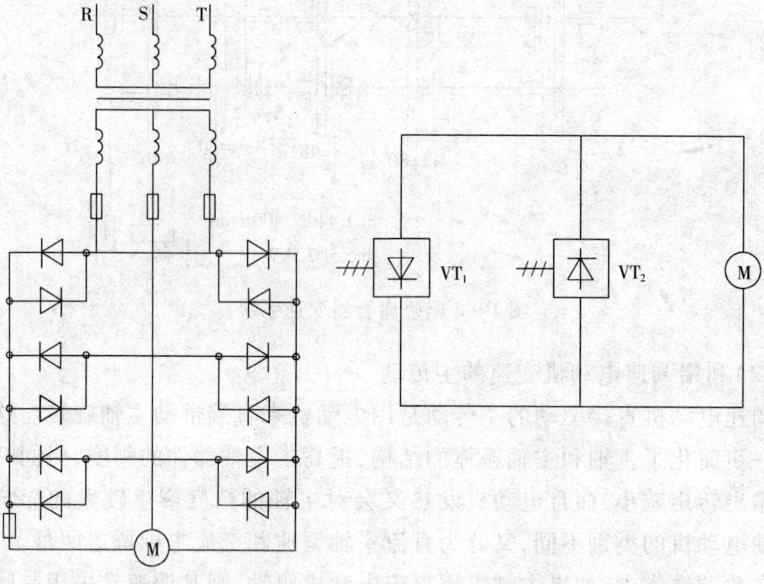

图 1-10　三相桥式反并联逻辑无环流可逆调速系统主电路图

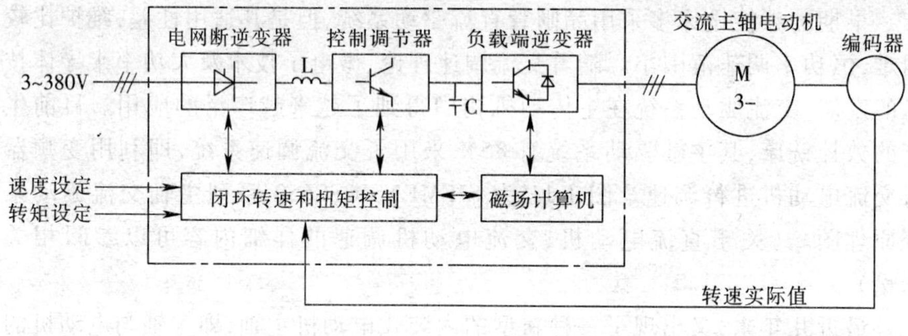

图 1-11　主轴交流驱动系统原理图

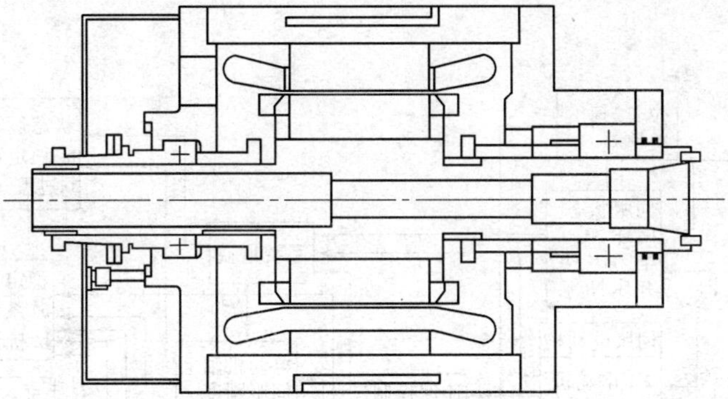

图 1-12 内装式电动机主轴驱动系统

数控铣床除了运用以上所介绍的主轴传动系统外，还有一种主轴分段无级变速及控制系统也常用于数控铣床上。一般的主轴无级调速机构，虽然能够大大简化主轴箱的结构，但是却会经常造成在低速阶段其输出转矩不能满足大力切削所要求的转矩。因此要想在整个速度范围内实现无级调速，就必须选用大输出功率的主轴电动机，这样就使得主轴电动机和驱动装置在体积、重量、成本上都要大大增加，同时也降低了运行的效率。为了更好地解决以上问题，有些数控铣床就采用了主轴分段无级变速及控制系统，即采用 1～4 档齿轮变速与电动机无级变速相结合的方式，这样既满足低速时的转矩要求，又满足了主轴最高转速的要求。一般在数控系统的参数区设置 M41、M42、M43、M44 共 4 个转速档。

二、数控铣床的进给系统

数控铣床进给系统主要控制机床各个直线坐标轴、回转坐标轴的定位以及切削进给，所以它直接影响到数控铣床的运行状态和各项精度指标。如图 1-13 所示为数控铣床进给系统的机电关系图。

数控铣床的进给系统按照其驱动方式的不同可以分为液压伺服进给系统和电气伺服进给系统两大类。但随着各类伺服电动机和进给驱动装置的不断发展，当前大多数数控铣床都采用了电气伺服进给系统。按照检测反馈方式的不同又可分为开环、闭环和半闭环控制系统。对于一般精度要求的数控铣床，采用半闭环控制系统就完全能够达到其生产加工的精度要求，因此目前市场上的大多数数控铣床都采用了半闭环进给伺服控制系统。

为了保证进给传动系统的定位精度、快速响应特性和系统稳定性要求，就必须使数控铣床进给传动系统中的机械传动装置和伺服元件满足一些基本要求。

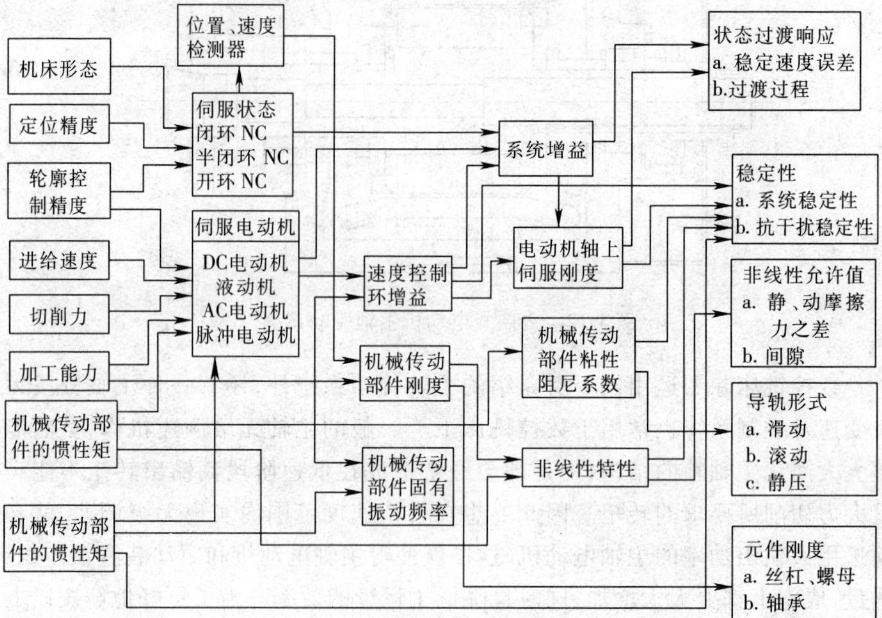

图 1-13　进给系统的机电关系图

1. 数控铣床对进给系统机械传动装置的基本要求

(1)高的定位精度和传动精度

数控铣床是通过预先编制好的程序对工件进行自动加工的,在加工过程中就不可能用手动操作去调整和补偿各种因素对加工精度的影响,所以机械传动装置的定位精度和传动精度最直接地影响零件的加工精度,也最直接地反映出产品的质量。为了保证机械传动装置的定位精度和传动精度,在数控铣床的设计和制造过程中,常通过在进给系统中加入减速齿轮(减小脉冲当量),将滚珠丝杠预紧,消除齿轮、蜗轮等传动件之间的间隙等方法来达到这一目的。

(2)减小各运动部件的惯量

在数控自动加工过程中,要想确保加工精度,就必须要求各进给运动部件能够迅速启动和停止,也就是对外部信号的反应要灵敏,所以数控铣床在满足传动的强度和刚度的条件下,应尽量减小运动件的惯量。

(3)减小各运动件的摩擦力

只有减小了运动件的摩擦(如主轴的升降、工作台的直线移动和丝杠传动等),才能消除爬行,长期确保数控铣床的加工精度,提高系统的稳定性。

(4)要有适当的阻尼

由于阻尼一方面可以增强系统的稳定性,另一方面阻尼又会降低伺服系统的快速响应特性,所以对于阻尼的选择一定要适当。

(5)高的稳定性

一个自动控制系统其性能的好坏首先取决于其稳定性,稳定性是进给伺服系统正常工作的最基本条件,如当外部负载变化时机床不能产生共振、低速进给切削时不能出现爬行现象等。但系统的稳定性又与系统的惯性、刚性、阻尼和增益等有着密切关系,只有适当选择各项参数,才能使整个系统达到最佳的工作性能。

(6)较长的使用寿命

数控铣床的使用寿命是指保持机床定位精度和传动精度的时间,也就是各传动部件保持其原有制造精度的能力。要想使数控铣床获得较长的使用寿命,就必须合理选择各传动件的材料、热处理方法和加工工艺,同时还要采用适当的润滑方式和一定的防护措施。

2. 进给系统机械传动装置的典型结构

(1)滚珠丝杠螺母副

滚珠丝杠螺母副是将回转运动与直线运动相互转换的新型理想传动装置,它是在具有螺旋槽的丝杠和螺母之间装有滚珠,属于螺旋传动机构的一种新形式。滚珠丝杠螺母副与传统的滑动丝杠螺母副相比,具有系统刚度高、运动平稳、传动精度高、耐磨性好、使用寿命长等特点。

根据滚珠循环方式的不同,可以将滚珠丝杠螺母副分为外循环式和内循环式两种,其结构如图 1-14 所示。

滚珠丝杠螺母副的工作原理是:在丝杠和螺母上都加工有弧形螺旋槽,当把它们装在一起时就形成了螺旋通道,并且滚道内填满滚珠。当丝杠相对于螺母旋转时,两者就产生了轴向位移,而滚珠则可以沿着滚道移动。内循环式与外循环式最主要区别是内循环式的滚珠在循环过程中始终与滚道相接触,而外循环式的滚珠则在螺母体内和体外作循环运动。

滚珠丝杠螺母副的传动间隙是轴向间隙。当丝杠反向转动时,将会产生空回误差,从而影响其传动精度和轴向精度。一般采用预紧的方法来减小轴向间隙,保证反向传动时的传动精度和轴向精度。常用的预紧方法有以下

几种:

①双螺母螺纹式预紧;

②双螺母垫片式预紧;

③双螺母齿差式预紧;

④弹簧式自动预紧;

⑤单螺母变位导程式预紧。

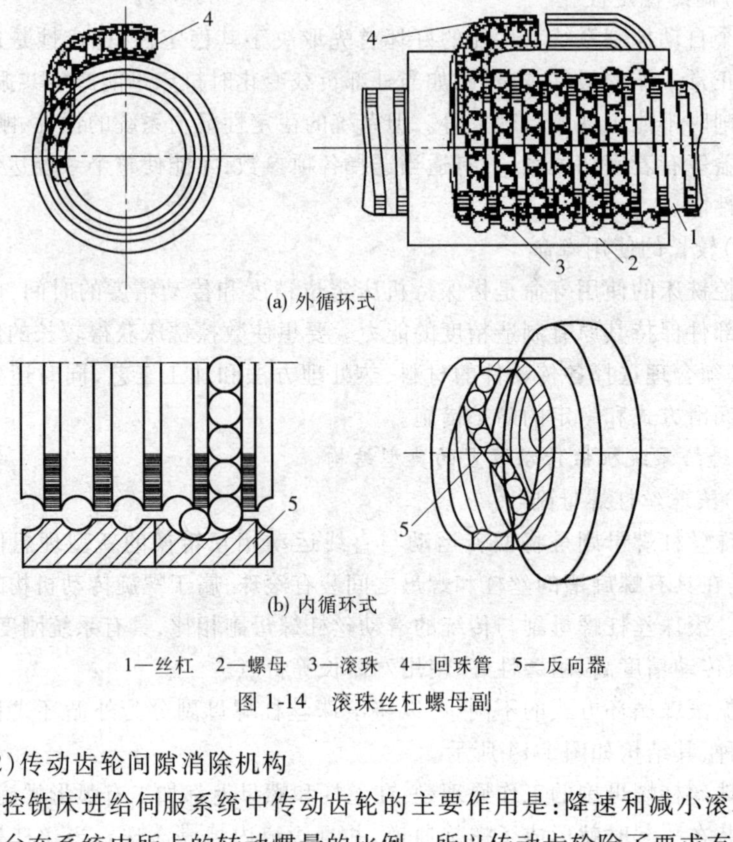

1—丝杠　2—螺母　3—滚珠　4—回珠管　5—反向器

图 1-14　滚珠丝杠螺母副

(2)传动齿轮间隙消除机构

数控铣床进给伺服系统中传动齿轮的主要作用是:降速和减小滚珠丝杠与工作台在系统中所占的转动惯量的比例。所以传动齿轮除了要求有高的运动精度和工作稳定性以外,还要能够消除齿侧间隙,从而消除反向传动死区。对于不同类型的齿轮其消除间隙的方法也不同,常用的齿轮间隙消除方法有:

①直齿圆柱齿轮　偏心套调整法、轴向垫片调整法、双片薄齿轮错齿调整法。

②斜齿圆柱齿轮　垫片错齿调整法、轴向压簧错齿调整法。

③锥齿轮　轴向压簧调整法、周向弹簧调整法。

图 1-15 所示为直齿圆柱齿轮中所采用的偏心套调整法，图中 1 为偏心套，通过调整偏心套的转角，就能调节两啮合齿轮的中心距，从而消除齿侧间隙。

（3）联轴器组件

联轴器是将进给机构的两根轴连接起来，使之一起转动，并且传递运动和扭矩的装置。要想保证其传动精度、消除回程误差，也必须要消除在扭转方向上的连接间隙。常用联轴器形式有：套筒式联轴器、锥环无键联轴器。

图 1-16 所示为套筒式联轴器的几种结构形式。

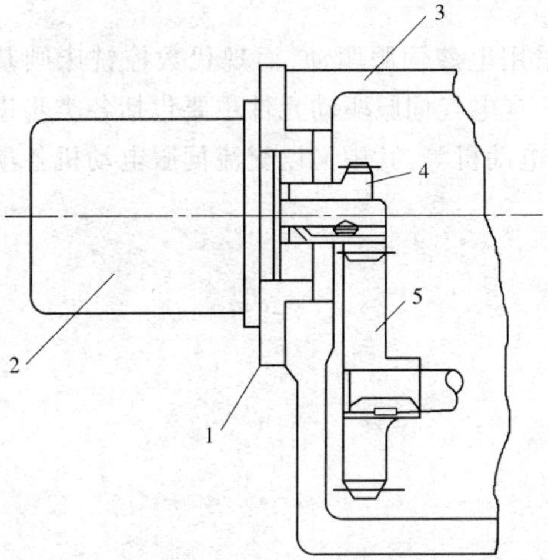

图 1-15　偏心套调整法

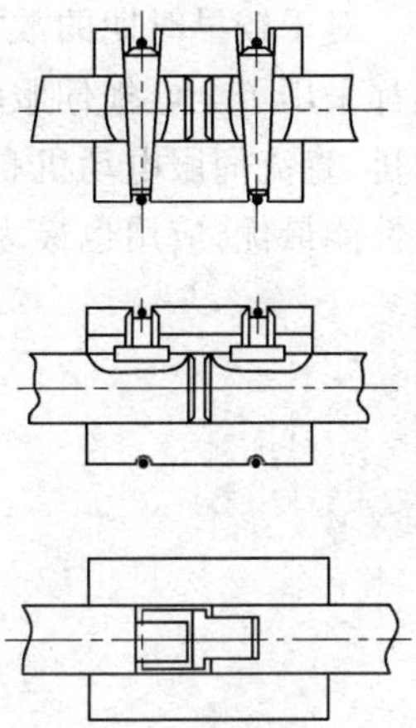

图 1-16　套筒式联轴器

3. 数控铣床对进给系统伺服驱动元件的基本要求

数控系统所发出的各种控制指令，必须通过进给系统的伺服驱动元件才能驱动机械执行元件（如滚珠丝杠等），最终实现精确的进给运动。所以它的性能决定了数控铣床的许多性能，如定位精度、最高移动速度、轮廓跟随精度等，因此数控铣床对伺服驱动元件提出了以下要求：

（1）高精度

伺服驱动元件只有具有了较好的静态特性和较好的动态特性，才能达到较高的定位精度，从而保证数控铣床具有较小的定位误差和重复定位误差。当今的进给伺服系统的分辨率可高达 1μm 或者 0.1μm，有的甚至达到了 0.01μm。而较好的动态特性则可以保证数控铣床具有较高的轮廓跟随精度。

（2）宽调速

在数控加工中，由于加工材料、选用刀具、进给速度、主轴转速等存在着很大差别，要想在任何情况下都能得到最佳的切削条件，就要求伺服驱动元件必须具有足够宽的调速范围，一般要达到1∶10 000。

(3)快速响应特性

数控加工很大的一个优势就在于其高效率、高精度，所以为了保证加工精度和提高生产效率，就要求伺服驱动元件在启动、制动时必须具有快速响应特性，即加、减速时的加速度要足够大，从而缩短过渡过程的时间、减小轮廓过渡误差。一般的伺服驱动元件在速度从零增加到最高速或者从最高速降低到零的时间要小于200ms。

对于较早时期的数控铣床多采用电液伺服驱动，而现代数控铣床则基本上都采用了全电气伺服驱动元件。全电气伺服驱动元件主要包括各类步进电动机、直流伺服电动机和交流伺服电动机等，其中又以交流伺服电动机各项综合性能最优，应用也最为广泛。

第二章 数控铣削加工的工艺分析

数控机床的加工工艺与通用机床的加工工艺有许多相同之处,但在数控机床上加工零件比在通用机床上加工零件的工艺规程要复杂得多。

合理确定数控加工工艺对实现优质、高效和经济的数控加工具有极为重要的作用。数控加工通过计算机控制刀具作精确的切削加工运动,是完全建立在复杂的数值运算之上的,它能实现传统的机加工无法实现的合理、完整的工艺规划。

第一节 数控加工工艺设计的内容

一、确定适合在数控铣床上进行加工的内容

1. 通用机床无法加工的内容

(1)工件上的曲线轮廓表面,特别是由数学表达式给出的非圆曲线和列表曲线等曲线轮廓。

(2)给出数学模型的空间曲面或通过测量数据建立的空间曲面。

2. 通用机床难以加工的内容

(1)形状复杂,尺寸繁多,画线与检测困难的部位。

(2)用通用铣床加工时难以观察、测量和控制进给的内、外凹槽。

采用数控铣削能成倍提高生产率,大大减轻体力劳动的一般加工内容。

二、数控铣削加工工艺性分析

数控加工工艺性涉及的内容很多,从编程的角度看主要包括以下内容:

1. 对零件图纸进行数控加工的工艺分析

在数控编程中,所有点、线、面的尺寸和位置都是以编程原点为基准的,因此零件图样上最好直接给出坐标尺寸,或尽量以同一基准引注尺寸。

在程序编制中,编程人员必须充分掌握构成零件轮廓的几何要素参数及各几何要素间的关系。由于零件设计人员在设计过程中考虑不周,常常出现参数不全或不清楚,如圆弧与直线、圆弧与圆弧是相切还是相交或相离。所以

在审查与分析图纸时,一定要仔细核算,发现问题及时与设计人员联系。

2. 零件的结构工艺性分析

零件的结构工艺性是指所设计的零件在能满足使用要求的前提下,制造的可行性和经济性。下面是对数控加工零件的结构工艺性进行分析时应注意的几个问题:

(1)零件的内腔和外形尽可能地采用统一的几何类型和尺寸,这样可以减少刀具的规格和换刀次数,有利于编程和提高生产率。

(2)内槽圆角的大小决定了刀具直径的大小,因此内槽圆角不应过小。如图 2-1 所示。

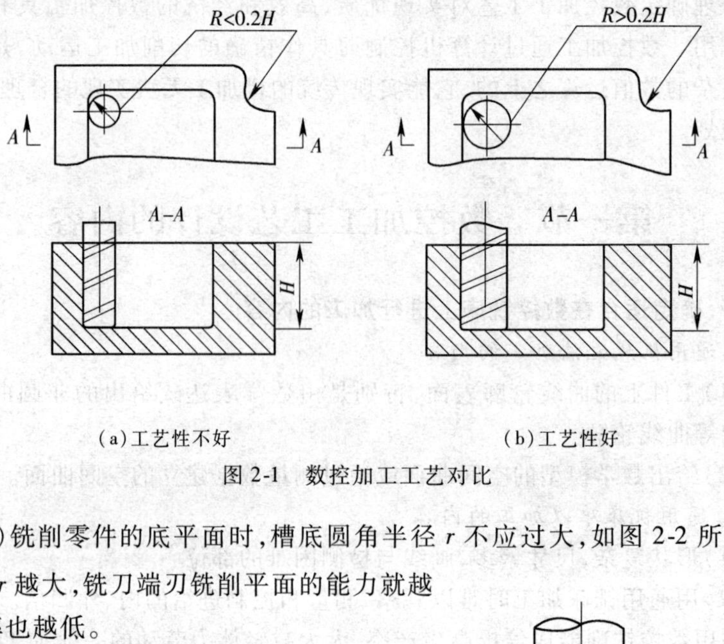

(a)工艺性不好　　(b)工艺性好

图 2-1　数控加工工艺对比

(3)铣削零件的底平面时,槽底圆角半径 r 不应过大,如图 2-2 所示。圆角半径 r 越大,铣刀端刃铣削平面的能力就越差,效率也越低。

(4)保证基准统一原则

有些零件需要在铣完一面后再重新安装铣削另一面,由于数控铣削时不能使用通用铣床加工时常用的试切方法来接刀,往往会因为零件的重新安装而接不好刀。这时,最好采用统一基准定位,因此零件上应有合适的孔作为定位基准孔。如果零件上没有基准孔,也可以专门设置工艺孔作为定位基准(如

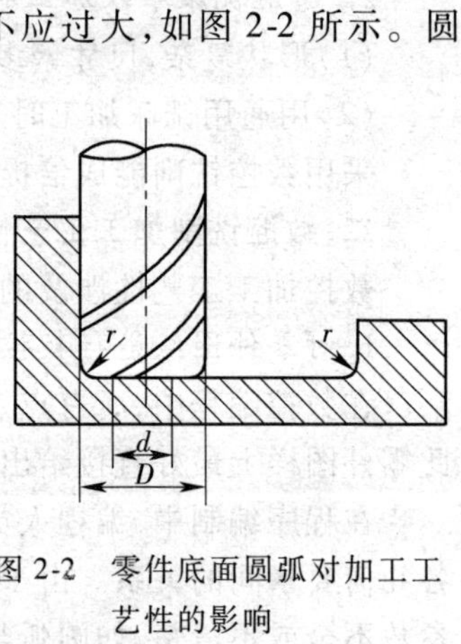

图 2-2　零件底面圆弧对加工工艺性的影响

在毛坯上增加工艺凸台或在后续工序要铣去的余量上设基准孔)。数控加工工艺的主要内容除了上述两点之外,还包括以下几点:

(1)具体设计数控加工工序,如工步的划分、工件的定位与夹具的选择、刀具的选择、切削用量的确定等。

(2)处理特殊的工艺问题,如对刀点、换刀点的选择,加工路线的确定,刀具补偿等。

(3)编程误差及其控制。

(4)处理数控机床上部分工艺指令,编制工艺文件。

第二节　数控加工工艺设计的过程

一、数控加工工艺设计准备

数控铣削加工零件时,手工编程尺寸及自动编程零件建模图形的尺寸不能简单地直接取零件图上的基本尺寸,要进行分析。图形尺寸可按下述步骤调整:

(1)精度高的尺寸的处理:将基本尺寸换算成平均尺寸;

(2)几何关系的处理:保持原重要的几何关系,如角度、相切等不变;

(3)精度低的尺寸的调整:通过修改一般尺寸保持零件原有几何关系,使之协调;

(4)节点坐标尺寸的计算:按调整后的尺寸计算有关未知节点的坐标尺寸;

(5)编程尺寸的修正:按调整后的尺寸编程并加工一组工件,测量关键尺寸的实际分散中心,并求出常值系统性误差,再按此误差对程序尺寸进行调整,修改程序。

如图 2-3 中的括号内尺寸,其公差带均做了相应改变,计划与编程时用括号内尺寸来进行;二是将图纸中轮廓尺寸改为平均尺寸后,各个圆弧的中心和切点的坐标尺寸应按修改后的尺寸计算。

二、加工工序的划分

根据数控加工的特点,数控加工工序的划分一般可按下列方法进行:

(1)以一次安装、加工作为一道工序

这种方法适合于加工内容较少的零件。对于需要多台机床、多工序才能完成的零件,工序划分通常以机床为单位,但对于需要很少机床就能完成全部加工内容的,应避免多次安装,以免影响位置精度。

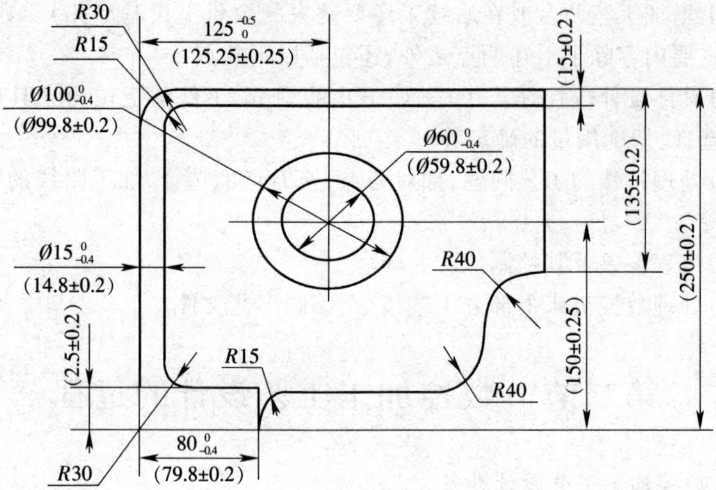

图 2-3　零件尺寸公差对编程尺寸的影响

(2)按粗、精加工方式划分工序

根据零件的加工精度、刚度和变形等因素来划分工序时,可按粗、精加工分开的原则来划分工序,即先粗加工再精加工。这样可以使粗加工引起的各种变形得到恢复,也能及时发现毛坯上的各种缺陷,并能充分发挥粗加工的效率。考虑到粗加工时零件变形的恢复需要一段时间,粗加工后不要立即安排精加工。

(3)按所用刀具划分工序

为了减少换刀次数,压缩空程时间,减少不必要的定位误差,可按刀具集中工序的方法加工零件。即在一次装夹中,尽可能用同一把刀具加工完成所有可能加工到的部位,然后再换另一把刀具加工其他部位。在专用数控机床和加工中心上常采用此法。

(4)以加工部位划分工序

对于加工内容很多的工件,可按其结构特点将加工部位分成几个部分,如内腔、外形、曲面或平面,并将每一部分的加工作为一道工序。

三、加工工序的安排原则

(1)先加工定位基准面

先加工定位基准面,然后再加工其余表面。前道工序为后道工序提供基准和合适的夹紧表面。对箱体类零件,先加工定位面和两个定位孔。

(2)先面后孔

由于平面定位比较稳定,同时在加工过的平面上钻孔,精度高且轴线不易偏斜。在加工有面和孔的零件时,为了提高孔的加工精度,应先加工面,后加工孔。

(3)先粗加工后精加工

(4)先主后次

精度要求较高的主要表面的粗加工一般应安排在次要表面粗加工之前,这样有利于及时发现毛坯的内在缺陷。

加工大表面时,内应力和热变形对工件影响较大,一般也需先加工,对于较小的次要表面,一般都把粗、精加工安排在一个工序完成。次要表面的加工工序一般放在主要表面和最终加工工序之间进行。

(5)先进行内腔加工,后进行外形加工

此外,在安排工序时还应注意:

(1)以相同定位、夹紧方式加工或用同一把刀加工的工序,最好连续加工,以减少定位次数、换刀次数与挪动压板次数。

(2)上道工序的加工不能影响下道工序的定位与夹紧,中间穿插有普通机床加工、热处理工序也应综合考虑。

下面通过一个实例来说明这些原则的应用。

如图 2-4 所示,该零件可以先在普通机床上把底面和 4 个轮廓面加工好(先基面后其他),其余的顶面、孔及沟槽安排在立式加工中心上完成(工序集中原则)。加工中心工序按"先面后孔"、"粗精分开"、"先主后次"等原则可以划分为如下 15 个工步:

①粗铣顶面;

②钻 Ø32、Ø12 中心孔;

③钻 Ø32、Ø12 孔至 Ø11.5;

④扩 Ø32 孔至 Ø30;

⑤钻 3×Ø6 孔至尺寸;

⑥粗铣 Ø60 沉孔及沟槽;

⑦钻 4×M8 底孔至 Ø6.8;

⑧镗 Ø32 孔至 Ø31.7;

⑨铰 Ø12 孔至尺寸;

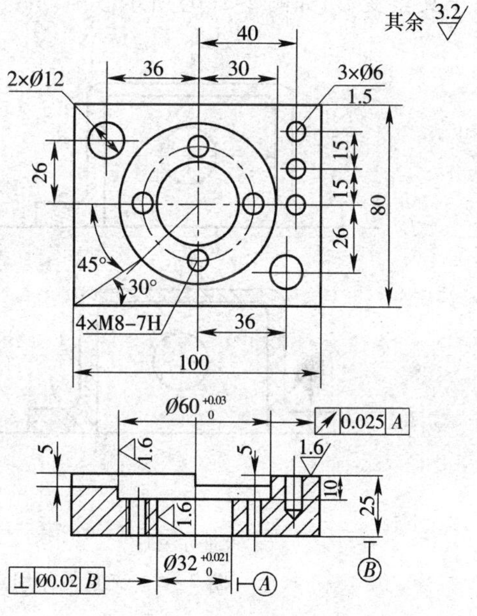

图 2-4 零件简图

⑩精镗 Ø32 孔至尺寸；

⑪精铣 Ø60 沉孔及沟槽至尺寸；

⑫Ø12 孔口倒角；

⑬3 × Ø6,4 × M8 孔口倒角；

⑭攻 4 × M8 螺纹,完成。

四、工件装夹方式的确定

在数控机床上加工零件时,定位安装的基本原则与普通机床相同,也要合理选择定位基准和夹紧方案。为提高数控机床的效率,在确定定位基准与夹紧方案时应注意以下四点：

(1)尽可能做到设计基准、工艺基准与编程计算基准统一。

(2)尽量将工序集中,减少装夹次数,尽可能在一次装夹后能加工出全部待加工表面。

(3)避免采用占机人工调整时间长的装夹方案。

(4)夹紧力的作用点应落在工件刚性较好的部位。

如图 2-5(a)所示,在夹紧薄壁箱体时,夹紧力不应作用在箱体的顶面,而应作用在刚性较好的凸边上;或改在顶面上 3 点夹紧,改变着力点位置,以减小夹紧变形,如图 2-5(b)所示。

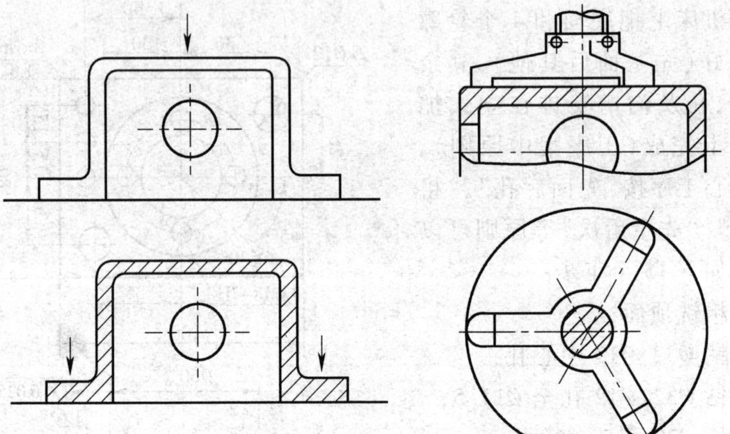

(a)改进方法 1　　(b)改进方法 2

图 2-5　夹紧力作用点与夹紧变形的关系

五、加工刀具的选择

与普通机床相比,数控加工对刀具提出了更高的要求。数控机床要求刀具强度、刚度好，耐用度高，尺寸稳定，排屑性能好，安装调整方便等。同时还应考虑工件材料的性质、机床的加工能力、加工工序、切削用量及有关因素等。在内轮廓加工中，注意刀具半径要小于轮廓曲线的最小曲率半径。在自动换刀机床中，要预先测出刀具的结构尺寸和调整尺寸，以便在加工时进行刀具补偿。

刀具选择总的原则是：安装调整方便，刚性好，耐用度和精度高。在满足加工要求的前提下，尽量选择较大的刀柄，以提高刀具加工的刚性。

铣削加工选取刀具时，要使刀具的尺寸与被加工工件的表面尺寸和形状相适应。在生产中加工平面零件周边轮廓时，常采用立铣刀；铣削平面时，应选硬质合金刀片铣刀；加工凸台、凹槽时，选高速钢立铣刀；加工毛坯表面或粗加工孔时，可选镶硬质合金的立铣刀或玉米铣刀；对一些立体形面和变斜角轮廓外形的加工，常采用球头铣刀、环形铣刀、鼓形刀、锥形刀和盘形刀。曲面加工时常采用球头铣刀；但在加工曲面较平坦部位时，刀具以球头顶刃切削，切削条件较差，因而应采用环形刀。

常用的铣刀类型如图 2-6 所示。

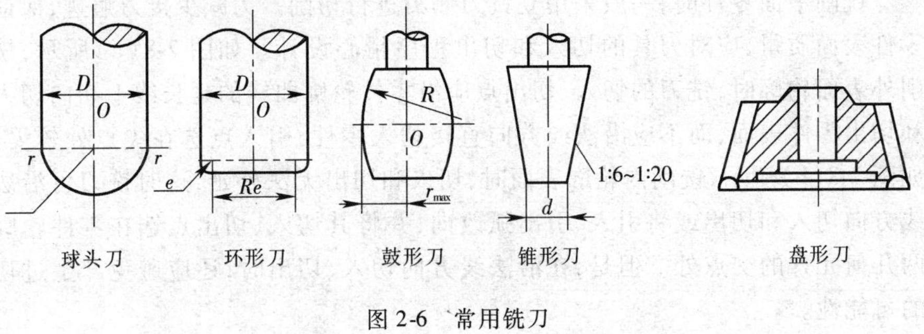

图 2-6　常用铣刀

在加工中心上，各种刀具分别装在刀库中，按程序规定随时进行选刀和换刀动作。因此必须采用标准刀柄，以便使钻、扩、镗、铣削工序用的标准刀具，迅速、准确地装到机床主轴或刀库中去。

另外，刀具的耐用度和精度与刀具价格关系极大，必须引起注意的是，在大多数情况下，选择好的刀具虽然增加了刀具成本，但由此带来的加工质量和加工效率的提高，则可以使整个加工成本大大降低。

六、加工路线的确定

加工路线是指刀具刀位点相对于工件运动的轨迹和方向。其主要确定原则如下：

(1)加工方式、路线应保证被加工零件的精度和表面粗糙度。如铣削轮廓时,应尽量采用顺铣方式,可减少机床的"颤动",提高加工质量。如图2-7所示,在铣削封闭的凹轮廓时,刀具的切入、切出最好选在两面的交界处,否则会产生刀痕。为保证表面质量,最好选择图中(b)和(c)所示的走刀路线。

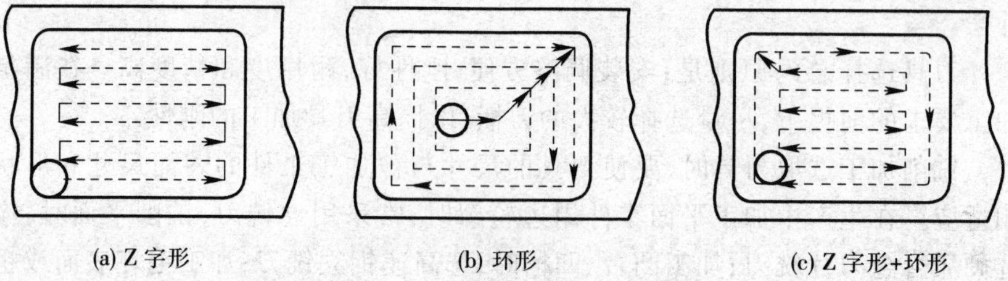

图2-7　封闭凹轮廓的走刀路线

(2)尽量减少进、退刀时间和其他辅助时间,尽量使加工路线最短。

(3)进、退刀位置应选在不大重要的位置,并且使刀具沿切线方向进、退刀,避免采用法向进、退刀和进给中途停顿而产生刀痕。

铣削平面零件时,一般采用立铣刀侧刃进行切削。为减少接刀痕迹,保证零件表面质量,应对刀具的切入和切出程序精心设计。如图2-8(a)所示,铣削外表面轮廓时,铣刀的切入、切出点应沿零件轮廓曲线的延长线上切向切入和切出零件表面,而不应沿法线方向直接切入零件,引入点选在尖点处较妥。如图2-8(b)所示,铣削内轮廓表面时,切入和切出无法外延,这时铣刀可沿法线方向切入和切出或将引入、引出弧改向,并将其切入、切出点选在零件轮廓两几何元素的交点处。但是,在沿法线方向切入、切出时,还应避免产生过切的可能性。

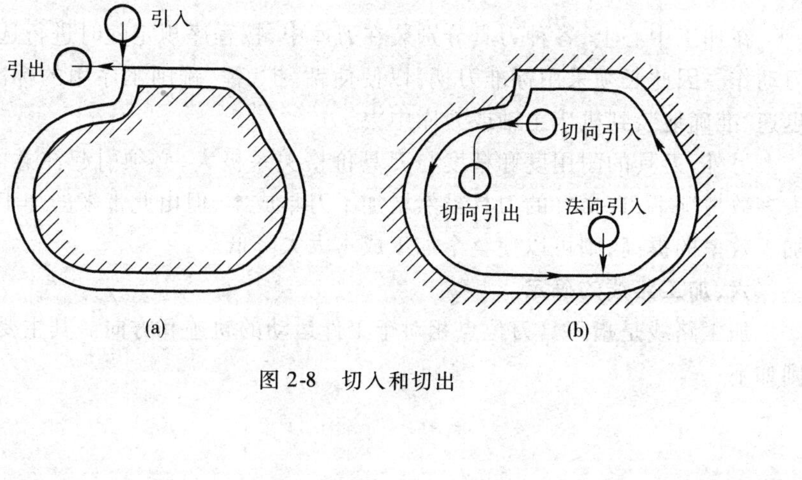

图2-8　切入和切出

七、对刀点与换刀点的确定

在进行数控加工编程时，往往是将整个刀具浓缩视为一个点，那就是“刀位点”。它是在刀具上用于表现刀具位置的参照点。一般来说，立铣刀、端铣刀的刀位点是刀具轴线与刀具底面的交点；球头铣刀的刀位点为球心；镗刀、车刀的刀位点为刀尖或刀尖圆弧中心；钻头是钻尖或钻头底面中心；线切割的刀位点则是线电极的轴心与零件面的交点。

对刀操作就是要测定出在程序起点处刀具刀位点（即对刀点，也称起刀点）相对于机床原点以及工件原点的坐标位置。

对刀点可以设在工件、夹具或机床上，但必须与工件的定位基准（相当于工件坐标系）有已知的准确关系，这样才能确定工件坐标系与机床坐标系的关系。如图 2-9 所示。

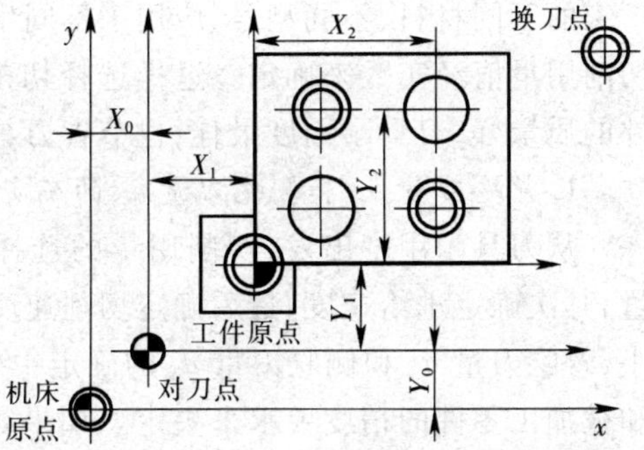

图 2-9　对刀点与换刀点

选择对刀点的原则是：

（1）应使程序编制简单。

（2）对刀点在机床上容易找正。

（3）加工过程中检查方便。

（4）引起的加工误差小。

（5）对刀点应尽量选在零件的设计基准或工艺基准上。例如，以孔定位的零件，以孔的中心作为对刀点较为合适。

（6）应便于坐标值的计算。对于采用增量坐标系统的数控机床，对刀点可以选在零件中心孔上或两垂直平面的交线上；对于采用绝对坐标系统的数控机床，对刀点可以选在机床坐标系的原点上，或距机床原点的距离为某一确定值的点上。零件安装时，零件坐标系与机床坐标系应有确定的关系。

（7）尽量使加工程序中进刀或退刀的路线短，并便于换刀。

对刀点不仅是程序的起点，往往也是程序的终点。通常，在采用绝对坐标系统的数控机床上可由对刀点距机床原点的坐标值 X_0，Y_0 来校正对刀精度；在采用相对坐标系统的数控机床上，则要人工检查对刀精度。

换刀点则是指加工过程中需要换刀时刀具的相对位置点。换刀点往往设在工件的外部，以能顺利换刀、不碰撞工件和其他部件为准。如在铣床上，常以机床参考点为换刀点；在加工中心上，以换刀机械手的固定位置点为换刀点。

八、切削用量的确定

切削用量包括主轴转速(切削速度)、背吃刀量和进给量(或进给速度)。切削用量的合理选择将直接影响加工精度、表面质量、生产率和经济性,其确定原则与普通加工相似。

合理确定切削用量的原则是:粗加工时,以提高生产率为主,但也考虑经济性和加工成本;半精加工和精加工时,应在保证加工质量的前提下,兼顾切削效率、经济性和加工成本。目前生产中切削用量的选择是根据选用的具体厂家的不同材料、不同型号、应用于不同生产条件的刀片或刀具所推荐的具体切削用量值经实践来确定。这样选择切削用量才能发挥刀具的最佳性能,零件的质量好,刀具耐用度最佳,也节省刀具费用。

1. 背吃刀量 a_p 和侧吃刀量 a_e 的确定

从刀具耐用度出发,切削用量的选择方法是:先选取背吃刀量或侧吃刀量,其次确定进给速度,最后确定切削速度。由于吃刀量对刀具耐用度影响最小,背吃刀量 a_p 和侧吃刀量 a_e 的确定主要根据机床、夹具、刀具、工件的刚度和被加工零件的精度要求来决定。如果零件精度要求不高,在工艺系统刚度允许的情况下,最好一次切净加工余量,即 a_p 或 a_e 等于加工余量,以提高加工效率;如果零件精度要求高,为保证表面粗糙度和精度,只好采用多次走刀。在数控机床上,精加工余量可小于普通机床,一般取0.2~0.5mm。

2. 主轴转速 n(r/min)的确定

主轴转速主要根据允许的切削速度 v_c(m/min)选取。

$$n=\frac{1\,000v_c}{\pi D}$$

式中:v_c——切削速度,由刀具的耐用度决定;

D——工件或刀具直径(mm)。

根据切削原理可知,切削速度的高低主要取决于被加工零件的精度、材料、刀具的材料和刀具的耐用度等因素。

通常以经济切削速度切削工件。经济切削速度是指刀具耐用度确定为60~100min的切削速度。

确定切削速度时可根据刀具产品目录或切削手册,并结合实际经验加以修正确定。需要注意的是,一般刀具目录中提供的切削速度推荐值是按刀具耐用度为30 min给出的,假如加工中要使刀具耐用度延长到60 min,则切削速度应取推荐值的70%~80%;反之,如果采用高速切削,耐用度选15 min,

则切削速度可取推荐值的1.2～1.3倍。

刀具耐用度的提高使允许使用的切削速度降低。但是加大铣刀直径 d 则可以改善散热条件,因而可以提高切削速度。

表2-1列出了铣削加工时的切削速度,可供参考。

表2-1 铣削加工时的切削速度

工件材料	抗拉强度/($N\cdot m^{-2}$)或硬度	刀具材料	粗加工		精加工	
			切削速度/($m\cdot min^{-1}$)	进给量/($min\cdot z^{-1}$)	切削速度/($m\cdot min^{-1}$)	进给量/($min\cdot z^{-1}$)
铜	500～700	P25	80～120	0.3～0.4	100～120	0.1
	700～1 000	P40	60～100	0.15～0.4	80～100	0.1
铸铁	200～300 HB	K20	60～90	0.3～0.5	60～90	0.1
黄铜	80～120 HB	K20	150～220	0.15～0.4	170～300	0.1
青铜	60～100 HB	K20	100～180	0.15～0.4	140～250	0.1

3.进给量(进给速度)(mm/min或mm/r)的确定

进给量是数控机床切削用量中的重要参数,主要根据零件的加工精度和表面粗糙度要求以及刀具、工件材料性质选取。最大进给量则受机床刚度和进给系统的性能限制,并与脉冲当量有关。

当加工精度、表面粗糙度要求高时,进给速度(进给量)应选小些。工件材料较软时,可选用较大的进给量;反之,应选较小的进给量。

第三章　数控铣床编程基础

第一节　数控铣削编程的内容与方法

一、数控铣削编程的作用与目的

数控机床程序编制（又称数控编程）是指编程者（程序员或数控机床操作者）根据零件图样和工艺文件的要求，编制出可在数控机床上运行，以完成规定加工任务的一系列指令的过程。具体来说，数控编程是由分析零件图样和工艺要求开始到程序检验合格为止的全部过程。数控编程的目的是如何更有效地获得满足各种零件加工要求的高质量数控加工程序，以便更充分地发挥数控机床的性能，获得更高的加工效率与加工质量。数控编程是实现数控加工的重要环节，特别是对于复杂零件的加工，编程工作的重要性甚至超过数控机床本身。

二、数控铣削编程的内容步骤

一般数控编程步骤如图 3-1 所示。

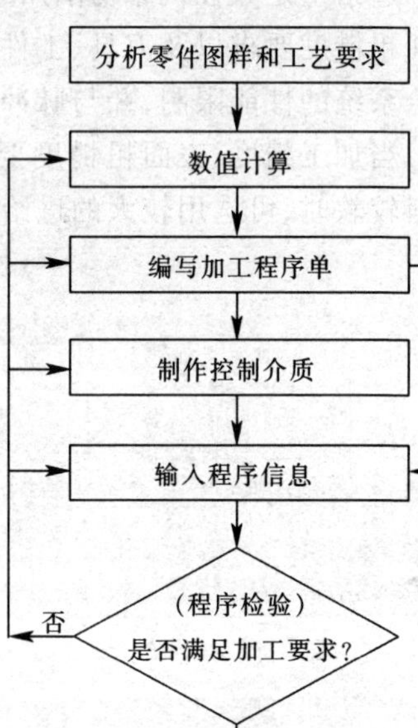

图 3-1　一般数控编程顺序图

1. 分析零件图样和工艺要求

分析零件图样和工艺要求的目的，是为了确定加工方法，制定加工计划，以及确认与生产组织有关的问题。此步骤的内容包括：

（1）确定该零件应安排在哪类或哪台机床上进行加工。

（2）采用何种装卡夹具或何种装卡方法。

（3）确定采用何种刀具或采用多少

把刀进行加工。

(4)确定加工路线,即选择对刀点、程序起点(又称加工起点。加工起点常与对刀点重合)、走刀路线、程序终点(程序终点常与程序起点重合)。

(5)确定切削深度和宽度、进给速度、主轴转速等切削参数。

(6)确定加工过程中是否需要提供冷却液,是否需要换刀,何时换刀等。

2. 数值计算

根据零件图样几何尺寸,计算零件轮廓数据,或根据零件图样和走刀路线,计算刀具中心(或刀尖)运行轨迹数据。数值计算的最终目的是为了获得编程所需要的所有相关位置坐标数据。

3. 编写加工程序单

在完成上述两个步骤之后,即可根据已确定的加工方案(或计划)及数值计算获得的数据,按照数控系统要求的程序格式和代码格式编写加工程序。编程者除应了解所用数控机床及系统的功能、熟悉程序指令外,还应具备与机械加工有关的工艺知识,才能编制出正确、实用的加工程序。

4. 制作控制介质,输入程序信息

程序单完成后,编程者或机床操作者可以通过 CNC 机床的操作面板,在 EDIT 方式下直接将程序信息键入 CNC 系统程序存储器中;也可以根据 CNC 系统输入、输出装置的不同,先将程序单的程序制作好或转移至某种控制介质上。控制介质大多采用穿孔带,也可以是磁带、磁盘等信息载体,利用穿孔带阅读机或磁带机、磁盘驱动器等输入(输出)装置,可将控制介质上的程序信息输入到 CNC 系统程序存储器中。

5. 程序检验与首件试切

编制好的程序,在正式用于生产加工前,必须进行程序运行检查。检验的方法是直接将控制介质上的内容输入到数控装置中,让机床空运转,以检查机床运动轨迹是否正确。在有 CRT 图形显示的数控机床上,用模拟刀具与工件切削过程的方法进行检验更为方便。但这些方法只能检验运动轨迹是否正确,不能检验被加工零件的加工精度。因此,在某些情况下,还需做首件试切加工检查。根据检查结果,对程序进行修改和调整,检查—修改—再检查—再修改……这往往要经过多次反复,直到获得完全满足加工要求的程序为止。

第二节 零件加工程序的结构与格式

一、加工程序的结构

一个完整的程序由程序号、程序的内容和程序结束3部分组成。例如:

```
O0001                              …………………………程序号
N01  G92X40Y30                  ┐
N02  G90G00X28T01S800M03        │
N03  G01X-8Y8F200               │
N04  X0Y0                       ├  …………………………程序内容
N05  X28Y30                     │
N06  G00X40                     ┘
N07  M02                           …………………………程序结束
```

(1)程序号

程序号即为程序的开始部分。为了区别存储器中的程序,每个程序都要有程序编号,在编号前采用程序编号地址码。如在FANUC系统中,一般采用英文字母O作为程序编号地址,而其他系统有的采用P,%以及:等。

(2)程序内容

程序内容部分是整个程序的核心,它由许多程序段组成。每个程序段由一个或多个指令构成,它表示数控机床要完成的全部动作。

(3)程序结束

程序结束是以程序结束指令M02或M30作为整个程序结束的符号,来结束整个程序。

二、程序段格式和组成

程序段格式是指一个程序段中字、字符、数据的书写规则。不同的数控系统有不同的程序段格式。格式不符合规定,数控系统便不能接受。目前常用的程序段格式是字—地址程序段格式。

一个完整的加工程序由若干个程序段组成,每个程序段由若干个代码字组成,每个代码字则由表示地址的英语字母、特殊文字和数字集合而成。

第三节 数控系统的功能

一、准备功能代码

准备功能代码是用地址字 G 和后面的两位数字来表示的,见表 3-1。

G 代码按其功能的不同分为若干组。G 代码有两种模态:模态式 G 代码和非模态式 G 代码。00 组的 G 代码属于非模态式的 G 代码,只限定在被指定的程序段中有效,其余组的 G 代码属于模态式 G 代码,具有延续性,在后续程序段中,只要同组其他 G 代码未出现之前一直有效。

表 3-1 准备功能 G 代码

FANUC 3MA/10M/11M/12M						
B:基本功能;O:选择功能;X:无此功能						
G 代码	组号	意义	3MA	10M	11M	12M
G00	01	点定位(快速进给)	B	B	B	B
*G01	01	直线插补	B	B	B	B
G02	01	顺时针圆弧插补	B	B	B	B
G03	01	逆时针圆弧插补	B	B	B	B
G04	00	暂停	X	X	O	O
G07	00	假想轴插补	X	B	B	B
G09	00	准停检验	O	O	O	O
G10	00	偏移量设定	X	X	O	O
G15	18	极坐标指令取消	X	X	O	O
G16	18	极坐标指令	B	B	B	B
*G17	02	*XY* 平面指定	B	B	B	B
G18	02	*ZX* 平面指定	B	B	B	B
G19	02	*YZ* 平面指定	B	B	B	B
G20	06	英制输入	B	B	B	B
G21	06	米制输入	B	B	B	B
G22	04	存贮行程极限 ON	X	O	O	O
G23	04	存贮行程极限 OFF	X	O	O	O

续表

FANUC 3MA/10M/11M/12M

B:基本功能;O:选择功能;X:无此功能

G代码	组号	意义	3MA	10M	11M	12M
G27	00	返回参考点检验	B	B	B	B
G28		返回参考点	B	B	B	B
G29		从参考点返回	B	B	B	B
G30		第二参考点返回	X	O	O	O
G31		跳跃功能	O	X	X	X
G39		尖角圆弧插补	B	X	X	X
* G40	07	取消刀具半径补偿	B	B	B	B
G41		刀具半径左补偿	B	B	B	B
G42		刀具半径右补偿	B	B	B	B
G43	08	刀具长度正补偿	B	B	B	B
G44		刀具长度负补偿	B	B	B	B
G45	00	刀具偏置增加	X	B	B	B
G46		刀具偏置减少	X	B	B	B
G47		刀具偏置二倍增加	X	B	B	B
G48		刀具偏置二倍减少	X	B	B	B
* G49	08	取消刀具补偿	B	B	B	B
G50	11	比例取消	X	X	O	O
G51		比例	X	X	O	O
G52	00	局部坐标系统	X	B	B	B
G53		机床坐标系统选择	X	B	B	B
G54	12	加工坐标系 1	X	X	B	B
G55		加工坐标系 2	X	X	B	B
G56		加工坐标系 3	X	X	B	B
G57		加工坐标系 4	X	X	B	B
G58		加工坐标系 5	X	X	B	B
G59		加工坐标系 6	X	X	B	B

续表

FANUC 3MA/10M/11M/12M

B:基本功能;O:选择功能;X:无此功能

G代码	组号	意义	3MA	10M	11M	12M
G60	00	单一方向定位	X	X	O	O
G61	13	准停	X	B	B	B
G62		自动角隅超驰	X	X	O	O
G63		攻螺纹模式	X	B	B	B
G64		切削模式	X	B	B	B
G65	00	宏指令	O	O	O	O
G66	14	调用宏指令 A	X	O	O	O
G67		调用宏指令 A 取消	X	O	O	O
G68	16	坐标系统旋转	X	X	O	O
G69		坐标系统旋转取消	X	X	O	O
G73	09	钻孔循环	B	B	B	B
G74		反攻螺纹	B	B	B	B
G76		粗镗	B	B	B	B
*G80		取消固定循环	B	B	B	B
G81		钻孔循环	B	B	B	B
G82		钻孔循环镗阶梯孔	B	B	B	B
G83		钻孔循环	B	B	B	B
G84		攻螺纹循环	B	B	B	B
G85		镗孔循环	B	B	B	B
G86		镗孔循环	B	B	B	B
G87		反镗孔循环	B	B	B	B
G88		镗孔循环	B	B	B	B
G89		镗孔循环	B	B	B	B
*G90	03	绝对值输入	X	B	B	B
G91		增量值输入	X	B	B	B
G92	00	设定工件坐标系	B	B	B	B
*G94	05	进给速度(mm/min)	B	B	B	B
G95		每转进给	B	B	B	B
*G98	04	反回起始平面	B	B	B	B
G99		返回 R 平面	B	B	B	B

不同组的 G 代码在同一个程序段中可以指令多个,但如果在同一个程序段中指令了两个或两个以上属于同一组的 G 代码时,则只有最后一个 G 代码有效。在固定循环中,如果指令了 01 组的 G 代码,则固定循环将被自动取消或为 G80 状态(即取消固定循环),但 01 组的 G 代码不受固定循环 G 代码的影响。如果在程序中指令了 G 代码表中没有列出的 G 代码,则显示报警。

二、辅助功能代码

辅助功能代码是用地址字 M 及两位数字来表示的。它主要用于机床加工操作时的工艺性指令,如主轴的启停、切削液的开关等。

(1)M00 程序停止

M00 实际上是一个暂停指令,当执行有 M00 指令的程序段后,主轴停转、进给停止、切削液关、程序停止。它像执行单个程序段操作一样,把状态信息全部保存起来,利用 NC 命令启动,可使机床继续运转。

(2)M01 计划停止

该指令的作用和 M00 相似,但它必须是在预先按下操作面板上"任选停止"按钮的情况下,当执行完编有 M01 指令的程序段的其他指令后,才会停止执行程序。如果不按下"任选停止"按钮,M01 指令无效,程序继续执行。

(3)M02 程序结束

该指令用于程序全部结束。执行该指令后,机床便停止自动运转,切削液关。该指令常用于机床复位及卷回纸带到程序的开始字符位置。

(4)M03 主轴顺时针方向旋转

(5)M04 主轴逆时针方向旋转

(6)M05 主轴停止

(7)M06 换刀(加工中心有此功能)

(8)M08 切削液开

(9)M09 切削液关

(10)M13 主轴逆时针方向旋转,切削液开

(11)M14 主轴逆时针方向旋转,切削液关

(12)M30 纸带结束

在完成程序的所有指令后,使主轴、进给和切削液都停止,并使机床及控制系统复位,包括将纸带倒回到程序开始的字符位置。

(13)M98 调用子程序

(14)M99 子程序结束并返回到主程序

在一个程序段中只能指令一个 M 代码，如果在一个程序段中同时指令了两个或两个以上的 M 代码时，则只有最后一个 M 代码有效，其余的 M 代码均无效。

三、F. S. T. H 代码

(1)进给功能代码 F

表示进给速度，用字母 F 及其后面的若干位数字来表示，单位为 mm/min（米制）或 in/min（英制）。例如，米制 F150.0 表示进给速度为 150mm/min。

(2)主轴功能代码 S

表示主轴转速，用字母 S 及其后面的若干位数字来表示，单位为 r/min。例如，S250 表示主轴转速为 250r/min。

(3)刀具功能代码 T

表示换刀功能。在进行此道工序加工时，必须选取合适的刀具。每把刀具应安排一个刀号，刀号在程序中指定。刀具功能用字母 T 及其后面的两位数字来表示，即 T00 ~ T99，因此，最多可换 100 把刀。如 T06 表示第 6 号刀具。

(4)刀具补偿功能代码 H

表示刀具补偿号。它由字母 H 及其后面的两位数字表示。该两位数字为存放刀具补偿量的寄存器地址字。如 H18 表示刀具补偿量用第 18 号。

第四节 坐标系统

一、 机床的坐标轴

机床坐标系的确定

(1)机床相对运动的规定

在机床上，我们始终认为工件静止，而刀具是运动的。这样编程人员在不考虑机床上工件与刀具具体运动的情况下，就可以依据零件图样，确定机床的加工过程。

(2)机床坐标系的规定

在数控机床上，机床的动作是由数控装置来控制的。为了确定数控机床上的成型运动和辅助运动，必须先确定机床上运动的位移和运动的方向，这就需要通过坐标系来实现，这个坐标系被称为机床坐标系。

例如铣床上，有机床的纵向运动、横向运动以及垂向运动，如图 3-2 所示。在数控加工中就应该用机床坐标系来描述。

数控铣床是以机床主轴轴线方向为 Z 轴方向,刀具远离工件的方向为 Z 轴正方向。X 轴位于与工件安装面相平行的水平面内,若是卧式铣床,则人面对主轴的右侧方向为 X 轴正方向;若是立式铣床,则主轴右侧方向为 X 轴正方向。Y 轴方向可根据 Z、X 轴按右手笛卡尔直角坐标系来确定。

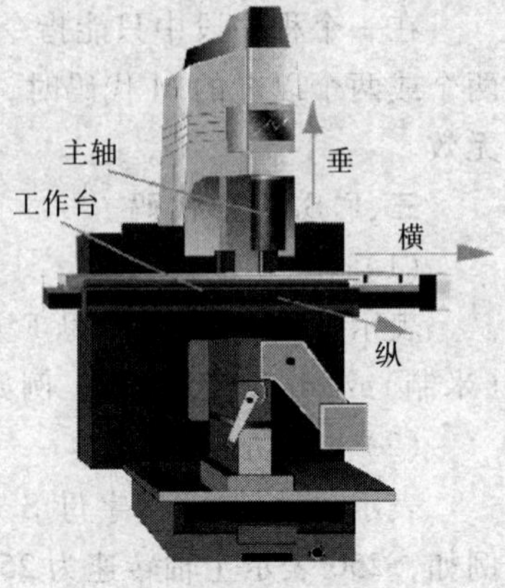

图 3-2　立式数控铣床

①伸出右手的大拇指、食指和中指,并互为 90°。则大拇指代表 X 坐标,食指代表 Y 坐标,中指代表 Z 坐标。

②大拇指的指向为 X 坐标的正方向,食指的指向为 Y 坐标的正方向,中指的指向为 Z 坐标的正方向。

③围绕 X、Y、Z 坐标旋转的旋转坐标分别用 A、B、C 表示,根据右手螺旋定则,大拇指的指向为 X、Y、Z 坐标中任意轴的正向,则其余 4 指的旋转方向即为旋转坐标 A、B、C 的正向,见图 3-3。

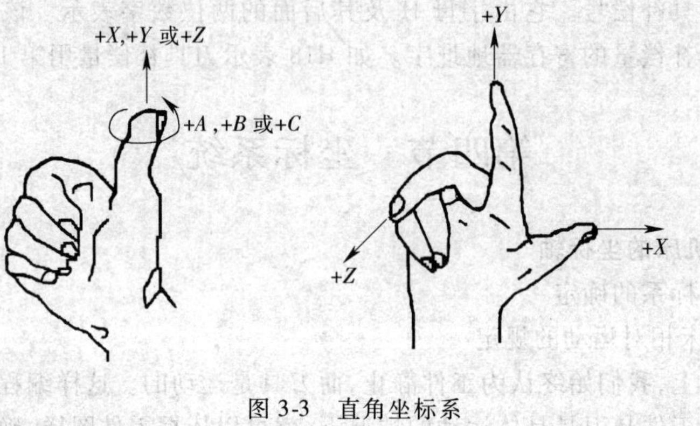

图 3-3　直角坐标系

二、参考点

1. 机床原点的设置

机床原点是指在机床上设置的一个固定点,即机床坐标系的原点。它在机床装配、调试时就已确定下来,是数控机床进行加工运动的基准参考点。

在数控铣床上,机床原点一般取在 X、Y、Z 坐标的正方向极限位置上,见图 3-4。

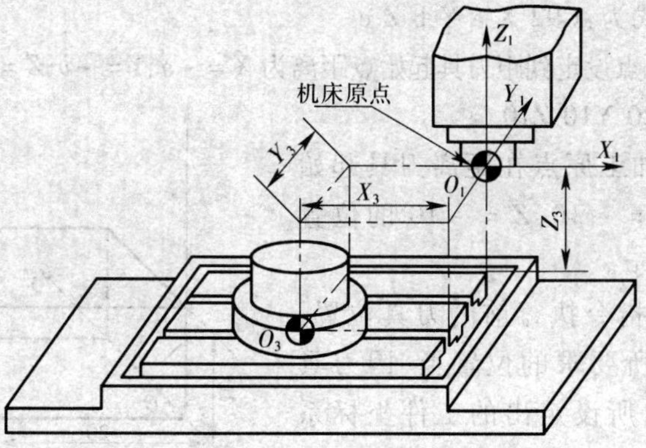

图 3-4　铣床的机床原点

2. 机床参考点

参考点是机床上一个固定点，与加工程序无关。数控机床的型号不同，其参考点的位置也不同。通常，立式铣床指定 X 轴正向、Y 轴正向和 Z 轴正向的极限点为参考点，参考点又称为机床零点。机床启动后，首先要将位置“回零”，即执行手动返回参考点，使各轴都移至机床零点，在数控系统内部建立一个以机床零点为坐标原点的机床坐标系（CRT 上显示此时主轴的端面中心，即对刀参考点在机床坐标系中的坐标值均为零）。这样在执行加工程序时，才能有正确的工件坐标系。所以在编程时，必须首先设定工件坐标系，即确定刀具相对于工件坐标系坐标原点的距离，程序中的坐标值均以工件坐标系为依据。

第五节　基本编程方法

一、设定工件坐标系 G92 指令

G92 指令是将加工原点设定在相对于刀具起始点的某一空间点上。是规定工件坐标系坐标原点的指令。工件坐标系坐标原点又称为程序零点，坐标值 X、Y、Z 为刀具刀位点在工件坐标系中（相对于程序零点）的初始位置。执行 G92 指令后，也就确定了刀具刀位点的初始位置（也称为程序起点或起刀点）与工件坐标系坐标原点的相对距离，并在 CRT 上显示出刀具刀位点在工件坐标系中的当前位置坐标值（即建立了工件坐标系）。

编程格式：G92 X __ Y __ Z __

若程序格式为:G92 X a Y b Z c

则将加工原点设定到距刀具起始点距离为 $X=-a$,$Y=-b$,$Z=-c$ 的位置上。

例:G92 X20 Y10 Z10

其确立的加工原点在距离刀具起始点 $X=-20$,$Y=-10$,$Z=-10$ 的位置上,如图 3-5 所示。

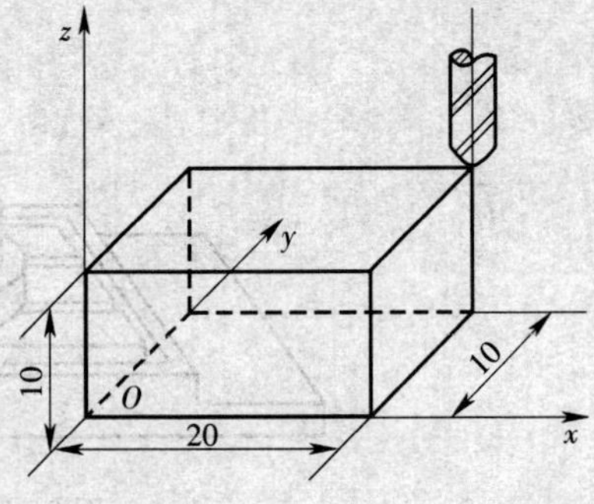

图 3-5　G92 设置加工坐标系

注意:G92 指令执行前的刀具位置,必须放在程序所要求的位置上,因刀具在不同的位置,所设定出的工件坐标系的坐标原点位置也不同。在编程中可以任意改变坐标系的程序零点,所以,在计算较为简便的条件下,对复杂的工件,经常要改变坐标系。

二、绝对值输入 G90 指令和增量值输入 G91 指令

G90 X ____ Y ____ Z ____

G91 X ____ Y ____ Z ____

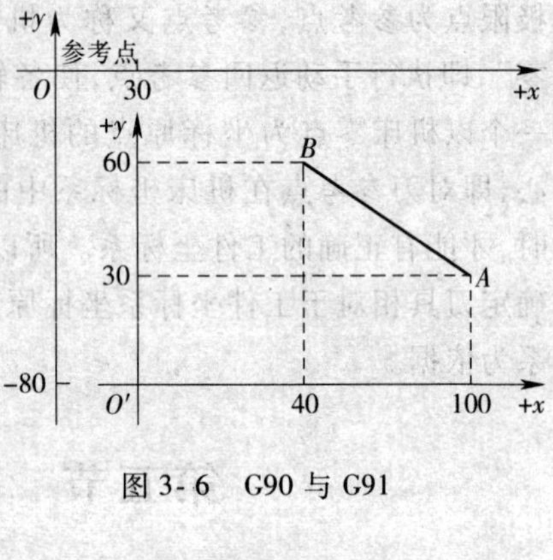

图 3-6　G90 与 G91

G90 指令按绝对值方式设定输入坐标,即移动指令终点的坐标值 X、Y、Z 都是以工件坐标系坐标原点(程序零点)为基准来计算。

G91 指令按增量值方式设定输入坐标,即移动指令终点的坐标值 X、Y、Z 都是以始点为基准来计算,再根据终点相对于始点的方向判断正负,与坐标轴同向取正,反向取负。

例如,对于图 3-6 所示情形,使用绝对值与增量值方式设定输入坐标的程序分别如下:

1. 绝对值指令 G90 时

G92 X0 Y0 Z0	程序零点设在参考点 O
G90 G00 X30.0 Y-80.0	刀具快移至 O点定位
G92 X0 Y0	程序零点再设定在 O′
G90 G00 X100.0 Y30.0	刀具快速移至始点 A 定位
G01 Z40.0 Y60.0	始点 A→终点 B

2. 增量值指令 G91 时(程序功能与上面相同)

G92 X0 Y0 Z0

G91 G00 X30.0 Y-80.0

G92 X0 Y0

G91 G00 X100.0 Y30.0

G01 X-60.0 Y30.0

三、点定位 G00 指令

G00 X ____ Y ____ Z ____

点定位 G00 指令为刀具相对于工件分别以各轴快速移动速度由始点(当前点)快速移动到终点定位。若为绝对值 G90 指令时,刀具分别以各轴快速移动至工件坐标系中坐标值为 *X*、*Y*、*Z* 的点上;若为增量值 G91 指令时,刀具则移至距始点(当前点)为 *X*、*Y*、*Z* 值的点上。各轴快速移动速度可分别用参数设定。在加工执行时,还可以在操作面板上用快速进给速率修调旋钮来调整控制。通常快速进给速率修调分为 F0、25%、50%、100% 4 段,其中最慢速率 F0 也由参数设定;25%、50%、100% 为设定速率百分率。

例如,若 *X* 轴和 *Y* 轴的快速移动速度均为 4 000mm/min,刀具的始点位于工件坐标系的 *A* 点(图 3-7),当程序为:

G90 G00 X60.0 Y30.0 或 G91 G00 X40.0 Y20.0

则刀具的进给路线为一折线,即刀具从始点 *A* 先沿 *X* 轴、*Y* 轴同时移动至 *B* 点,然后再沿 *X* 轴移至终点 *C*。

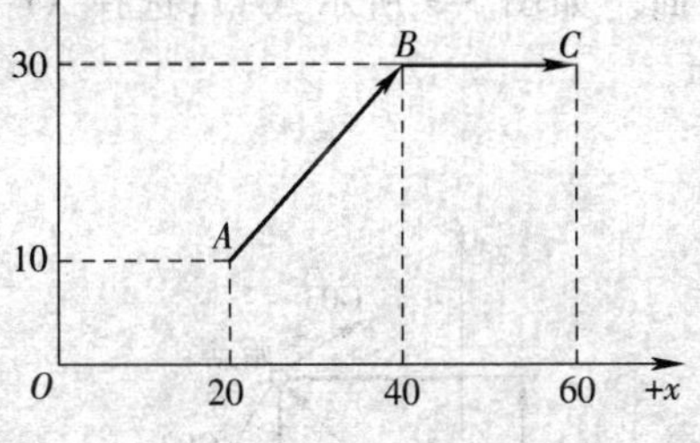

图 3-7 点定位

四、直线插补 G01 指令

G01 X ____ Y ____ Z ____ F ____

直线插补 G01 指令为刀具相对于工件以 F 指令的进给速度从当前点(始点)向终点进行直线插补。当执行绝对值 G90 指令时,刀具以 F 指令的进给速度进行直线插补,移至工件坐标系中坐标值为 *X*、*Y*、*Z* 的点上;当执行 G91

指令时，刀具则移至距当前点距离为 X、Y、Z 值的点上。F 代码是进给速度指令代码，在没有新的 F 指令以前一直有效，不必在每个程序段中都写入 F 指令。F 指令的进给速度是刀具沿加工轨迹（路径）的运动速度，沿各坐标轴方向的进给速度分量可能不相同，三坐标轴能否同时运动（联动）取决于机床功能。

例如（图 3-8）：

G90 G01 X60.0 Y30.0 F200　　　　始点 A→终点 B

或　G91 G01 X40.0 Y20.0 F200

F200 是指从始点 A 向终点 B 进行直线插补的进给速度为 200mm/min，刀具的进给路线见图 3-8。

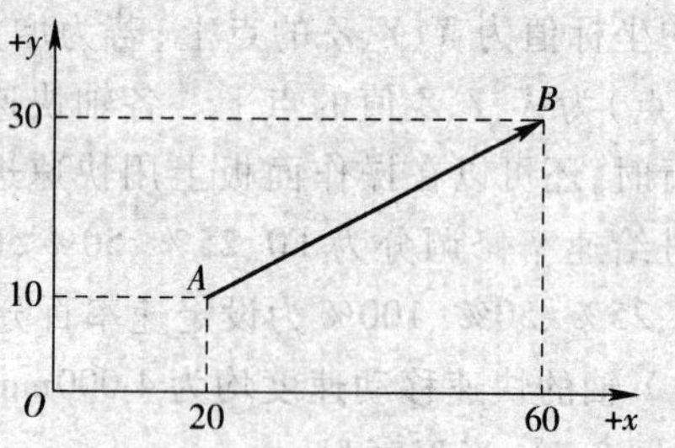

图 3-8　直线插补

五、平面选择 G17、G18、G19 指令

平面选择 G17、G18、G19 指令分别用来指定程序段中刀具的圆弧插补平面和刀具半径补偿平面。如图 3-9 所示，G17：选择 XY 平面；G18：选择 ZX 平面；G19：选择 YZ 平面。

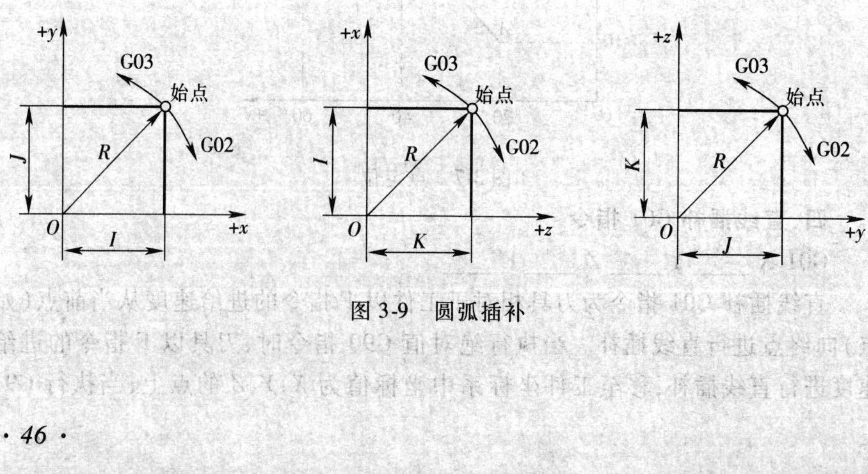

图 3-9　圆弧插补

六、顺时针圆弧插补 G02 指令和逆时针圆弧插补 G03 指令

1. *XY* 平面圆弧

$$G17\begin{Bmatrix}G02\\ \\ G03\end{Bmatrix}\quad X\underline{\qquad}\ Y\underline{\qquad}\quad \begin{Bmatrix}R\underline{\qquad}\\ \\ I\underline{\qquad}\ J\underline{\qquad}\end{Bmatrix}\quad F\underline{\qquad}$$

2. *ZX* 平面圆弧

$$G18\begin{Bmatrix}G02\\ \\ G03\end{Bmatrix}\quad X\underline{\qquad}\ Z\underline{\qquad}\quad \begin{Bmatrix}R\underline{\qquad}\\ \\ I\underline{\qquad}\ K\underline{\qquad}\end{Bmatrix}\quad F\underline{\qquad}$$

3. *YZ* 平面圆弧

$$G19\begin{Bmatrix}G02\\ \\ G03\end{Bmatrix}\quad Y\underline{\qquad}\ Z\underline{\qquad}\quad \begin{Bmatrix}R\underline{\qquad}\\ \\ J\underline{\qquad}\ K\underline{\qquad}\end{Bmatrix}\quad F\underline{\qquad}$$

圆弧插补 G02、G03 指令刀具相对于工件在指定的坐标平面（G17、G18、G19）内，以 *F* 指令的进给速度从当前点（始点）向终点进行圆弧插补（图 3-9）。*X*、*Y*、*Z* 是圆弧终点坐标值。*R* 是圆弧半径，当圆弧所对应的圆心角为 0°～180°时，R 取正值；当圆心角为 180°～360°时，R 取负值。*I*、*J*、*K* 分别为圆心相对于圆弧始点在 *X*、*Y*、*Z* 轴方向的坐标增量。

注意：*I*、*J*、*K* 为零时可以省略；在同一程序段中，如果 *I*、*J*、*K* 与 *R* 同时出现时，*R* 有效，而其他字被忽略。

例如（图 3-10）：

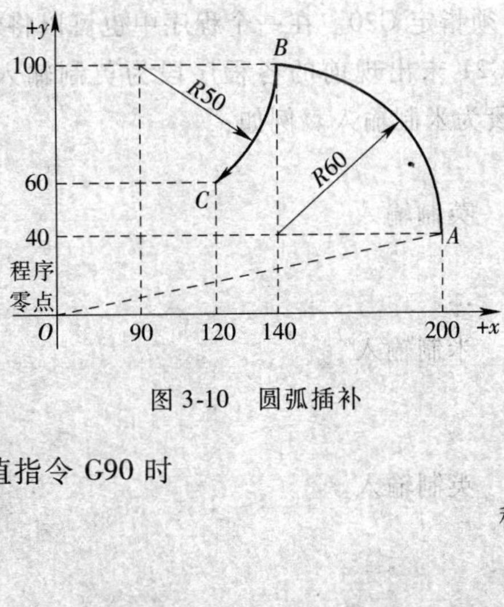

图 3-10　圆弧插补

（1）采用绝对值指令 G90 时

G92 X0 Y0 Z0　　　　　　　　　　　　程序零点为 *O*

```
G90 G00 X200.0 Y40.0                          点定位 O→A
G03 X140.0 Y100.0 I-60.0 (或 R60.0) F300      A→B
G02 X120.0 Y60.0 I-50.0(或 R50.0)              B→C
```

(2)采用增量值指令 G90

```
G92 X0 Y0 Z0
G91 G00 X200.0 Y40.0
G03 X-60.0 Y60.0 I-60.0(或 R60.0)F300
G02 X-20.0 Y-40.0 I-50.0(或 R50.0)
```

七、暂停 G04 指令

$$G04\begin{cases}X\_\_\_\_ \\ P\_\_\_\_\end{cases}$$

暂停 G04 指令刀具暂时停止进给,直到经过指令的暂停时间,再继续执行下一程序段。地址 P 或 X 指令暂停的时间;其中地址 X 后可以是带小数点的数,单位为 s,如暂停 1s 可写为 G04 X1.0;地址 P 不允许用小数点输入,只能用整数,单位为 ms,如暂停 1s 可写为 G04 P1 000。此功能常用于切槽或钻到孔底时。

八、米制输入 G21 指令和英制输入 G20 指令

G21、G20 分别指令程序中输入数据为米制或英制。G21、G20 是两个互相取代的 G 代码,一般机床出厂时,将米制输入 G21 设定为参数缺省状态。用米制输入程序时,可不再指定 G21;但用英制输入程序时,在程序开始设定工件坐标系之前,必须指定 G20。在一个程序中也可以将米制、英制输入混合使用,在 G20 以下、G21 未出现前的各程序段为英制输入;在 G21 以下、G20 未出现前的各程序段为米制输入。例如:

```
N10    G20    …
N20    …      英制输入
⋮
N50    G21    …
N60    …      米制输入
⋮
N90    G20    …
N100   …      英制输入
⋮
```

N120　　M02

另外,G21、G20 断电前后的状态一致。

九、返回指令 G27～G30

1. 返回参考点校验 G27 指令

G27 X____ Y____ Z____

根据 G27 指令,刀具以参数所设定的速度快速进给,并在指令规定的位置(坐标值为 X、Y、Z 点)上定位。若所到达的位置是机床零点,则返回参考点的各轴指示灯亮。如果指示灯不亮,则说明程序中所给的指令错误或机床定位误差过大。

【注意】执行 G27 指令的前提是机床在通电后必须返回过一次参考点(手动返回或 G28 指令返回)。使用 G27 指令时,必须先取消刀具长度和半径补偿,否则会发生不正确的动作。由于返回参考点不是每个加工周期都需要执行,所以可作为选择程序段。G27 程序段执行后,如不希望继续执行下一程序段(使机械系统停止)时,则必须在该程序段后增加 M00 或 M01,在单个程序段中运行 M00 或 M01。

2. 自动返回参考点 G28 指令

G28 X____ Y____ Z____

执行 G28 指令,使各轴快速移动,分别经过指定的(坐标值为 X、Y、Z)中间点返回到参考点定位。

在使用 G28 指令,必须先取消刀具半径补偿,而不必先取消刀具长度补偿,因为 G28 指令包含刀具长度补偿取消、主轴停止、切削液关闭等功能。故 G28 指令一般用于自动换刀。

3. 从参考点返回 G29 指令

G29 X____ Y____ Z____

执行 G29 指令时,首先使被指令的各轴快速移动到前面 G28 所指令的中间点,然后再移到被指令的(坐标值为 X、Y、Z 的返回点)位置上定位。如 G29 指令的前面未指令中间点,则执行 G29 指令时,被指令的各轴经程序零点,再移到 G29 指令的返回点上定位。

例如(图 3-11):

(1)绝对值指令 G90 时

G90 G28 X130.0 Y70.0	当前点 $A \to B \to R$
M06	换刀
G29 X180.0 Y30.0	参考点 $R \to B \to C$

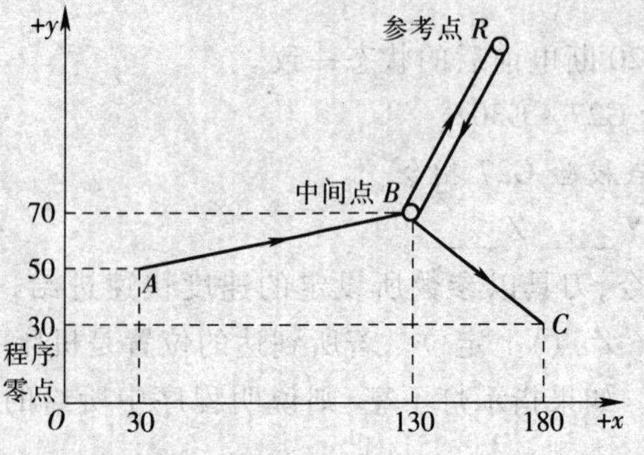

图 3-11 自动返回参考点

(2)增量值指令 G91 时

G91 G28 X100.0 Y20.00

M06

G29 X50.0 Y -40.0

如程序中无 G28 指令时,则程序段为:

G90 G29 X180.0 Y130.0

进给路线为:$A \to O \to C$

通常 G28 和 G29 指令应配合使用,使机床换刀后直接返回加工点 C,而不必计算中间点 B 与参考点 R 之间的实际距离。

4. 第二参考点返回 G30 指令

G30 X____ Y____ Z____

G30 为第二参考点返回。该功能与 G28 指令相似,不同之处是刀具自动返回第二参考点,而第二参考点的位置是由参数来设定的,G30 指令必须在执行返回第一参考点后才有效。如 G30 指令后面直接跟 G29 指令,则刀具将经由 G30 指定的中间点(坐标值为 X、Y、Z 的)移到 G29 指令的返回点定位,类似于 G28 后跟 G29 指令。通常 G30 指令用于自动换刀位置与参考点不同的场合,而且在使用 G30 前,同 G28 一样应先取消刀具补偿。

十、刀具长度正补偿 G43 指令

刀具长度负补偿 G44 指令和取消刀具长度补偿 G49 指令

$$\left\{\begin{matrix} G43 \\ \\ G44 \end{matrix}\right. \quad Z\_\_\_\_ \ H\_\_\_\_$$

当刀具磨损时,可在程序中使用刀具补偿指令补偿刀具尺寸的变化,而不必重新调整刀具和重新对刀，在 G17 的情况下，刀具补偿 G43 和 G44 只用于 *Z* 轴的补偿，而对 *X* 轴和 *Y* 轴无效。格式中的 *Z* 值是指程序中的指令值。H 为补偿功能代号，它后面的两位数字是刀具补偿寄存器的地址字。如 H01 是指 01 号寄存器，在该寄存器中存放刀具补偿值。从 H00 至 H99，除 H00 寄存器必须置 0 外，其余寄存器存放刀具长度补偿值，该值的范围为：米制 0 ~ ±99.999mm；英制 0 ~ 99.999in。

如图 3-12 所示，执行G43 时：

$$Z_{实际值} = Z_{指令值} + (H\times\times)$$

执行 G44 时：

$$Z_{实际值} = Z_{指令值} - (H\times\times)$$

式中：(H××)是指编号为××寄存器中的补偿量。

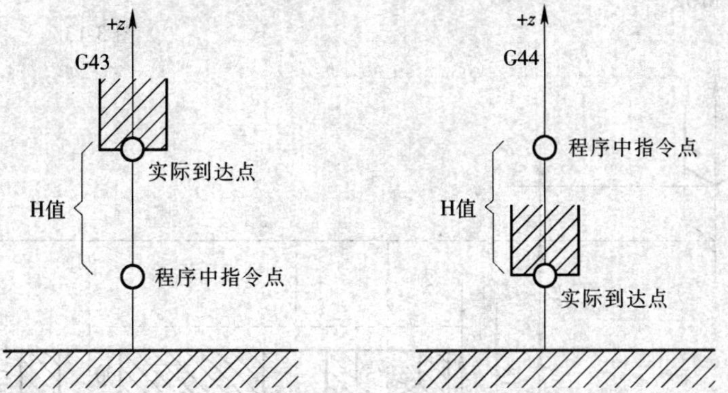

图 3-12　刀具长度补偿

采用取消刀具长度补偿 G49 指令或用 G43 H00 和 G44 H00 可以撤消补偿指令。

例如(图 3-13)，(H05) = 200mm。

N1 G92 X0 Y0 Z0　　　　设定 *O* 点为程序零点

N2 G90 G00 G44 Z30.0 H05　　　　指令点 *A*，到达点 *B*

如(H05) = -200mm，则程序为：

N1 G92 X0 Y0 Z0　　　　设定 O 点为程序零点

N2 G90 G43 Z30.0 H05　　　　指令点 A，至达点 B 其效果一样

又如(图 3-14)(H01) = -8mm，(H02) = 8mm。

N1 G91 G00 X120.0 Y80.0

N2 G43 Z -32.0 H01

(或 N2 G44 Z -32.0 H02)

```
N3 G01 Z-21.0 F120
N4 G04 P1000
N5 G00 Z21.0
N6 X30.0 Y-50.0
N7 G01 Z-41.0 F120
N8 G00 Z41.0
N9 X60.0 Y30.0
N10 G01 Z-23.0 F120
N11 G04 P1000
N12 G49 G00 Z55.0
N13 X-21.0 Y-60.0
N14 M02
```

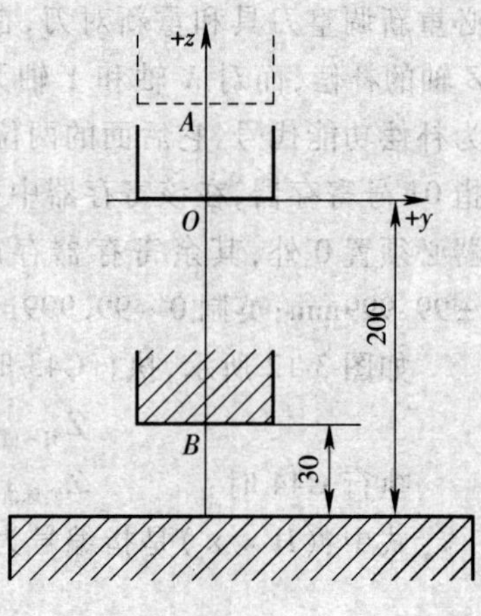

图 3-13

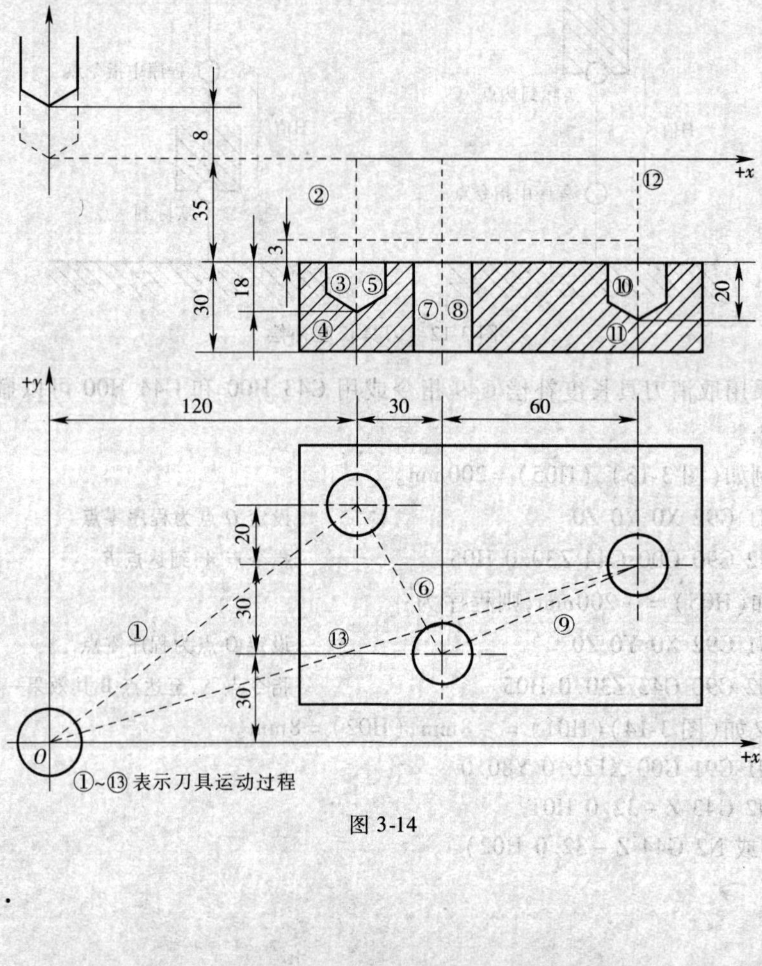

图 3-14

十一、刀具半径补偿功能

当加工曲线轮廓时，对于有刀具半径补偿功能的数控系统，可不必求刀具中心的运动轨迹，只按被加工工件的轮廓曲线编程，同时在程序中给出刀具半径的补偿指令，就可加工出具有轮廓曲线的零件，使编程工作大大简化。例如，要加工如图 3-15 所示的轮廓曲线 A，铣刀中心应沿着曲线 B 进给，即刀具中心要偏离零件轮廓（编程轨迹）一定的距离，这种偏离称为偏移。图中的箭头表示偏移矢量，其大小为刀具半径，方向为零件轮廓曲线（编程轨迹）上该点的法线方向，并指向刀具中心，矢量的方向是随着零件轮廓曲线（编程轨迹）的变化而变化的。

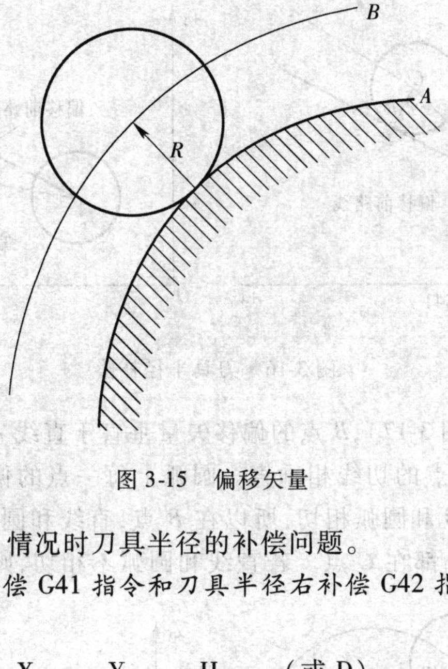

图 3-15　偏移矢量

下面讨论在 G17 情况时刀具半径的补偿问题。

1. *刀具半径左补偿 G41 指令和刀具半径右补偿 G42 指令*

$$\begin{Bmatrix} G00 \\ G01 \end{Bmatrix} \begin{Bmatrix} G41 \\ G42 \end{Bmatrix} \quad X\_\_\_\ Y\_\_\_\ H\_\_\_（或 D）\_\_\_$$

格式中的 X 和 Y 表示刀具移至终点时，轮廓曲线（编程轨迹）上点的坐标值；H（或 D）为刀具半径补偿寄存器地址字，在寄存器中存有刀具半径补偿值。

不论是刀具长度补偿值，还是刀具半径补偿值，都由操作者在 CRT/MDI 面板上用“MENU OFSET”功能键置入刀具补偿寄存器的。对应于刀具补偿寄存器 H01 ~ H99（或 D01 ~ D99），菜单中都有相应的偏置号（OFFSET NO.）与之对应，如偏置号 005 对应于 H05 寄存器。设置刀具补偿量时，操作者只需用面板上的光标键(CURSOR),将光标移至所选的偏置号上,键入刀具补偿值,将其输入到偏置号后面的偏移量(OFFSET DATA)位置上即可。

为了保证刀具从无半径补偿运动到所希望的刀具半径补偿始点,必须用一直线程序段 G00 或 G01 指令来建立刀具半径补偿。

直线情况时(图 3-16),刀具欲从始点 *A* 移至终点 *B*。当执行有刀具半径补偿指令的程序后,将在终点 *B* 处形成一个与直线 *AB* 相垂直的新矢量 *BC*,刀具中心由 *A* 点移至 *C* 点。沿着刀具前进方向观察,在 G41 指令时,形成的新矢量在直线左边,刀具中心偏向编程轨迹左边;而 G42 指令时,刀具中心偏向右边。

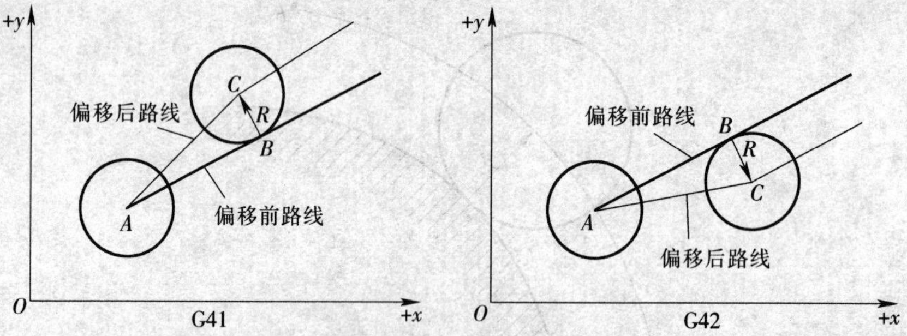

图 3-16　刀具半径补偿

圆弧情况时(图 3-17),*B* 点的偏移矢量垂直于直线 *AB*,圆弧上 *C* 点的偏移矢量与圆弧过 *C* 点的切线相垂直。圆弧上每一点的偏移矢量方向总是变化的。由于直线 *AB* 和圆弧相切,所以在 *B* 点,直线和圆弧的偏移矢量重合,方向一致,刀具中心都在 *C* 点。若直线和圆弧不相切,则这两个矢量方向不

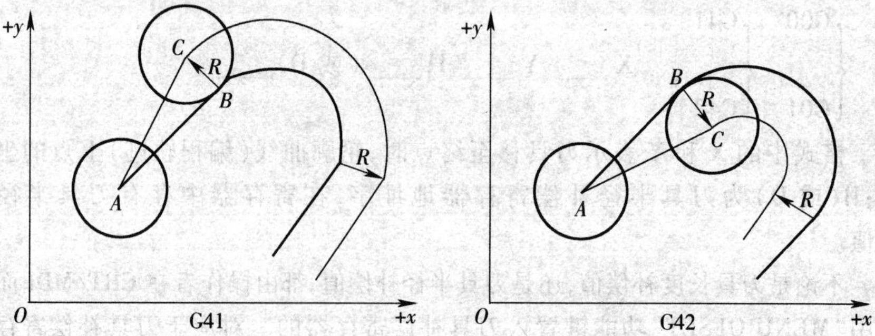

图 3-17　刀具半径补偿

一致，此时要进行拐角偏移圆弧插补。

如图 3-16、图 3-17 所示，刀具中心由 *A* 点移动到 *C* 点后，G41 或 G42 指令在 G01、G02 或 G03 的指令的配合下，刀具中心运动轨迹始终偏离，编程轨迹一个刀具半径的距离，直到取消刀具半径补偿为止。

2. 取消刀具半径补偿 G40 指令

$$G40\begin{cases}G00\\ \\G01\end{cases}\quad X\_\_\_\_\ Y\_\_\_\_$$

最后一段刀具半径补偿轨迹加工完成后，与建立刀具半径补偿类似，也应有一直线程序段 G00 或 G01 指令来取消补偿，以保证刀具从刀具半径补偿终点（刀补终点）运动到取消刀具半径补偿点（取消刀补点）。

指令中有 *X*、*Y* 时，*X* 和 *Y* 表示轨迹上取消刀补点的坐标值。如图 3-18 所示，刀具欲从刀补终点 *A* 移至取消刀补点 *B*，当执行取消刀具半径补偿 G40 指令的程序段时，刀具中心将由 *C* 点移至 *B* 点。

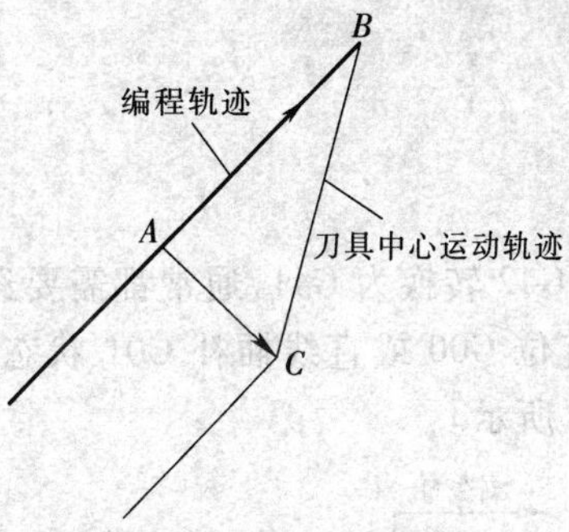

图 3-18 G40 指令

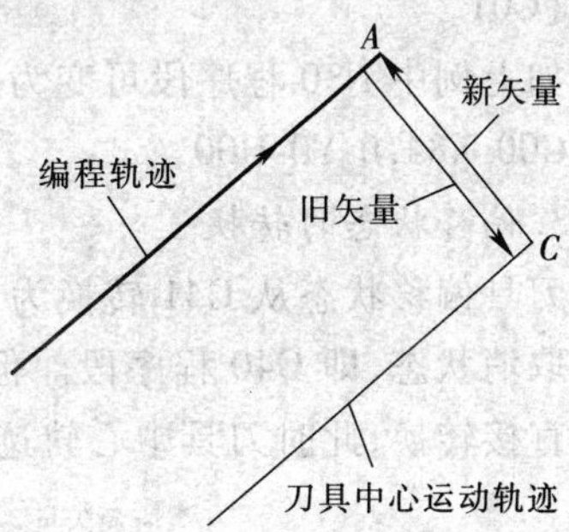

图 3-19 G40 指令

指令中无 *X*、*Y* 值时，则刀具中心 *C* 点将沿旧矢量的相反方向运动到 *A* 点（见图 3-19）。

如图 3-20 所示 *AB* 轮廓曲线，若直径为 Ø20mm 的铣刀从 *O* 点开始移动，加工程序为：

```
N10 G90 G17 G41 G00 X18.0 Y24.0 M03 H06     O→A
N20 G02 X74.0 Y32.0 R40.0 F180               A→B
N30 G40 G00 X84.0 Y0                         B→C
N40 G00 X0 M02                               C→O
```

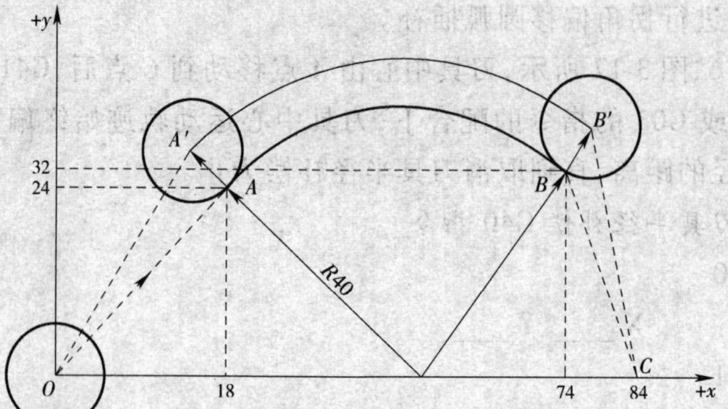

图 3-20

取消刀具半径补偿除用 G40 指令外,还可以用:

$$\left\{\begin{array}{l}G00 \\ \\ G01\end{array}\right. \quad X\_\_\_\_ \ Y\_\_\_\_ \ H00(\text{或 } D00)$$

如上例中 N30 程序段可变为:

G00 X84.0 Y0 H00

3. 偏移状态的转换

刀具偏移状态从 G41 转换为 G42 或从 G42 转换为 G41,通常都需要经过偏移取消状态,即 G40 程序段。但是在点定位 G00 或直线插补 G01 状态时,可以直接转换,此时刀具中心轨迹如图 3-21 所示。

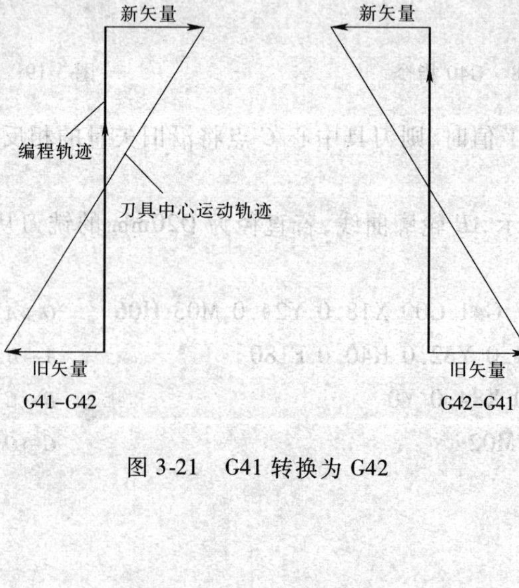

图 3-21　G41 转换为 G42

4. 刀具偏移量的改变

改变刀具偏移量通常要在偏移取消状态下,在换刀时进行。但在点定位 G00 或直线插补 G01 状态下也可以直接进行。如图 3-22 所示。

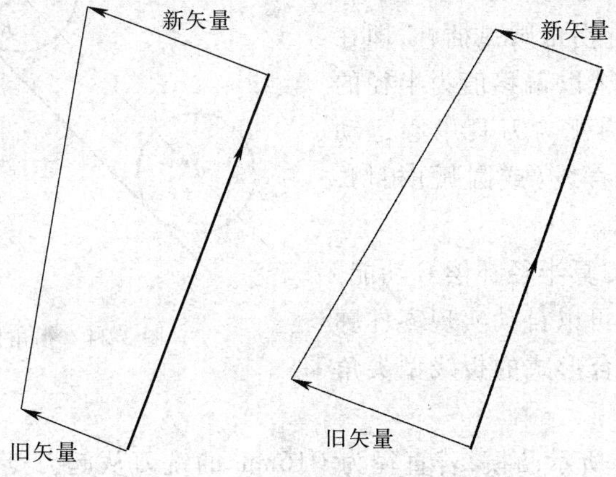

图 3-22 偏移量的改变

5. 偏移量正负与刀具中心轨迹的位置关系

如图 3-23 所示,偏移量取负值时,与刀具长度补偿类似,G41 和 G42 可以互相取代。如图(a)所示偏移量为正值时,刀具中心沿工件外侧切削。当偏移量为负值时,则刀具中心变为在工件内侧切削,如图(b)所示。反之,当图(b)中偏移量为正值时,则图(a)中刀具的偏移量为负值。

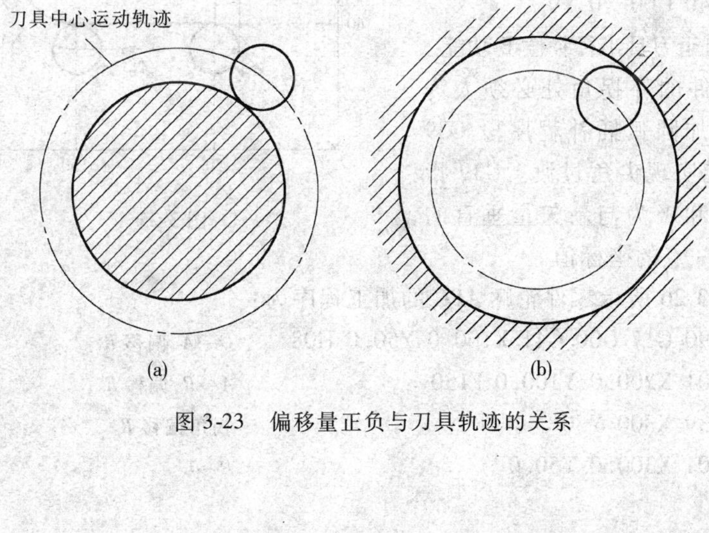

图 3-23 偏移量正负与刀具轨迹的关系

6. 拐角偏移圆弧插补 G39 指令

G39 X ____ Y ____

在有刀具半径补偿时，若编程轨迹的相邻两直线(或圆弧)不相切，则必须进行拐角圆弧插补，即在拐角处产生一个以偏移值为半径的附加圆弧，此圆弧与刀具中心运动轨迹的相邻两直线(或圆弧)相切，如图 3-24 所示。

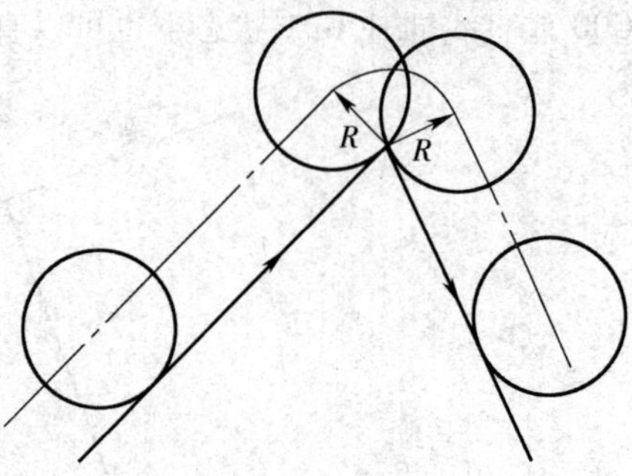

图 3-24　拐角偏移

(1)对于刀具半径补偿 C 功能

CNC 系统可以自动实现零件廓形各种拐角组合形式的折线型尖角过渡。

如图 3-25 所示凸模，若直径为 Ø16mm 的铣刀从起刀点 O 加工，加工程序为：

```
N1 G92 X0 Y0 Z0
N2 G90 G42 G00 X50.0 Y60.0 H01
N3 G01 X150.0 F150
N4 G03 Y140.0 R40.0
N5 G01 X50.0
N6 Y60.0
N7 G40 G00 X0 Y0
```

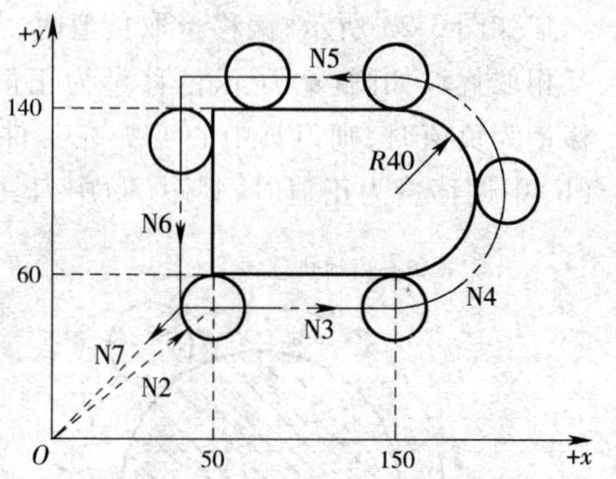

图 3-25

(2)对于刀具半径补偿 B 功能

在零件的外拐角处必须人为编制出附加圆弧插补程序段 G39 指令，才能实现尖角过渡。G39 指令中的 X 和 Y 为与新矢量垂直的直线上任一点的坐标值。

如图 3-26 所示零件轮廓 ABC 的加工程序为：

N1 G90 G17 G00 G41 X100.0 Y50.0 H08	$O \rightarrow A$，偏移 R_1
N2 G01 X200.0 Y100.0 F150	$A \rightarrow B$，偏移 R_2
N3 G39 X300 Y50	拐角偏移 R_3
N4 G01 X300.0 Y50.0	$B \rightarrow C$

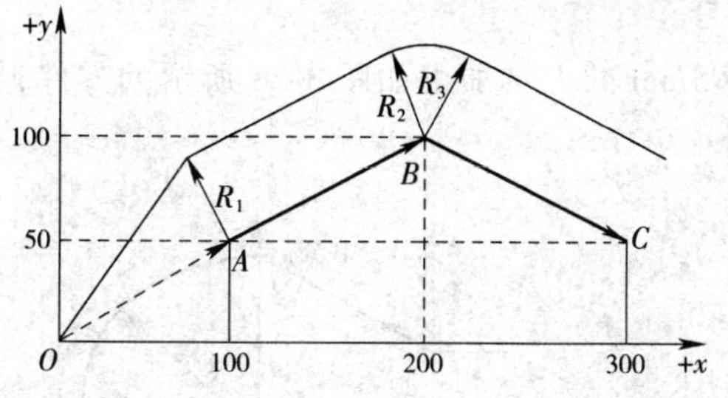

图 3-26　G39 指令

如图 3-27 所示 *ABCD* 轮廓曲线，若刀具从起刀点 *O* 开始移动，则加工程序为：

```
N1 G91 G17 G01 G41 X15.0 Y25.0 F200
N2 G39 X35 Y15                          C 功能不用
N3 X35.0 Y15.0
N4 G39 X25 Y -20                        C 功能不用
N5 X25.0 Y -20.0
N6 G39 X5 Y -25                         C 功能不用
N7 G03 X25.0 Y -20.0 R25.0
N8 G40 G01 Y25.0
```

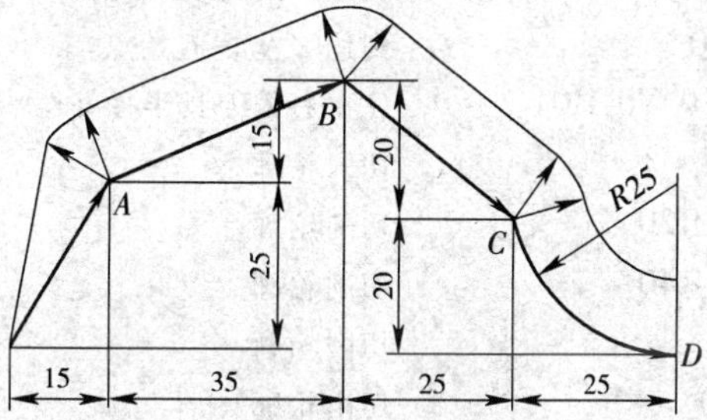

图 3-27　拐角偏移圆弧插补

G39 指令只有在 G41 或 G42 被指令后才有效。G39 属于非模态指令，仅在它所指令的程序段中起作用。

应用刀具半径补偿功能时必须注意：在 G41 或 G42 至 G40 指令程序段之间的程序段不能有任何一个刀具不移动的指令出现；在 *XY* 平面中执行刀具半径补偿时，也不能出现连续两个 *Z* 轴移动的指令，否则，G41 或 G42 指令无效。在使用 G41 或 G42 指令的程序段中只能用 G00 或 G01 指令，不能用 G02 或 G03 指令。

7. 应用举例

使用半径为 $R5$mm 的刀具加工如图 3-28 所示的零件,加工深度为 5mm,加工程序编制如下:

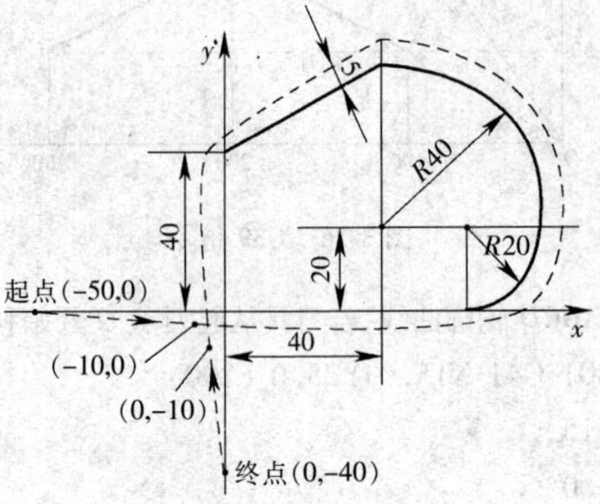

图 3-28

O10	
G55 G90 G01 Z40 F2000	进入 2 号加工坐标系
M03 S500	主轴启动
G01 X－50 Y0	到达 *X*,*Y* 坐标起始点
G01 Z－5 F100	到达 *Z* 坐标起始点
G01 G42 X－10 Y0 H01	建立右偏刀具半径补偿
G01 X60 Y0	切入轮廓
G03 X80 Y20 R20	切削轮廓
G03 X40 Y60 R40	切削轮廓
G01 X0 Y40	切削轮廓
G01 X0 Y－10	切出轮廓
G01 G40 X0 Y－40	撤消刀具半径补偿
G01 Z40 F2000	*Z* 坐标退刀
M05	主轴停
M30	程序停

设置 G55:X = －400,Y = －150,Z = －50;H01 = 5。

十二、机床坐标系选择 G53 指令和加工坐标系选择 G54～G59 指令

1. G53 选择机床坐标系

编程格式:G53 G90 X____ Y____ Z____

机床坐标系是机床固有的坐标系,由机床来确定。在机床调整后,一般此

坐标系是不允许变动的。当完成“手动返回参考点”操作之后,就建立了一个以机床原点为原点的机床坐标系,此时显示器上显示的当前刀具在机床坐标系中的坐标值均为零。当执行该指令时,刀具移动到机床坐标系中坐标值为 X、Y、Z 的点上。G53 是非模态指令,仅在它所在的程序段中和绝对值指令 G90 时有效;在增量值指令 G91 时无效。

当刀具要移动到机床上某一预选点(如换刀点或托板交换位置)时,则使用该指令,G53 指令使刀具快速定位到机床坐标系中的指定位置上。式中 X、Y、Z 后的值为机床坐标系中的坐标值,其尺寸均为负值。

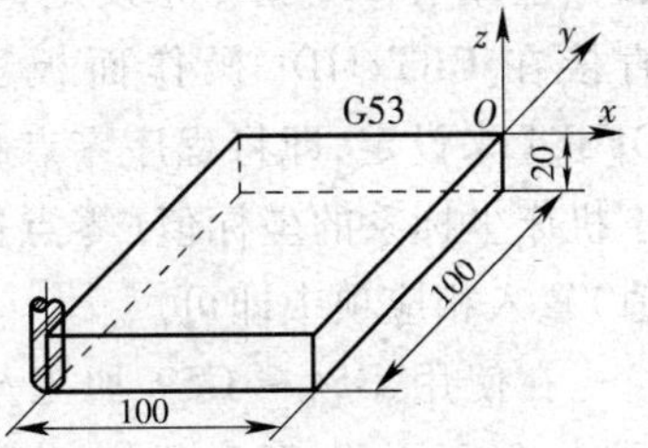

图 3-29 G53 选择机床坐标系

例:G53 G90 X－100 Y－100 Z－20

则执行后刀具在机床坐标系中的位置如图 3-29 所示。

【注意】当执行 G53 指令时,取消刀具补偿,必须在 G53 指令执行前建立,即在电源接通后,至少回过一次参考点(手动或自动)。

2. G54～G59 指令

若在工作台上同时加工多个相同零件时,可以设定不同的程序零点,见图 3-30,可建立 G54～G59 共 6 个加工坐标系。其坐标原点(程序零点)可设在便于编程的某一固定点上,这样建立的加工坐标系,在系统断电后并不破坏,再次开机后仍有效,并与刀具的当前位置无关,只需按选择的坐标系编程。G54～G59指令可使其后的坐标值视为用加工坐标系 1～6 表示的绝对坐标值。

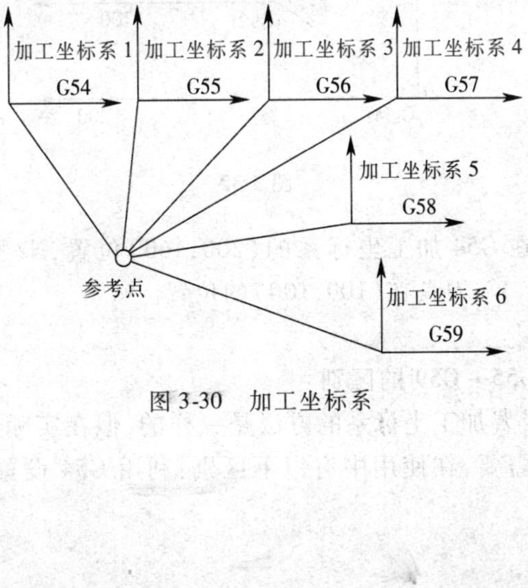

图 3-30 加工坐标系

例如(图 3-31):

```
G55   G00 X20.0 Z100.0
      X40.0 Z20.0
```

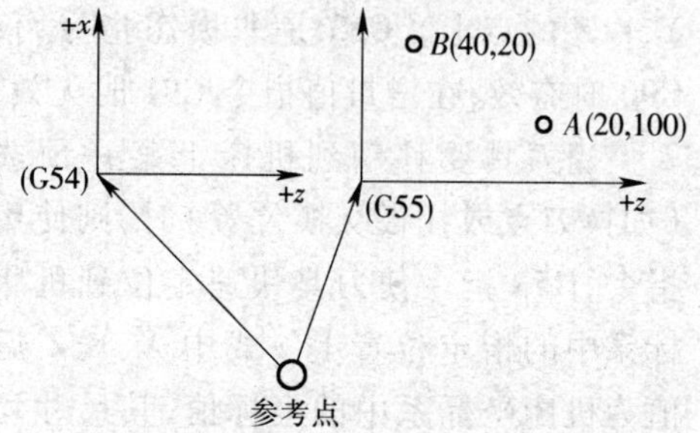

图 3-31

这 6 个加工坐标系程序零点的位置可通过在程序中编入变更加工坐标系 G10 指令来设定,也可直接在 CRT/MDI 操作面板上用 OFSET 来设定,即将程序零点相对于机床坐标系的坐标值(零点偏移值)置入相应项中即可。

在使用 G54 ~ G59 加工坐标系时,就不再用 G92 指令;若再用 G92 指令时,原来的坐标系和加工坐标系将平移,产生一个新的工件坐标系。

例如(图 3-32):

```
N1 G54 G00 X200.0 Y160.0        刀具在 A 点定位
N2 G92 X100.0 Y100.0            零点 O 移至 O′点
```

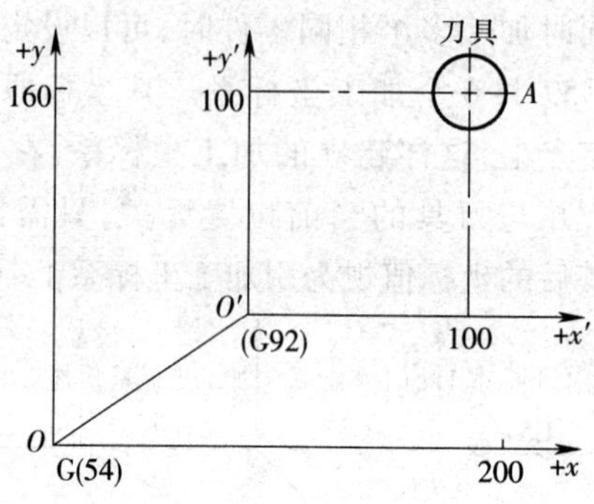

图 3-32

N1 时,刀具在 G54 加工坐标系的(200,160)位置,N2 后,加工坐标系变为工件坐标系 X',Y',刀具在(100,100)的位置。

3. 注意事项

(1)G54 与 G55 ~ G59 的区别

G54 ~ G59 设置加工坐标系的方法是一样的,但在实际情况下,机床厂家为了用户的不同需要,在使用中有以下区别:利用 G54 设置机床原点的情况下,进行回参考点操作时机床坐标值显示为 G54 的设定值,且符号均为正;利用 G55 ~ G59 设置加工坐标系的情况下,进行回参考点操作时机床坐标值显示零值。

(2)G92 与 G54 ~ G59 的区别

G92 指令与 G54 ~ G59 指令都是用于设定工件加工坐标系的,但在使用中是有区别的。G92 指令是通过程序来设定、选用加工坐标系的,它所设定的加工坐标系原点与当前刀具所在的位置有关,这一加工原点在机床坐标系中的位置是随当前刀具位置的不同而改变的。

(3)G54 ~ G59 的修改

G54 ~ G59 指令是通过 MDI 在设置参数方式下设定工件加工坐标系的,一旦设定,加工原点在机床坐标系中的位置是不变的,它与刀具的当前位置无关,除非再通过 MDI 方式修改。

(4)应用范围

本课程所列加工坐标系的设置方法,仅是 FANUC 系统中常用的方法之一,其余不一一例举。其他数控系统的设置方法应按随机说明书执行。

4. 常见错误

当执行程序段"G92 X10 Y10"时,常会认为是刀具在运行程序后到达 X10 Y10 点上。其实, G92 指令程序段只是设定加工坐标系,并不产生任何动作,这时刀具已在加工坐标系中的 X10 Y10 点上。

G54 ~ G59 指令程序段可以和 G00、G01 指令组合,如 G54 G90 G01 X10 Y10 时,运动部件在选定的加工坐标系中进行移动。程序段运行后,无论刀具当前点在哪里,它都会移动到加工坐标系中的 X10 Y10 点上。

十三、加工坐标系偏移

6 个加工坐标系可用一个指定值(外部工件零点偏移值)实现坐标系偏移,见图 3-33。

外部工件零件偏移值 EXOFS 可用下边三种方法改变:

(1)直接在 CRT/MDI 操作面板上输入零点偏移值。

(2)在程序中编入变更加工坐标系 G10 指令:

G10 L2　P____ X____ Y____ Z____　其中,$P=0$ 时,为外部工件零点偏移;$P=1\sim6$ 时,相应于 G54 ~ G59。X、Y、Z 为各轴的零点偏移值,即加工坐标系相对于机床零点的偏移值。例如:

G91 G10 L2 P6 X10.0 Y -5.0 Z -2.0

(3)外部加工坐标系偏移 G52 指令

G52　X____ Y____ Z____ X、Y、Z 为各轴的零点偏移值。

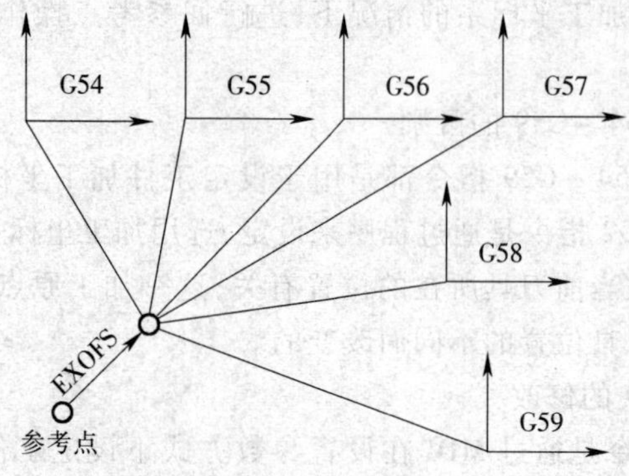

图 3-33　加工坐标系偏移

十四、坐标系旋转功能 G68、G69

该指令可使编程图形按照指定旋转中心及旋转方向旋转一定的角度，G68 表示开始坐标系旋转，G69 用于撤消旋转功能。

1. 基本编程方法

编程格式：G68 X ~ Y ~ R ~

……

G69

式中：X、Y——旋转中心的坐标值(可以是 X、Y、Z 中的任意两个，它们由当前平面选择指令 G17、G18、G19 中的一个确定)。当 X、Y 省略时，G68 指令认为当前的位置即为旋转中心。

R——旋转角度，逆时针旋转定义为正方向，顺时针旋转定义为负方向。

当程序在绝对方式下时，G68 程序段后的第一个程序段必须使用绝对方式移动指令，才能确定旋转中心。如果这一程序段为增量方式移动指令，那么系统将以当前位置为旋转中心，按 G68 给定的角度旋转坐标。现以图 3-34 为例，应用旋转指令的程序为：

N10 G92 X -5 Y -5	建立图 4-31 所示的加工坐标系
N20 G68 G90 X7 Y3 R60	开始以点(7,3)为旋转中心，逆时针旋转 60°的旋转
N30 G90 G01 X0 Y0 F200	按原加工坐标系描述运动，到达(0,0)点
(G91 X5 Y5)	若按括号内程序段运行，将以(-5，-5)的当前点为旋转中心旋转 60°
N40 G91 X10	X 向进给到(10,0)

N50 G02 Y10 R10	顺圆进给
N60 G03 X－10 I－5 J－5	逆圆进给
N70 G01 Y－10	回到(0,0)点
N80 G69 G90 X－5 Y－5	撤消旋转功能,回到(－5,－5)点
M02	结束

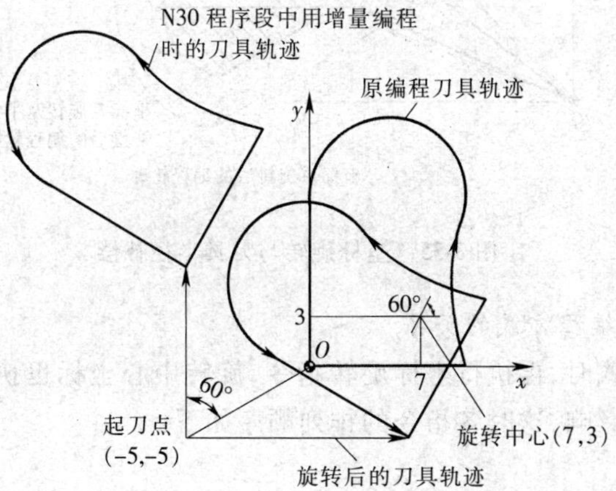

图 3-34

2. 坐标系旋转功能与刀具半径补偿功能的关系

旋转平面一定要包含在刀具半径补偿平面内,以图 3-35 为例:

N10 G92 X0 Y0

N20 G68 G90 X10 Y10 R－30

N30 G90 G42 G00 X10 Y10 F100 H01

N40 G91 X20

N50 G03 Y10 I－10 J 5

N60 G01 X－20

N70 Y－10

N80 G40 G90 X0 Y0

N90 G69 M30

当选用半径为 $R5$ 的立铣刀时,设置:H01 =5。

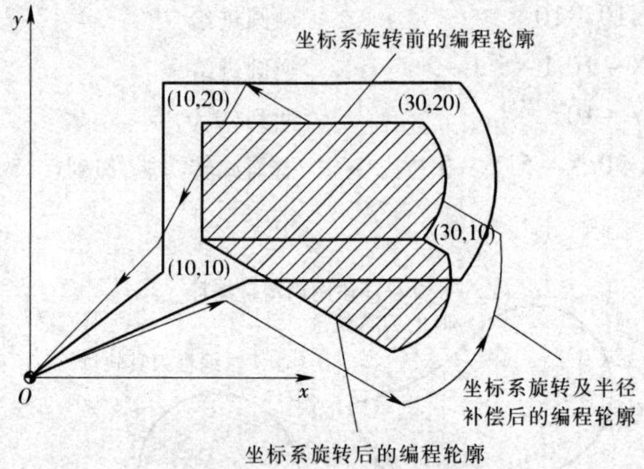

图 3-35　坐标旋转与刀具半径补偿

3. 与比例编程方式的关系

在比例模式时,再执行坐标旋转指令,旋转中心坐标也执行比例操作,但旋转角度不受影响,这时各指令的排列顺序如下:

G51… …

G68… …

G41/G42… …

G40… …

G69… …

G50… …

十五、固定循环指令

1. 固定循环常由 6 个动作顺序组成(图 3-36)

(1)*X* 和 *Y* 轴定位

(2)快速运行到 *R* 点

(3)钻孔(或镗孔等)

(4)在孔底相应的动作

(5)退回到 *R* 中

(6)快速运行到初始点位置

由图 3-36 可知,动作(1)*A*→*B*,是快速进给到 *X*、*Y* 指定的点。动作(2)为 *B*→*R*,是快速趋近加工表面。动作(3)为 *R*→*E*,是加工动作(如钻、镗、攻螺纹等)。动作(4)是在 *E* 点处执行一些相应动作(如暂定、主轴停、主轴反转等)。动作(5)是返回到 *R* 点或 *B* 点。

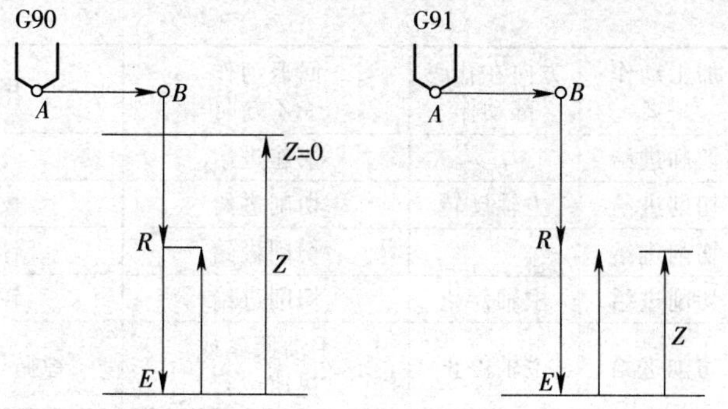

图 3-36 固定循环动作

2. 定位平面及钻孔轴选择

定位平面取决于平面选择指令 G17、G18、G19;其相应的钻孔轴分别平行于 Z 轴、Y 轴和 X 轴。

对于立式数控铣床,定位平面只能是 XY 平面,钻孔轴平行于 Z 轴。它与平面选择指令无关。下面只讨论立式铣床固定循环指令。

3. 固定循环指令格式

$$\begin{Bmatrix} G90 \\ G91 \end{Bmatrix} \begin{Bmatrix} G99 \\ G98 \end{Bmatrix} \quad G\times\times\ X\_\ Y\_\ Z\_\ R\_\ Q\_\ P\_\ F\_\ L\_$$

其中,G××为孔加工方式,对应于固定循环指令;X、Y 为孔位数据;Z、R、Q、P、F 为孔加工数据;L 为重复次数。

(1)孔加工方式

孔加工方式对应的指令见表 3-2。

表 3-2 固定循环表

G 代码	加工动作 −Z	方向在孔底部动作	回退动作 +Z 方向	用 途
G73	间歇进给		快速进给	高速深孔钻
G74	切削进给	主轴正转	切削进给	反转攻螺纹
G76	切削进给	主轴定向停止	快速进给	精镗循环(只用于第二组固定循环)
G80				抹消
G81	切削进给		快速进给	钻循环(定点钻)
G82	切削进给	暂停	快速进给	钻循环(锪钻)

续表

G 代码	加工动作 -Z	方向在孔底部动作	回退动作 +Z 方向	用 途
G83	切削进给		快速进给	深孔
G84	切削进给	主轴反转	切削进给	攻螺纹
G85	切削进给		切削进给	镗循环
G86	切削进给	主轴停止	切削进给	镗循环
G87	切削进给	主轴停止	手动操作或快速运行	镗循环(反镗)
G88	切削进给	暂停、主轴停止	手动操作或快速运行	镗循环
G89	切削进给	暂停	切削进给	镗循环

(2)孔位数据 *X*、*Y*

刀具以快速进给的方式到达(*X*、*Y*)点。

(3)返回点平面选择,G98 指令返回到初始平面 *B* 点,G99 指令返回到 *R* 点平面,见图 3-37。

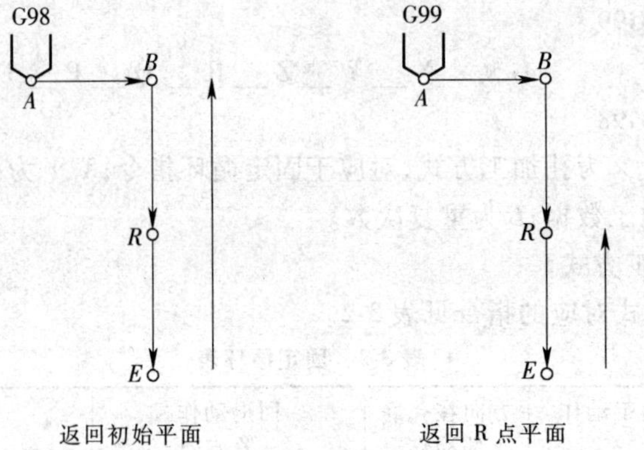

图 3-37 返回点平面选择

(4)孔加工数据

Z:在 G90 时,*Z* 值为孔底的绝对值。在 G91 时,*Z* 是 *R* 平面到孔底的距离(见图 3-38)。从 *R* 平面到孔底是按 *F* 代码所指定的速度进给。

R:在 G91 时,*R* 值为从初始平面(*B*)到 *R* 点的增量。在 G90 时,*R* 值为绝对坐标值(见图 3-38)。此段动作是快速进给。

Q:在 G73 或 G83 方式中,规定每次加工的深度,以及在 G76 或 G87 方式

中规定的移动值。

P:规定在孔底的暂停时间,用整数表示,以 ms 为单位。

F:进给速度,以 mm/min 为单位。

L:重复次数,用 L 的值来规定固定循环的重复次数,执行一次可不写 L1,如果 L0 则系统存贮加工数据,但不执行加工。

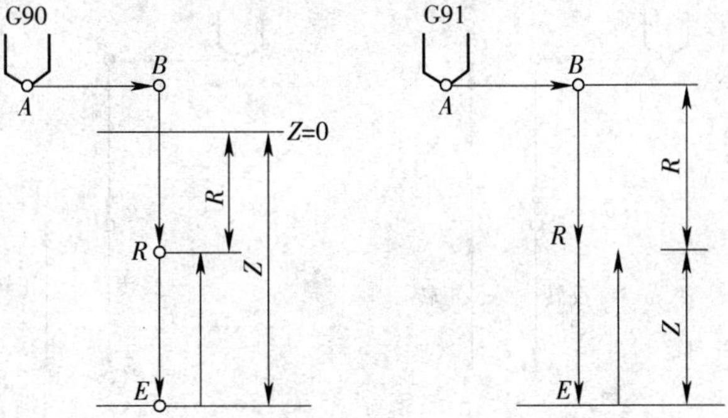

图 3-38　孔加工数据

上述孔加工数据,不一定全部都写,根据需要可省去若干地址和数据。

固定循环指令是模态指令,一旦被指定,就一直保持有效,直到用 G80 撤消指令为止。此外,G00、G01、G02、G03 也起撤消固定循环指令的作用。

例如,要钻出孔位在(50,30)、(60,10)、(-10,10)的孔,孔深为 $Z=-20.0$mm,程序如下:

```
N1 G90 G99 G81    X50.0 Y30.0 Z-20.0 R5.0 F80
N2 X60.0 Y10.0
N3 X-10.0
N4 G80
```

4.各种孔加工方式说明

(1)G73 高速深孔钻削

见图 3-39。G73 用于深孔钻削,每次背吃刀量为 q(用增量表示,根据具体情况由编程者给值)。退刀距离为 d,d 是 NC 系统内部设定的。到达 E 点的最后一次进刀

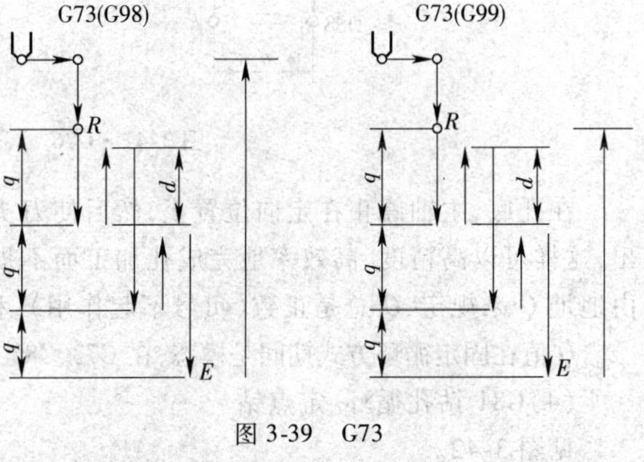

图 3-39　G73

是进刀若干个 q 之后的剩余量,它小于或等于 q。G73 指令是在钻孔时间段进给,有利于断屑、排屑,适用于深孔加工。

(2)G74 左旋攻螺纹

见图 3-40。主轴在 R 点反转直至 E 点后,正转返回。

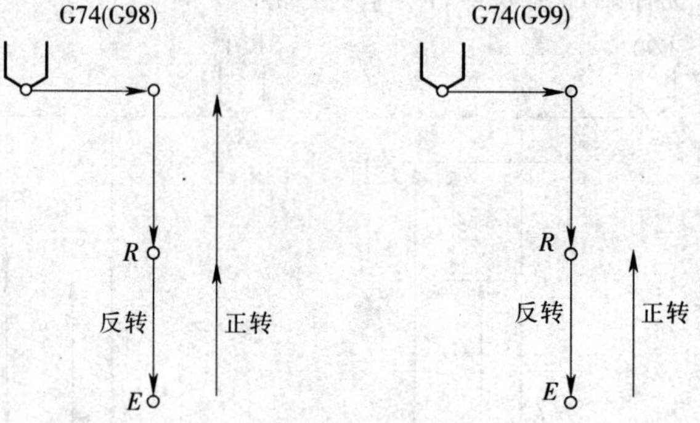

图 3-40　G74

(3)G76 精镗

见图 3-41。图中 OSS 表示主轴定向停止;⇒表示刀具移动。

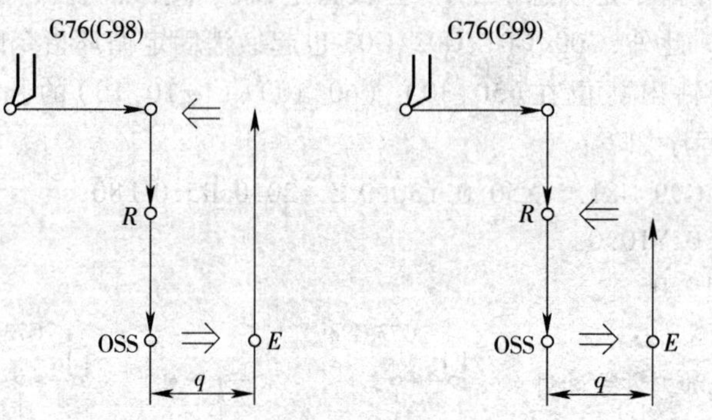

图 3-41　G76

在孔底,主轴停止在定向位置上,然后使刀头作离开加工面的偏移之后拔出,这样可以高精度、高效率地完成孔加工而不损伤工件表面。刀具的偏移量由地址 Q 来规定,Q 总是正数(负号不起作用),移动的方向由参数设定。

Q 值在固定循环方式期间是模态,在 G73、G83 指令中作背吃刀量值使用。

(4)G81 钻孔循环、定点钻

见图 3-42。

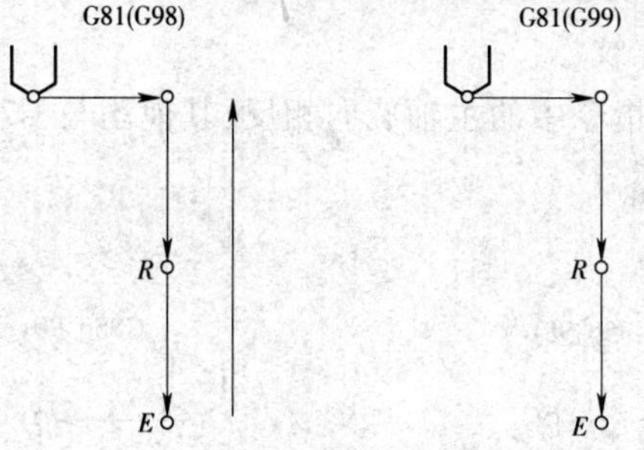

图 3-42　G81

(5) G82 钻孔、镗孔

见图 3-43。该指令使刀具在孔底暂停，暂停时间用 P 来指定。

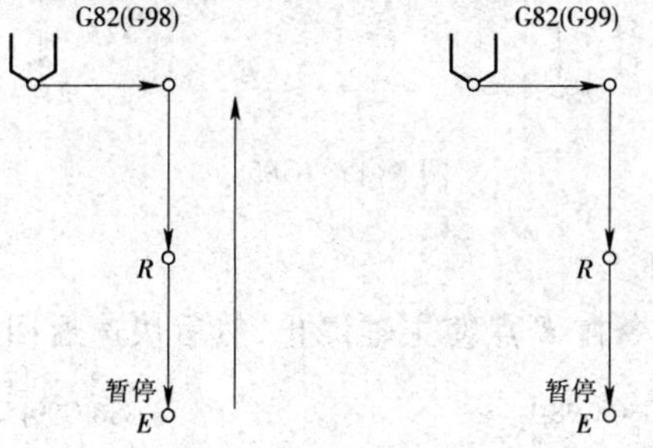

图 3-43　G82

(6) G83 深孔钻削

见图 3-44。其中 q 和 d 与 G73 相同。G83 和 G73 的区别是：G83 指令在每次进刀 q 距离后返回 R 点，这样对深孔钻削时排屑有利。

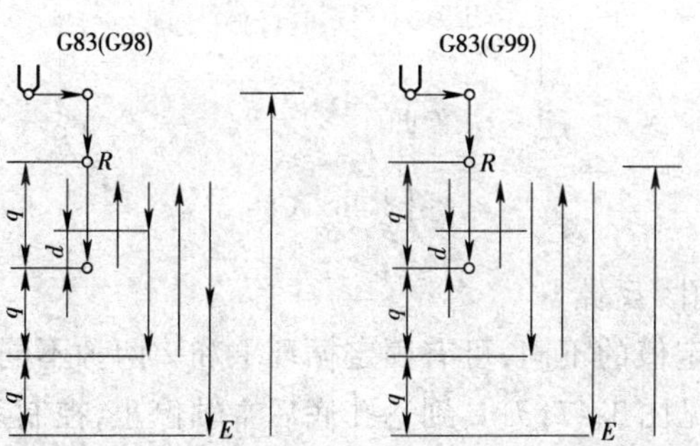

图 3-44　G83

(7) G84 右旋攻螺纹

G84 指令和 G74 指令中的主轴旋向相反,其他均与 G74 指令相同。

(8) G85 镗孔循环

见图 3-45。

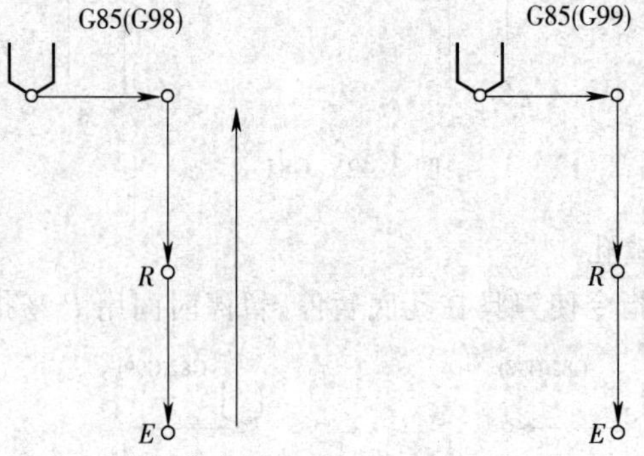

图 3-45　G85

(9) G86 镗孔循环

见图 3-46。该指令在 E 点使主轴停止,然后快速返回原点或 R 点。

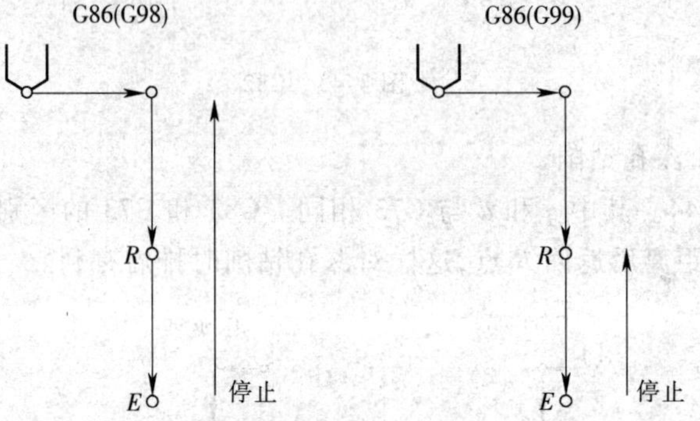

图 3-46　G86

(10) G87 镗孔/反镗

根据参数设定值的不同,可有固定循环 1 和 2 两种不同的动作。

固定循环 1 见图 3-47,刀具到达孔底后主轴停止,控制系统进入进给保持状态,此时刀具可用手动方式移动。为了再启动加工,应转换到纸带或存贮方式,按 START 键,刀具返回原点(G98)或 R 点(G99)之后主轴启动,然后继续下一段程序。

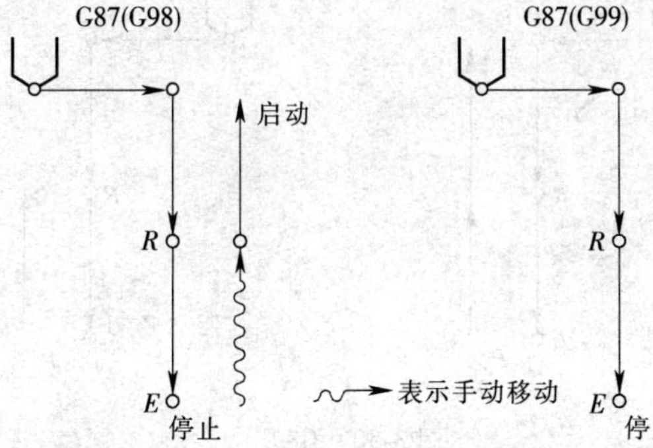

图 3-47　G87 循环 1

固定循环 2 见图 3-48。X、Y 轴定位后，主轴准停，刀具以反刀尖的方向偏移，并快速定位在孔底（R 点）。在这里顺时针启动主轴，刀具按原偏移量返回，在 Z 轴方向上一直加工到 E 点。在这个位置，主轴再次准停后刀具按原偏移量退回，并向孔的上方移出，然后返回原点并按原偏移量返回，主轴正转，继续执行下一段程序。

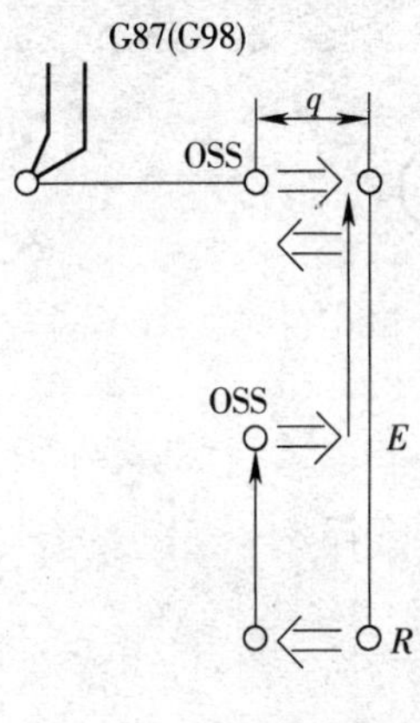

图 3-48　G87 固定循环 2

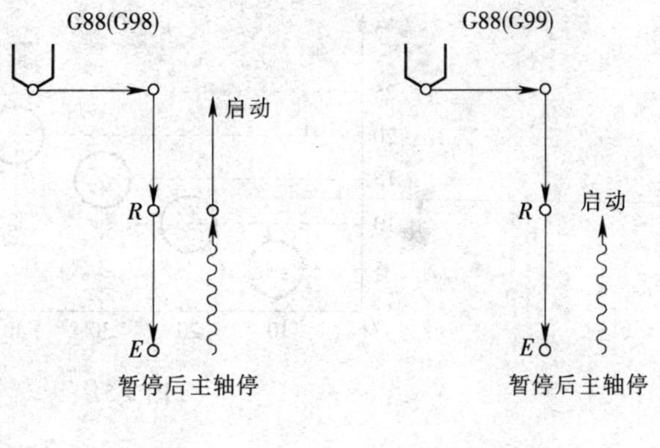

图 3-49　G88

（11）G88 镗孔循环

见图 3-49。

（12）G89 镗孔循环

见图 3-50。

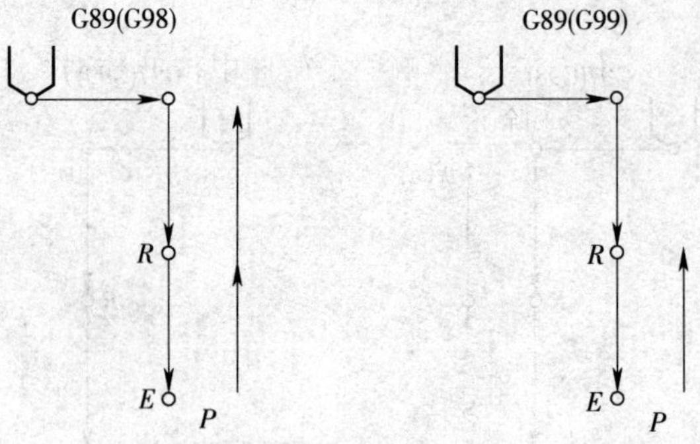

图 3-50　G89

5. 重复固定循环

可用地址 L 规定重复次数。例如可用来加工等距孔。L 最大值为 9999，L 只在其存在的程序段中有效。

例如，钻削图 3-51 中的 5 个孔，加工程序为：

```
⋮
N10 G00 G90 X0 Y0
N11 G91 G81 G98 Z10.0 Y5.0 Z-20.0 R-5.0 L5 F80
⋮
```

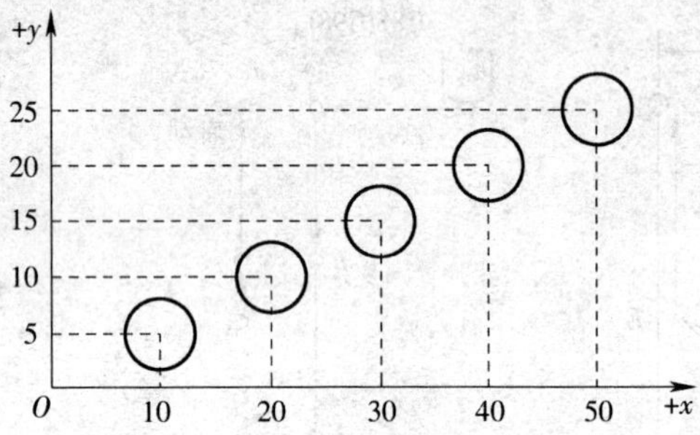

图 3-51

6. 固定循环注意事项

(1)指定固定循环前，必须用 M 代码规定主轴转动。

(2)在固定循环方式中，其程序段必须有 X、Y、Z 轴(包括 R)的位置数据，否则不执行固定循环。如：

G82X ____ Y ____ Z ____ R ____ F ____ P ____；（不钻孔）

F；　（不钻孔）

M；　（不钻孔）

G04P____；　（不钻孔，不影响固定循环中的 P 数据）

(3)撤消固定循环指令除了 G80 外，G00、G01、G02、G03 也能起撤消作用，因此编写固定循环时要注意。

(4)在固定循环方式中，刀具偏移指令（G45～G48）不起作用。

(5)固定循环方式中，G43、G44 仍起刀具长度补偿作用。

图 3-52 所示为刀具长度补偿及固定循环指令应用举例。

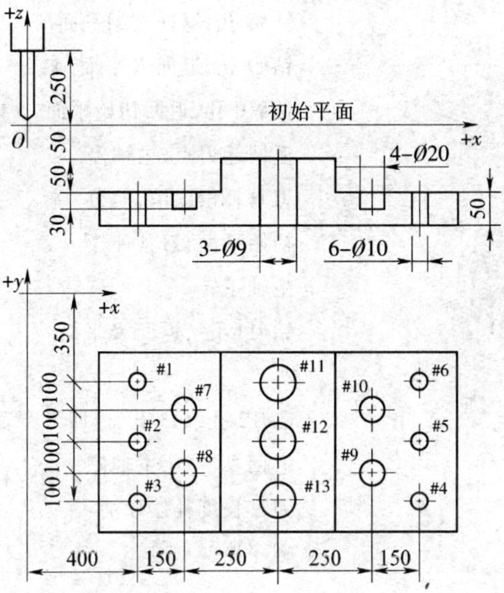

(a)零件加工简图

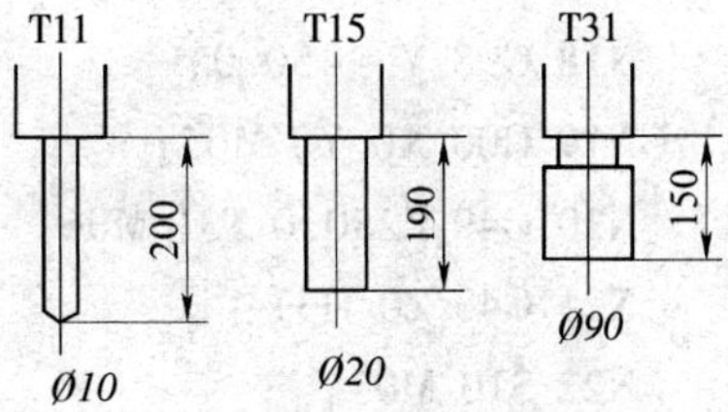

Offset NO	Value
11	200
15	190
31	150

(b)刀具简图

图 3-52

```
N01 G92 X0 Y0 Z0                              设定工件坐标系
N02 G90 G00 Z250.0 T11 M06;                   换刀
N03 G43 Z0 H11;                               初始平面，刀具补偿
N04 S30 M03;                                  主轴正转
N05 G99 G81 X400.0 Y－350.0                   钻#1 孔，返回 R 平面
        Z－153.0 R－97.0 F120;
N06 Y－550.0                                  钻#2 孔，返回 R 平面
N07 G98 Y－750.0                              钻#3 孔，返回初始平面
N08 G99 X1200.0                               钻#4 孔，返回 R 平面
N09 Y－550.0                                  钻#5 孔，返回 R 平面
```

N10 G98 Y－350.0	钻#6 孔,返回初始平面
N11 G00 X0 Y0 M05;	回起刀点,主轴停
N12 G49 Z250.0 T15 M06;	刀具补偿取消,换刀
N13 G43 Z0 H15;	初始平面,刀具补偿
N14 S20 M03;	主轴正转
N15 G99 G82 X550.0 Y－450.0 Z－130.0 R－97.0 P300 F70;	钻#7 孔,返回 *R* 平面
N16 G98 Y－650.0;	钻#8 孔,返回初始平面
N17 G99 X1050.0;	钻#9 孔,返回 *R* 平面
N18 G98 Y－450.0;	钻#10 孔,返回初始平面
N19 G00 X0 Y0 M05;	返回起刀点,主轴停
N20 G49 Z250.0 T31 M06;	刀具补偿取消,换刀
N21 G43 Z0 H31;	初始平面,刀具补偿
N22 S10 M03;	主轴正转
N23 G85 G99 X800.0 Y－350.0 Z－153.0 R－47.0 F50;	钻#11 孔 ,返回 *R* 平面
N24 G91 Y－200.0 L2;	钻#12 孔、#13 孔,返回 R 平面
N25 G28 X0 Y0 M05;	返回参考点,主轴停
N26 G49 Z0;	刀具长度补偿取消
N27 M02;	程序停

十六、子程序调用

编程时,为了简化程序的编制,当一个工件上有相同的加工内容时,常用调用子程序的方法进行编程。调用子程序的程序叫做主程序。子程序的编号与一般程序基本相同,只是程序结束字为 M99,表示子程序结束,并返回到调用子程序的主程序中。

调用子程序的编程格式:M98 P～;

式中:P——表示子程序调用情况。P 后共有 8 位数字,前 4 位为调用次数,省略时为调用 1 次;后 4 位为所调用的子程序号。

例:如图 3-53 所示,在一块平板上加工 6 个边长为 10mm 的等边三角形,每边的槽深为－2mm,工件上表面为 *Z* 向零点。其程序的编制就可以采用调用子程序的方式来实现(编程时不考虑刀具补偿)。

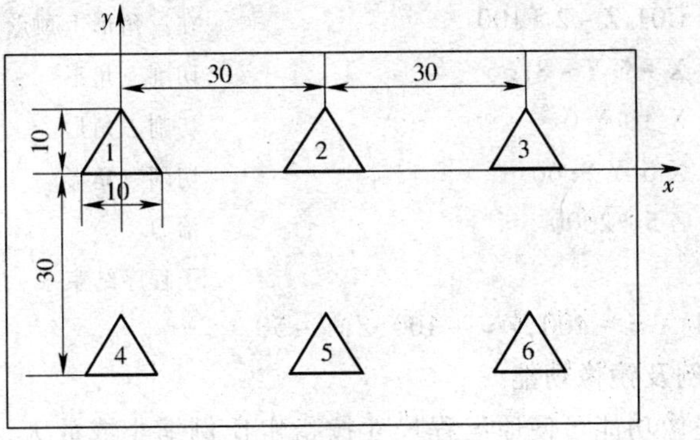

图 3-53 零件图样

主程序：

O10

N10 G54 G90 G01 Z40 F2000	进入工件加工坐标系
N20 M03 S800	主轴启动
N30 G00 Z3	快进到工件表面上方
N40 G01 X 0 Y8.66	到 1#三角形上顶点
N50 M98 P20	调 20 号切削子程序切削三角形
N60 G90 G01 X30 Y8.66	到 2#三角形上顶点
N70 M98 P20	调 20 号切削子程序切削三角形
N80 G90 G01 X60 Y8.66	到 3#三角形上顶点
N90 M98 P20	调 20 号切削子程序切削三角形
N100 G90 G01 X 0 Y -21.34	到 4#三角形上顶点
N110 M98 P20	调 20 号切削子程序切削三角形
N120 G90 G01 X30 Y -21.34	到 5#三角形上顶点
N130 M98 P20	调 20 号切削子程序切削三角形
N140 G90 G01 X60 Y -21.34	到 6#三角形上顶点
N150 M98 P20	调 20 号切削子程序切削三角形
N160 G90 G01 Z40 F2000	抬刀
N170 M05	主轴停
N180 M30	程序结束

子程序：

O20

```
N10 G91 G01 Z -2 F100        在三角形上顶点切入(深)2mm
N20 G01 X -5 Y -8.66         切削三角形
N30 G01 X 10 Y 0             切削三角形
N40 G01 X 5 Y 8.66           切削三角形
N50 G01 Z 5 F2000            抬刀
N60 M99                      子程序结束
```

设置 G54:$X=-400$,$Y=-100$,$Z=-50$。

十七、比例及镜像功能

比例及镜像功能可使原编程尺寸按指定比例缩小或放大,也可让图形按指定规律产生镜像变换。

G51 为比例编程指令,G50 为撤消比例编程指令。G50、G51 均为模式 G 代码。

1. 各轴按相同比例编程

编程格式:G51 X ~ Y ~ Z ~ P ~

… …

G50

式中:X、Y、Z——比例中心坐标(绝对方式);

P——比例系数。比例系数的范围为:0.001 ~ 999.999。该指令以后的移动指令,从比例中心点开始,实际移动量为原数值的 P 倍。P 值对偏移量无影响。

例如,在图 3-54 中,$P_1 \sim P_4$ 为原编程图形,$P_1' \sim P_4'$ 为比例编程后的图形,P_0 为比例中心。

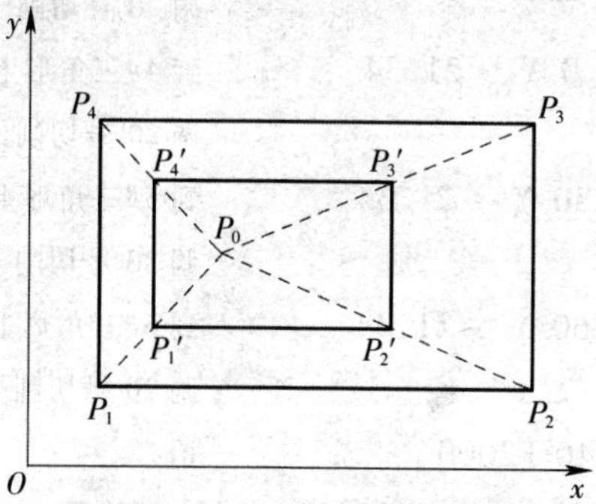

图 3-54 各轴按相同比例编程

2. 各轴以不同比例编程

各个轴可以按不同比例来缩小或放大，当给定的比例系数为 -1 时，可获得镜像加工功能。

编程格式：G51 X ~ Y ~ Z ~ I ~ J ~ K ~

… …

G50

式中：*X*、*Y*、*Z*——比例中心坐标；

I、*J*、*K*——对应 *X*、*Y*、*Z* 轴的比例系数，在 ±0.001 ~ ±9.999 范围内。本系统设定 *I*、*J*、*K* 不能带小数点，比例为 1 时，应输入1 000，并在程序中都应输入，不能省略。

比例系数与图形的关系见图 3-55。其中：*b/a*：*X* 轴系数；*d/c*：*Y* 轴系数；*O*：比例中心。

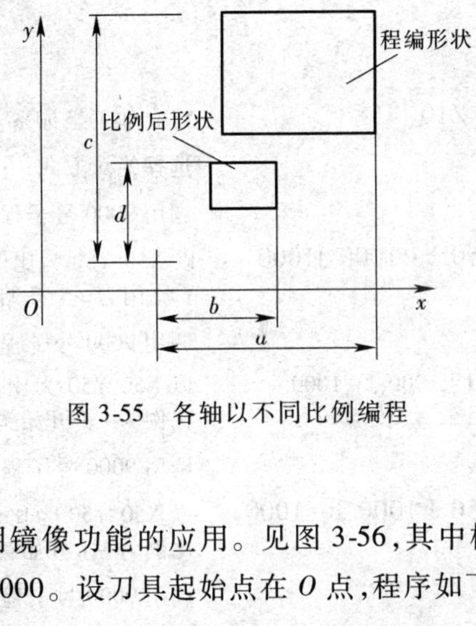

图 3-55　各轴以不同比例编程

3. 镜像功能

再举一例来说明镜像功能的应用。见图 3-56，其中槽深为 2mm，比例系数取为 +1000 或 -1000。设刀具起始点在 *O* 点，程序如下：

子程序：

```
O 9000
N10 G00 X60 Y60            //到三角形左顶点
N20 G01 Z -2 F100          //切入工件
N30 G01 X100 Y60           //切削三角形第一边
N40 X100 Y100              //切削三角形第二边
N50 X60 Y60                //切削三角形第三边
```

N60 G00 Z4　　//向上抬刀

N70 M99　　//子程序结束

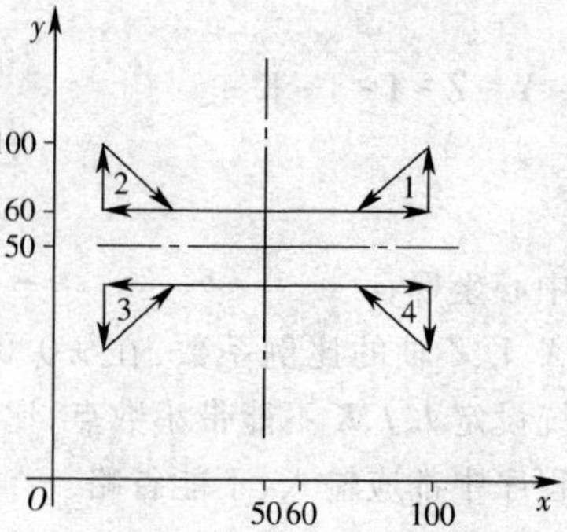

图 3-56

主程序:

O100

程序	说明
N10 G92 X0 Y0 Z10	建立加工坐标系
N20 G90	选择绝对方式
N30 M98 P9000	调用 9000 号子程序切削 1#三角形
N40 G51 X50 Y50 I－1000 J1000	以 X50 Y50 为比例中心,以 X 比例为－1、Y 比例为＋1 开始镜像
N50 M98 P9000	调用 9000 号子程序切削 2#三角形
N60 G51 X50 Y50 I－1000 J－1000	以 X50 Y50 为比例中心,X 比例为－1、Y 比例为－1 开始镜像
N70 M98 P9000	调用 9000 号子程序切削 3#三角形
N80 G51 X50 Y50 I 1000 J－1000	以 X50 Y50 为比例中心,X 比例为＋1、Y 比例为－1 开始镜像
N90 M98 P9000	调用 9000 号子程序切削 4#三角形
N100 G50	取消镜像
N110 M30	程序结束

4. 设定比例方式参数

(1)在操作面板上选择 MDI 方式

(2)按下 PARAM DGNOS 按钮,进入设置页面

其中:PEV X——为设定 *X* 轴镜像,当 PEV X 置"1"时,*X* 轴镜像有效;当 PEV X 置"0"时,*X* 轴镜像无效。

PEV Y——为设定 Y 轴镜像，当 PEV Y 置“1”时，Y 轴镜像有效；当 PEV Y 置“0”时，Y 轴镜像无效。

十八、A 类宏功能应用

用户宏功能是提高数控机床性能的一种特殊功能。使用中，通常把能完成某一功能的一系列指令像子程序一样存入存储器，然后用一个总指令代表它们，使用时只需给出这个总指令就能执行其功能。

用户宏功能主体是一系列指令，相当于子程序体。既可以由机床生产厂提供，也可以由机床用户自己编制。

宏指令是代表一系列指令的总指令，相当于子程序调用指令。

用户宏功能的最大特点是可以对变量进行运算，使程序应用更加灵活、方便。

用户宏功能有 A、B 两类。这里主要介绍 A 类宏功能，B 类宏功能请参见本课程的 B 类宏程序介绍。

1. 变量

在常规的主程序和子程序内，总是将一个具体的数值赋给一个地址。为了使程序更具通用性、更加灵活，在宏程序中设置了变量，即将变量赋给一个地址。

(1)变量的表示

变量可以用“#”号和跟随其后的变量序号来表示：#i(i = 1,2,3. . . . . .)

例如：#5，#109，#501。

(2)变量的引用

将跟随在一个地址后的数值用一个变量来代替，即引入了变量。

例：对于 F#103，若#103 = 50 时，则为 F50；

对于 Z - #110，若#110 = 100 时，则 Z 为 - 100；

对于 G#130，若#130 = 3 时，则为 G03。

(3)变量的类型

OMC 系统的变量分为公共变量和系统变量两类。

①公共变量　公共变量是在主程序和主程序调用的各用户宏程序内公用的变量。也就是说，在一个宏指令中的#i 与在另一个宏指令中的#i 是相同的。

公共变量的序号为：#100 ~ #131；#500 ~ #531。其中#100 ~ #131 公共变量在电源断电后即清零，重新开机时被设置为“0”；#500 ~ #531 公共变量即使断电后，它们的值也保持不变，因此也称为保持型变量。

②系统变量　系统变量定义为：有固定用途的变量，它的值决定系统的状

态。系统变量包括刀具偏置变量、接口的输入/输出信号变量、位置信息变量等。

系统变量的序号与系统的某种状态有严格的对应关系。例如,刀具偏置变量序号为#01~#99,这些值可以用变量替换的方法加以改变,在序号1~99中,不用作刀偏量的变量可用作保持型公共变量#500~#531。

接口输入信号#1000~#1015,#1032。通过阅读这些系统变量,可以知道各输入口的情况。当变量值为"1"时,说明接点闭合;当变量值为"0"时,表明接点断开。这些变量的数值不能被替换。阅读变量#1032,所有输入信号一次读入。

2. 宏指令 G65

宏指令 G65 可以实现丰富的宏功能,包括算术运算、逻辑运算等处理功能。

一般形式:G65 H*m* P#*i* Q#*j* R#*k*

式中:*m*——宏程序功能,数值范围01~99;

#*i*——运算结果存放处的变量名;

#*j*——被操作的第一个变量,也可以是一个常数;

#*k*——被操作的第二个变量,也可以是一个常数。

例如,当程序功能为加法运算时:

程序　P#100 Q#101 R#102……　含义为#100=#101+#102

程序　P#100 Q-#101 R#102……　含义为#100=-#101+#102

程序　P#100 Q#101 R15……　含义为#100=#101+15

3. 宏功能指令

(1)算术运算指令(表3-3)

表3-3　算术运算指令

G码	H码	功　能	定　义
G65	H01	定义,替换	$\#i=\#j$
G65	H02	加	$\#i=\#j+\#k$
G65	H03	减	$\#i=\#j-\#k$
G65	H04	乘	$\#i=\#j\times\#k$
G65	H05	除	$\#i=\#j/\#k$
G65	H21	平方根	$\#i=\sqrt{\#j}$

G65	H22	绝对值	#i = |#j|
G65	H23	求余	#i = #j − trunc (#j/#k) · #k
			Trunc;丢弃小于 1 的分数部分
G65	H24	BCD 码→二进制码	#i = BIN(#j)
G65	H25	二进制码→BCD 码	#i = BCD(#j)
G65	H26	复合乘/除	#i = (#i × #j) ÷ #k
G65	H27	复合平方根 1	$\#i=\sqrt{\#j^2+\#k^2}$
G65	H28	复合平方根 2	$\#i=\sqrt{\#j^2-\#k^2}$

①变量的定义和替换#i = #j

编程格式 G65 H01 P#i Q#j

例 G65 H01 P#101 Q1 005;(#101 = 1 005)

G65 H01 P#101 Q − #112;(#101 = − #112)

②加法 #i = #j + #k

编程格式 G65 H02 P#i Q#j R#k

例 G65 H02 P#101 Q#102 R#103;(#101 = #102 + #103)

③减法 #i = #j − #k

编程格式 G65 H03 P#i Q#j R#k

例 G65 H03 P#101 Q#102 R#103;(#101 = #102 − #103)

④乘法 #i = #j × #k

编程格式 G65 H04 P#i Q#j R#k

例 G65 H04 P#101 Q#102 R#103;(#101 = #102 × #103)

⑤除法 #i = #j/#k

编程格式 G65 H05 P#i Q#j R#k

例 G65 H05 P#101 Q#102 R#103;(#101 = #102/#103)

⑥平方根 $\#i=\sqrt{\#j}$

编程格式 G65 H21 P#i Q#j

例 G65 H21 P#101 Q#102;($\#101=\sqrt{\#120}$)

⑦绝对值 #i = ｜#j｜

编程格式 G65 H22 P#i Q#j

例 G65 H22 P#101 Q#102;(#101 = ｜#102｜)

⑧复合平方根 1 $\#i=\sqrt{\#j^2+\#k^2}$

编程格式 G65 H27 P#*i* Q#*j* R#*k*

例 G65 H27 P#101 Q#102 R#103;($\#101=\sqrt{\#102^2+\#103^2}$)

⑨复合平方根 2 $\#i=\sqrt{\#j^2-\#k^2}$

编程格式 G65 H28 P#*i* Q#*j* R#*k*

例 G65 H28 P#101 Q#102 R#103;($\#101=\sqrt{\#102^2-\#103^2}$)

(2)逻辑运算指令(表 3-4)

表 3-4 逻辑运算指令

G 码	H 码	功 能	定 义
G65	H11	逻辑"或"	#*i* = #*j* · OR · #*k*
G65	H12	逻辑"与"	#*i* = #*j* · AND · #*k*
G65	H13	异或	#*i* = #*j* · XOR · #*k*

①逻辑或 #*i* = #*j* OR #*k*

编程格式 G65 H11 P#*i* Q#*j* R#*k*

例 G65 H11 P#101 Q#102 R#103;(#101 = #102 OR #103)

②逻辑与 #*i* = #*j* AND #*k*

编程格式 G65 H12 P#*i* Q#*j* R#*k*

例 G65 H12 P#101 Q#102 R#103;(#101 = #102 AND #103)

(3)三角函数指令(表 3-5)

表 3-5 三角函数指令

G 码	H 码	功 能	定 义
G65	H31	正弦	#*i* = #*j* · SIN (#*k*)
G65	H32	余弦	#*i* = #*j* · COS(#*k*)
G65	H33	正切	#*i* = #*j* · TAN (#*k*)
G65	H34	反正切	#*i* = ATAN (#*j*/#*k*)

①正弦函数 #*i* = #*j* × SIN(#*k*)

编程格式 G65 H31 P#*i* Q#*j* R#*k* (单位:度)

例 G65 H31 P#101 Q#102 R#103;(#101 = #102 × SIN(#103))

②余弦函数 #*i* = #*j* × COS (#*k*)

编程格式 G65 H32 P#i Q#j R#k（单位:度）

例 G65 H32 P#101 Q#102 R#103;(#101 = #102 × COS(#103))

③正切函数 #i = #j × TAN#k

编程格式 G65 H33 P#i Q#j R#k（单位:度）

例 G65 H33 P#101 Q#102 R#103;(#101 = #102 × TAN(#103))

④反正切 #i = ATAN(#j/#k) 编程格式 G65 H34 P#i Q#j R#k（单位:度,0°≤#j≤360°）

例 G65 H34 P#101 Q#102 R#103;(#101 = ATAN(#102/#103))

(4)控制类指令(表 3-6)

表 3-6 控制类指令

G 码	H 码	功 能	定 义
G65	H80	无条件转移	GO TO n
G65	H81	条件转移 1	IF #j = #k, GO TO n
G65	H82	条件转移 2	IF #j≠#k, GO TO n
G65	H83	条件转移 3	IF #j > #k, GO TO n
G65	H84	条件转移 4	IF #j < #k, GO TO n
G65	H85	条件转移 5	IF #j≥#k, GO TO n
G65	H86	条件转移 6	IF #j≤#k, GOTO n
G65	H99	产生 PS 报警	PS 报警号 500 + n 出现

①无条件转移

编程格式 G65 H80 Pn（n 为程序段号）

例 G65 H80 P120;(转移到 N120)

②条件转移 1 #j EQ #k(=)

编程格式 G65 H81 Pn Q#j R#k（n 为程序段号）

例 G65 H81 P1000 Q#101 R#102

当#101 = #102 时,转移到 N1000 程序段;若#101≠ #102,执行下一程序段。

③条件转移 2 #j NE #k(≠)

编程格式 G65 H82 Pn Q#j R#k（n 为程序段号）

例 G65 H82 P1000 Q#101 R#102

当#101≠#102 时,转移到 N1000 程序段;若#101 = #102,执行下一程序段。

④条件转移 3 #j GT #k (>)

编程格式 G65 H83 P*n* Q#*j* R#*k*（*n* 为程序段号）

例 G65 H83 P1000 Q#101 R#102

当#101 > #102 时,转移到 N1000 程序段;若#101 ≤ #102,执行下一程序段。

⑤条件转移 4 #*j* LT #*k*(<)

编程格式 G65 H84 P*n* Q#*j* R#*k*（*n* 为程序段号）

例 G65 H84 P1000 Q#101 R#102

当#101 < #102 时,转移到 N1000 程序段;若#101 ≥ #102,执行下一程序段。

⑥条件转移 5 #*j* GE #*k*（≥）

编程格式 G65 H85 P*n* Q#*j* R#*k*（*n* 为程序段号）

例 G65 H85 P1000 Q#101 R#102

当#101 ≥ #102 时,转移到 N1000 程序段;若#101 < #102,执行下一程序段。

⑦条件转移 6 #*j* LE #*k*(≤)

编程格式 G65 H86 P*n* Q#*j* Q#*k*（*n* 为程序段号）

例 G65 H86 P1000 Q#101 R#102

当#101 ≤ #102 时,转移到 N1000 程序段;若#101 > #102,执行下一程序段。

4. 使用注意

为保证宏程序的正常运行,在使用用户宏程序的过程中,应注意以下几点:

(1)由 G65 规定的 H 码不影响偏移量的任何选择。

(2)如果用于各算术运算的 Q 或 R 未被指定,则作为 0 处理。

(3)在分支转移目标地址中,如果序号为正值,则检索过程是先向大程序号查找;如果序号为负值;则检索过程是先向小程序号查找。

(4)转移目标序号可以是变量。

5. 用户宏程序应用举例

【例 1】用宏程序和子程序功能顺序加工圆周等分孔。设圆心在 *O* 点,它在机床坐标系中的坐标为(X_0,Y_0),在半径为 *r* 的圆周上均匀地钻几个等分孔,起始角度为 *α*,孔数为 *n*。以零件上表面为 *Z* 向零点。见图 3-57。
使用以下保持型变量:

#502:半径 *r*;

#503:起始角度 *α*;

#504:孔数 *n*,当 *n* >0 时,按逆时针方向加工,当 *n* <0 时,按顺时针方向加工;

#505:孔底 *Z* 坐标值;

#506:*R* 平面 *Z* 坐标值;

#507:*F* 进给量。

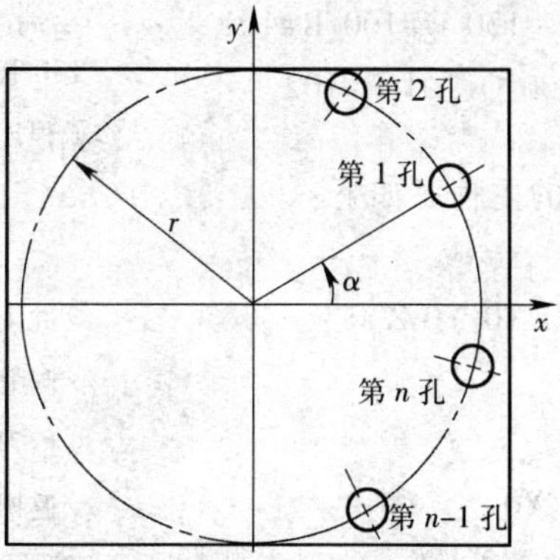

图 3-57　等分孔计算方法

使用以下变量进行操作运算：

#100：表示第 i 步钻第 i 孔的记数器；

#101：记数器的最终值（为 n 的绝对值）；

#102：第 i 个孔的角度位置 θ_i 的值；

#103：第 i 个孔的 X 坐标值；

#104：第 i 个孔的 Y 坐标值。

用用户宏程序编制的钻孔子程序如下：

程序	说明
O9010	
N110 G65 H01 P#100 Q0	#100 = 0
N120 G65 H22 P#101 Q#504	#101 = ｜#504｜
N130 G65 H04 P#102 Q#100 R360	#102 = #100 × 360°
N140 G65 H05 P#102 Q#102 R#504	#102 = #102/#504
N150 G65 H02 P#102 Q#503 R#102	#102 = #503 + #102 当前孔角度位置 $\theta_i = \alpha + (360° \times i)/n$
N160 G65 H32 P#103 Q#502 R#102	#103 = #502 × COS(#102)当前孔的 X 坐标
N170 G65 H31 P#104 Q#502 R#102	#104 = #502 × SIN(#102) 当前孔的 Y 坐标
N180 G90 G00 X#103 Y#104	定位到当前孔(返回开始平面)
N190 G00 Z#506	快速进到 R 平面
N200 G01 Z#505 F#507	加工当前孔
N210 G00 Z#506	快速退到 R 平面
N220 G65 H02 P#100 Q#100 R1	#100 = #100 + 1 孔计数

N230 G65 H84 P－130 Q#100 R#101 当#100 < #101 时,向上返回到130 程序段

N240 M99 子程序结束

调用上述子程序的主程序如下:

```
O0010
N10 G54 G90 G00 X0 Y0 Z20      //进入加工坐标系
N20 M98 P9010                  //调用钻孔子程序,加工圆周等分孔
N30 Z20                        //抬刀
N40 G00 G90 X0 Y0              //返回加工坐标系零点
N50 M30                        //程序结束
```

设置 G54:$X = -400, Y = -100, Z = -50$。

变量#500～#507 可在程序中赋值,也可由 MDI 方式设定。

【例 2】根据以下数据,用用户宏程序功能加工圆周等分孔。如图 3-58 所示,在半径为 50mm 的圆周上均匀地钻 8 个 Ø10 的等分孔,第一个孔的起始点角度为 30°,设圆心为 O 点,以零件的上表面为 Z 向零点。

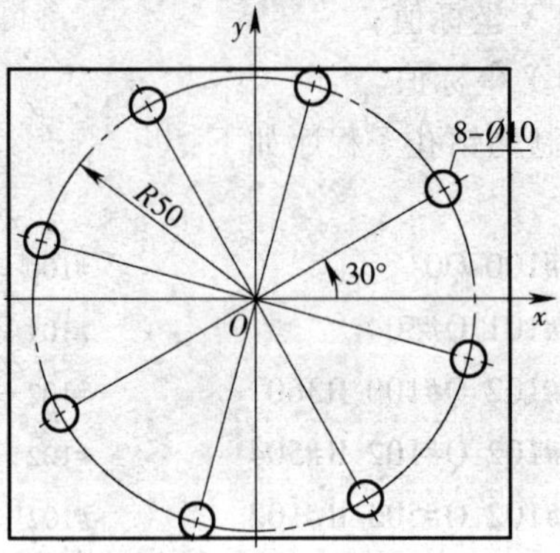

图 3-58 等分孔应用举例

首先在 MDI 方式中,设定以下变量的值:

#502:半径 r 为 50;

#503:起始角度 α 为 30;

#504:孔数 n 为 8;

#505:孔底 Z 坐标值为 －20;

#506:R 平面 Z 坐标值为 5;

#507:F 进给量为 50。

加工程序为：

```
O6100
N10 G54 G90 G00 X0 Y0 Z20
N20 M98 P9010
N30 G00 G90 X0 Y0
N40 Z20
N50 M30
```

设置 G54：$X = -400$，$Y = -100$，$Z = -50$。

6. 思考

如图 3-59 所示，在边长为 100mm 的正方形上钻 8 个孔，正方形的中心作为 O 点，Z 向零点设在工件的上表面，孔深为 35mm，采用用户宏程序编写其加工程序。

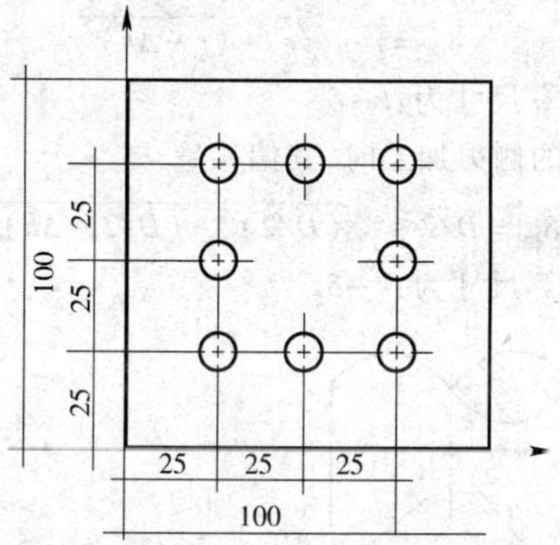

图 3-59

第六节　图形的数学处理

在程序编制前，对由直线、圆弧组成的平面轮廓进行铣削，所需的数学处理一般较简单，但由于某些工艺条件限制，也会产生一些特殊情况需要处理。非圆曲线、空间曲线和曲面的轮廓铣削加工的数学处理比较复杂，这一部分将主要研究轮廓的数学处理问题。

一、两平行铣削平面的数学处理

在实际工作中，常会遇到这种情况，零件图样中某些部分看起来是一条简单的直线轮廓,但由于铣削方法或铣削刀具等的问题会使按零件图样尺寸计算与编程的加工结果达不到设计要求。这时,必须根据加工的具体条件进行数学处理。

两平行铣削平面的阶差小于底部转接圆弧半径时,如图 3-60 所示,M 和 N 是两平行铣削面,但其阶差 Δh 小于底部转接圆弧半径 r,此时若用端铣刀的底刃加工平面(图(a)底刃铣削 N 面),按图中尺寸 l 编程,实际加工结果,只切削至 B 点而保证不了尺寸 l;若用端铣刀的侧刃加工平面(图(b)侧刃铣削 N 面),也只能铣削至 B 点位置,也保证不了尺寸 l。所以,必须对图形进行偏移处理(或改变刀具运动轨迹),其方法如下:

对于上述平行铣削面,因阶差 Δh 为定值,很容易得到下列偏移计算公式:

(1)当用端铣刀的底刃加工时,其偏移量

$$\delta_{底} = r - \sqrt{r^2 - (r - \Delta h)^2}$$

此时 l 的编程计算尺寸为:$l - \delta_{底}$

(2)当用端铣刀的侧刃加工时,其偏移量

$$\delta_{侧} = D/2 - \sqrt{(D/2)^2 - (D/2 - \Delta h)^2}$$

此时 l 的编程计算尺寸为:$l - \delta_{底}$

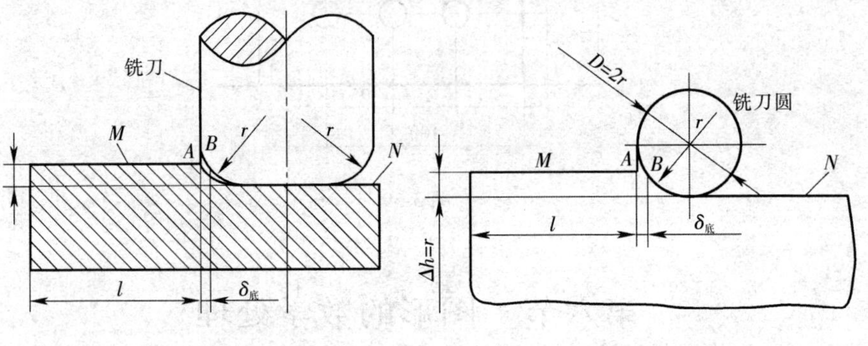

(a)底刃铣削 N 面　　(b)侧刃铣削 N 面

图 3-60　两平行底面阶差小于转接圆弧半径

二、两相交铣削平面的数学处理

两相交铣削平面的阶差小于底部转接圆弧半径时,相交铣削平面的情况比上述平行铣削面的情况要复杂一些,因为其阶差 Δh 不再是定值,而是变量。一般来说,当 r 较小而两平面间夹角也很小的情况下,在加工允差范围内按原图编程加工也是可以的。但当 r 较大而两平面夹角也较大的情况下,若不进行适当的偏移处理,就会产生如图 3-61(a)那样的结果,加工后留下一块材料,达不到零件图样对轮廓形状的设计要求。若简单地根据上面提出的平行铣削面偏移公式计算偏移量,仅平移运动轨迹,进行编程加工的话,其结果就会产生如图 3-61(b)所示的情形,多铣去一块材料而造成零件轮廓被铣伤,达不到设计要求。

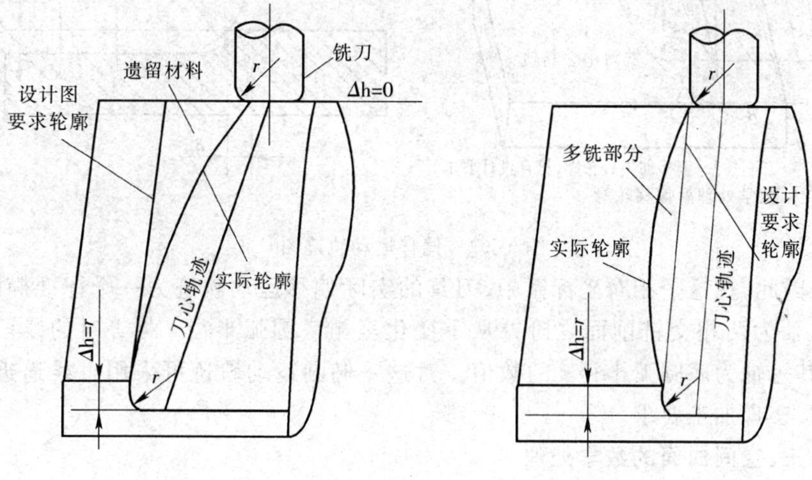

图 3-61　相交铣削面阶差小于转接圆弧半径

对上述情况,可采用如图 3-62 所示的办法处理。在图 3-62 中,我们设较低的平面 N 为 XOY 平面,建立相对坐标系。并设两相交平面在直线轮廓上的任一点的阶差为 Δh_i;铣刀底刃圆弧半径为 r(与零件图样中要求一致);Δh_i 从零变化至与 r 值相等时(当 $\Delta h_i \geqslant r$ 时就不必偏移)的直线长度为 l;实际编程时作偏移运动的轨迹上的动点 P 在阶差为 Δh_i 时的坐标为(X,Y)。

从图 3-62 中可以看出,为了加工出图样规定的直线轮廓 AB,铣刀必须按动点 $P(X,Y)$的轨迹运动。

由　$\Delta h_i / r = (l - X)/l$

得　$\Delta h_i = r \cdot (l - X)/l$　　(1)

又　$\delta_i = r - \sqrt{r^2 - (r - \Delta h_i)^2}, Y = r - \delta_i$

得　$Y = \sqrt{r^2 - (r - \Delta h_i)^2}$　　(2)

将(1)代入(2),即得动点 $P(X,Y)$的运动轨迹为:

$$X^2/l^2 + Y^2/r^2 = 1$$

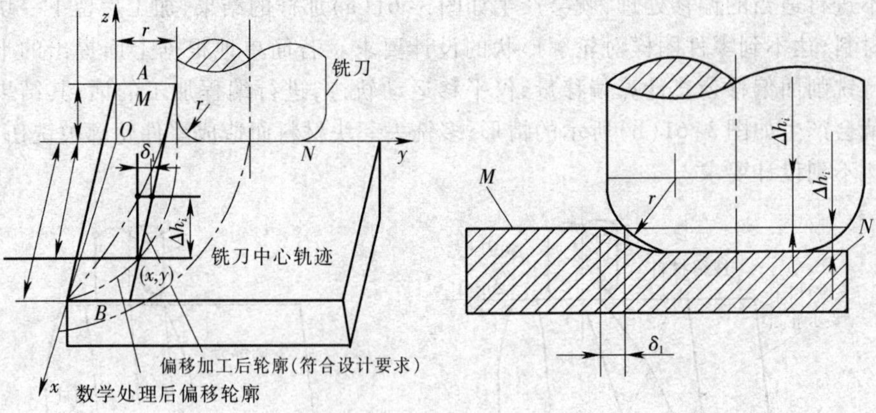

图 3-62　偏移运动轨迹图

因此,在这一相对坐标系中,刀具的实际偏移运动轨迹为一个标准椭圆,其长轴为两相交铣削面之阶差从零变化至与底圆弧半径 r 相等时的线段长度,其短轴为底圆弧半径 r 的数值。对这一椭圆运动轨迹可采用直线逼近来处理,实现加工要求。

三、空间曲面的数学处理

1. 铣削空间曲面的方法

数控铣床加工三坐标曲面零件时,常采用球头铣刀进行加工。一般只要使球头铣刀的球头中心位于所加工曲面的等距面上,不论刀具路线如何安排,均能铣出所要求的几何形状,如图 3-63(a)所示。球头铣刀的有效刀刃角的范围大,可达 180°,因此可切削很陡的曲面。球头铣刀的半径 R 较小,刀具干

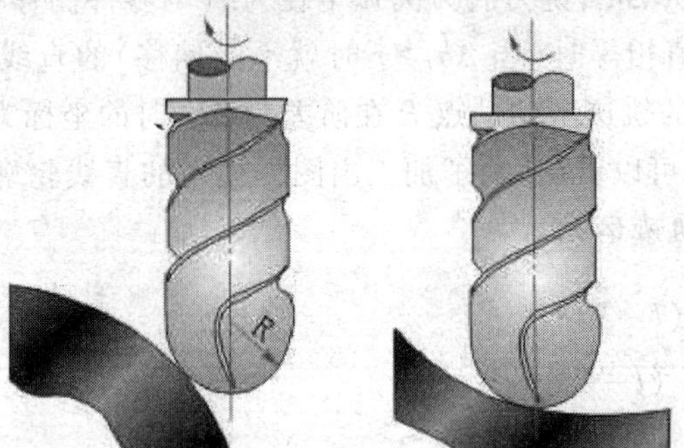

(a)球头铣刀铣削　　(b)切削速度比较

图 3-63　球头铣刀

涉的可能性小。但这种刀具的缺点是，切削速度随刀具与工件接触点的变化而变化，且球头铣刀端点的切削速度为零，如图 3-63(b)所示。当刀具中心轨迹为一平面折线时，只需数控铣床两坐标联动，如图 3-64(a)所示，当一条平面折线加工完毕后，再在平面上移动一个行距 S 进行第二条平面折线加工，即两轴半数控加工。显然，这时刀具与被加工曲面的切点的连线为一空间折线。三坐标数控加工时，球头铣刀与被加工曲面切点的连线为一平面折线，而刀具中心轨迹为一空间折线，所以数控铣床应是三坐标联动的，如图 3-64(b)所示。

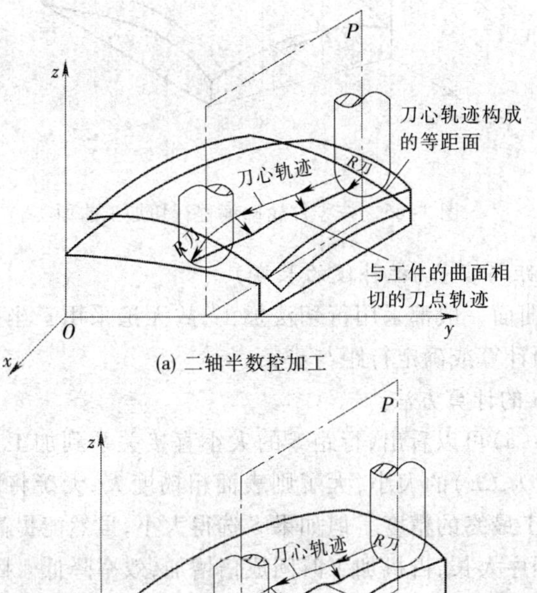

(a) 二轴半数控加工

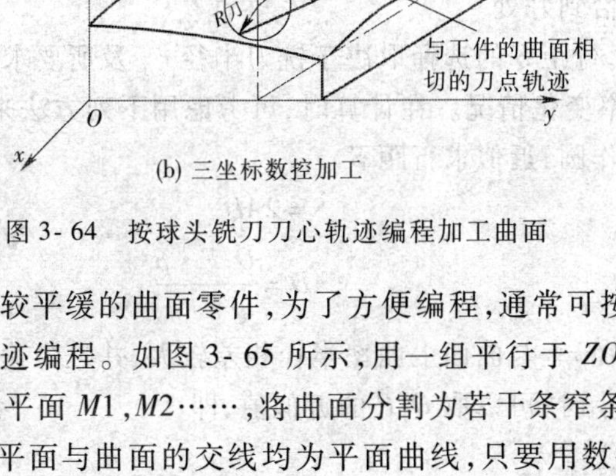

(b) 三坐标数控加工

图 3-64　按球头铣刀刀心轨迹编程加工曲面

对于曲率变化较平缓的曲面零件，为了方便编程，通常可按轮廓编程，而不采用刀具中心轨迹编程。如图 3-65 所示，用一组平行于 ZOY 坐标平面并垂直于 X 轴的假想平面 $M1$，$M2$……，将曲面分割为若干条窄条片(其宽度即为行距 S)，因假想平面与曲面的交线均为平面曲线，只要用数控铣床三坐标中的任意两坐标联动,就可以加工出来(编程时分别对每条平面曲线进行直线或圆弧逼近),即行切加工法。这样得到的曲面是由平面曲线群构成的。由于这种计算方法编程比较简单,所以经常被采用。

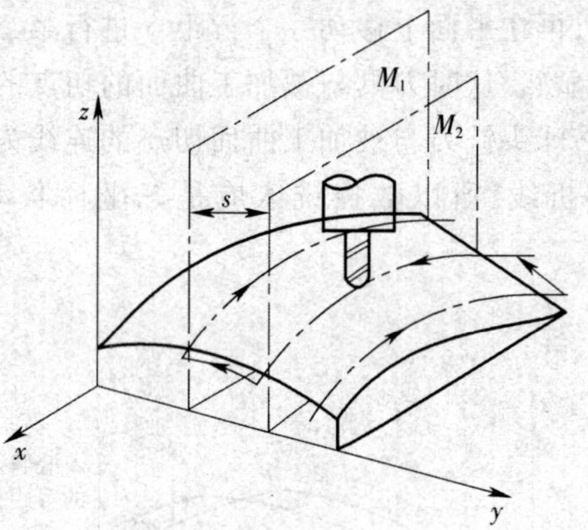

图 3-65　按零件轮廓编程行切加工曲面

2. 确定行距与步长(插补段的长度)

由于空间曲面一般都采用行切法加工,故无论采用三坐标还是两坐标联动铣削,都必须计算或确定行距与步长。

(1)行距 S 的计算方法

由图 3-66(a)可以看出,行距 S 的大小直接关系到加工后曲面上残留沟纹高度 h(图上为 CE)的大小,大了则表面粗糙度大,无疑将增大钳修工作的难度及零件加工最终的精度。但如果 S 选得太小,虽然能提高加工精度,减少钳修困难,但程序太长,占机加工时间成倍增加,效率降低。因此,行距 S 的选择应力求做到恰到好处。

一般来说,行距 S 的选择取决于铣刀半径 $r_刀$ 及所要求或允许的刀峰高度 h 和曲面的曲率变化情况。在计算时,可考虑用下列方法来进行:取 A 点或 B 点的曲率半径作圆,近似求行距 S。

$$S = 2AD$$

而

$$AD = \frac{O_1F \cdot \rho}{\rho + r_刀}$$

当球刀半径 $r_刀$ 与曲面上曲率半径相差较大,并且为达到一定的表面粗糙度要求及 h 较小时,可以取 O_1F 的近似值,即:

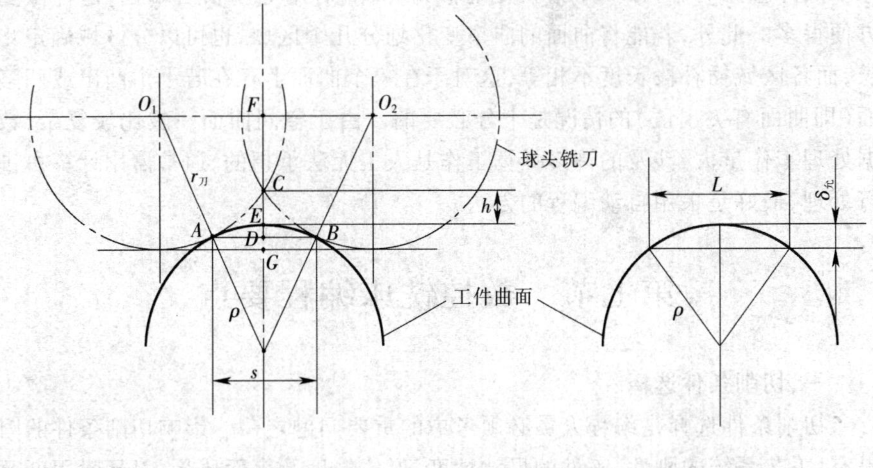

(a)行距　　　　　　　　　　　　　　(b)步长

图 3-66 行距与步长的计算

$$O_1F=\sqrt{r_刀{}^2-(FC)^2}=\sqrt{r_刀{}^2-(FG-CG)^2}$$
$$=\sqrt{r_刀{}^2-(r_刀-h)^2}$$

则行距
$$S=\frac{2\sqrt{h(2r_刀-h)}\cdot\rho}{\rho\pm r_刀}$$

上式中,当零件曲面在 AB 段内是凸时取正号,凹时取负号。实际编程时,如果零件曲面上各点的曲率变化不太大,可取曲率最大处作为标准计算。有时为了避免曲率计算的麻烦,也不妨用下列近似公式来计算行距 S。

$$S\approx 2\sqrt{2r_刀 h}$$

如果从工艺角度考虑,在粗加工时,行距 S 可选得大一些,精加工时选得小一些。有时为了减少刀峰高度 h,也可以在原来的两行距之间(刀峰处)加密行切一次,即进行一次去刀峰处理,这样相当于将 S 减小一倍,实际效果更好些。

(2)确定步长 L

步长 L 的确定方法与平面轮廓曲线加工时步长的计算方法相同,取决于曲面的曲率半径与插补误差 $\delta_允$(其值应小于零件加工精度)。如设曲率半径为 ρ,见图 3-66(b)。则

$$L=2\sqrt{\delta_允(2p-\delta_允)}\approx 2\sqrt{2p\delta_允}$$

实际应用时,可按曲率最大处近似计算,然后用等步长法编程,这样做要方便得多。此外,若能将曲面的曲率变化划分几个区域,也可以分区域确定步长,而各区域插补段长度不相等,这对于在一个曲面上存在若干个凸出或凹陷面(即曲面有突出区)的情况是十分必要的。由于空间曲面一般比较复杂,数据处理工作量大,涉及的许多计算工作是人工无法承担的,通常需用计算机进行处理,最好是采用自动编程的方法。

第七节　数控铣床编程要点

一、切削条件选择

切削条件选择是编程人员必须考虑的重要问题之一。影响切削条件的因素有:工艺系统的刚性,工件的尺寸精度、形位精度及表面质量,刀具耐用度及工件生产纲领,切削液,切削用量(表 3-7、表 3-8、表 3-9)。

表 3-7　铣刀的切削速度　(m/min)

工件材料	铣刀材料					
	碳素钢	高速钢	超高速纲	Strllite	YT	YG
铝	75 ~ 150	150 ~ 300		240 ~ 460		300 ~ 600
黄铜(软)	12 ~ 25	20 ~ 50		45 ~ 75		100 ~ 180
青铜(硬)	10 ~ 20	20 ~ 40		30 ~ 50		130 ~ 60
青铜(最硬)		10 ~ 15	15 ~ 20			40 ~ 60
铸铁(软)	10 ~ 12	15 ~ 25	18 ~ 35	28 ~ 40		75 ~ 100
铸铁(硬)		10 ~ 15	10 ~ 20	18 ~ 28		45 ~ 60
铸铁(冷硬)			10 ~ 15	12 ~ 18		30 ~ 60
可锻铸铁	10 ~ 15	20 ~ 30	25 ~ 40	35 ~ 45		75 ~ 110
铜(软)	10 ~ 14	18 ~ 28	20 ~ 30		45 ~ 75	
铜(中)	10 ~ 15	15 ~ 25	18 ~ 28		45 ~ 60	
铜(硬)		10 ~ 15	12 ~ 20		30 ~ 45	

表 3-8　铣刀进给量　(mm/每齿)

工件材料	圆柱铣刀	面铣刀	立铣刀	杆铣刀	成型铣刀	高速钢嵌齿铣刀	硬质合金嵌齿铣刀
铸铁	0.2	0.2	0.07	0.05	0.04	0.3	0.1
软(中硬)钢	0.2	0.2	0.07	0.05	0.04	0.3	0.09
硬钢	0.15	0.15	0.06	0.04	0.03	0.2	0.08
镍铬钢	0.1	0.1	0.05	0.02	0.02	0.15	0.06
高镍铬纲	0.1	0.1	0.04	0.02	0.02	0.1	0.05
可锻铸铁	0.2	0.15	0.07	0.05	0.04	0.3	0.09
铸铁	0.15	0.1	0.07	0.05	0.04	0.2	0.08
青铜	0.15	0.15	0.07	0.05	0.04	0.3	0.1
黄铜	0.2	0.2	0.07	0.05	0.04	0.3	0.21
铝	0.1	0.1	0.07	0.05	0.04	0.2	0.1
Al-Si 合金	0.1	0.1	0.07	0.05	0.04	0.18	0.08
Mg-Al-Zn 合金	0.1	0.1	0.07	0.04	0.03	0.13	0.08
Al-Cu-M 合金 Al-Cu-Si	0.15	0.1	0.07	0.05	0.04	0.2	0.1

表 3-9　高速钢钻头的切削用量　(V:m/min,f:mm/r)

工价材料	(MPa)	钻头直径(mm)									
		2~5	f	6~11	i	12~18	f	19~25	f	26~50	f
钢	490 以下	20~25	0.1	20~25	0.2	30~35	0.2	30~35	0.3	25~30	0.4
	490~686	20~25	0.1	20~25	0.2	20~25	0.2	25~30	0.2	25	0.2
	686~882	15~18	0.05	15~18	0.1	15~18	0.2	18~22	0.3	15~20	0.35
	686~1078	10~14	0.05	10~14	0.1	12~18	0.15	16~20	0.2	14~16	0.3
铸铁	118~176	25~30	0.1	30~40	0.2	25~30	0.35	20	0.6	20	1.0
	176~294	15~18	0.1	14~18	0.15	16~20	0.2	16~	0.3	16~18	0.4
黄铜	软	50 以下	0.05	50 以下	0.15	50 以下	0.3	50 以下	0.45	50 以下	…
青铜	软	35 以下	0.05	35 以下	0.1	35 以下	0.2	35 以下	0.35	50 以下	…

二、工艺分析与刀具切削路径

编程是一种艺术,其长短方式不同,但目的一样。工艺分析是决定工艺路线的重要根据。良好的工艺分析会简化工艺路线,节省切削时间。工艺分析首先要了解所有的切削加工方法,如钻削、车削、镗削等,然后结合实际加工经验,并能正确使用刀具、夹具、量具等。工艺分析的原则如下:

(1)分析零件图。

(2)将同一刀具的加工部位分类。

(3)按零件结构特点选择程序零点。

(4)列出使用的刀具表、程序分析表。

(5)模拟或试车并修正。

三、编程要点

(1)了解数控系统功能及机床规格。

(2)熟悉加工顺序。

(3)合理选择刀具、夹具及切削用量、切削液。

(4)编程尽量使用子程序及宏指令。

(5)注意小数点的使用。

(6)程序零点要选择在易计算的确定位置。

(7)换刀点选择在无换刀干涉的位置。

第四章 数控铣床基本操作技术

第一节　按键设定及显示器面板

一、CNC 系统操作面板

FANUC 0i 系统具有最大控制 4 轴联运功能，FANUC 0i ate 系统具有最大控制 3 轴联运功能。由主控制单元、显示器、内置 PLC、操作参数输入、交流伺服主轴（或变频器控制主轴）、进给轴交流伺服驱动器等组成。以下主要介绍 FANUC 0i 系统。

1. 显示器面板及 MDI 按键设定

显示器下方 7 个软键，其中中间 5 个是菜单选择键（对应屏幕软键），两侧是前翻页键和后翻页键。显示器分区显示内容见图 4-1。字母及数字键与电脑键操作相同，配合编辑键可以完成 MDI 编辑输入。

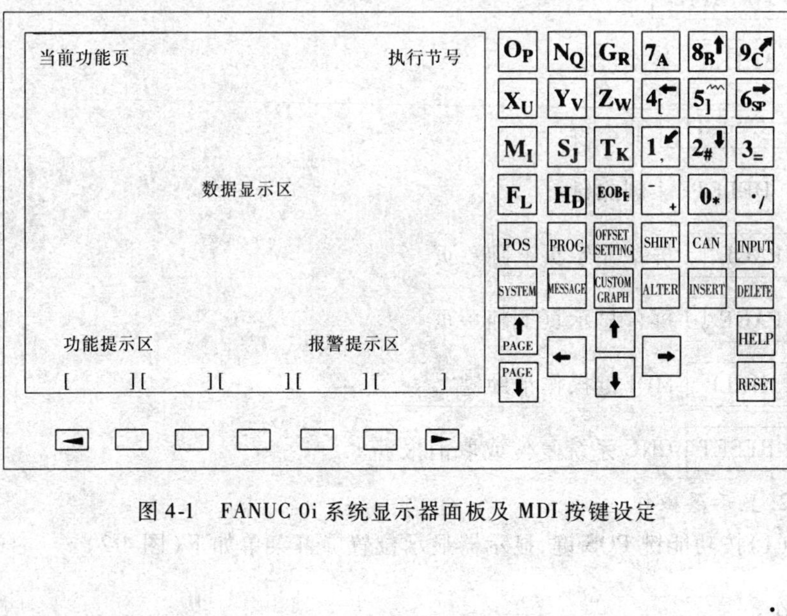

图 4-1　FANUC 0i 系统显示器面板及 MDI 按键设定

按 MDI 面板上的功能键,显示所选功能的屏幕。菜单未显示完,按菜单后翻键。然后选择菜单项。如本菜单一屏未显示完(看页提示显示),按 MDI 面板显示页上翻键。

各功能键说明如下:

POS	显示位置屏幕
PROG	显示程序屏幕
OFFSET SETTING	显示偏置、设置屏幕
SHIFT	上下档反转键
CAN	取消键,按下该键取消最后进入缓存区的信息
INPUT	按键输入屏幕,再按本键数据输入到缓存或存储器,此键与软 INPUT 键等效
SYSTEM	显示系统屏幕
MESSAGE	显示信息屏幕
CUSTOM GRAPH	显示用户宏程序屏幕、图形屏幕
ALTER	替换键
INSERT	插入键
DELETE	删除键
PAGE ↑	屏幕显示页上翻一页
PAGE ↓	屏幕显示页下翻一页
HELP	MDI 键操作帮助键
RESET	CNC 系统复位或取消报警

2. 显示器操作

(1)按功能键 POS 键,显示器显示位置屏幕菜单如下(图 4-2):

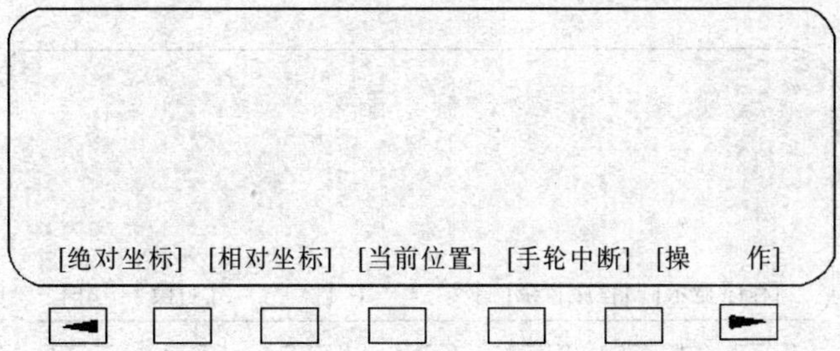

图 4-2　位置屏幕

(2)在存储器(操作面板方式选择自动)模式下按功能键,PROG 显示器显示程序屏幕菜单如下(图 4-3):

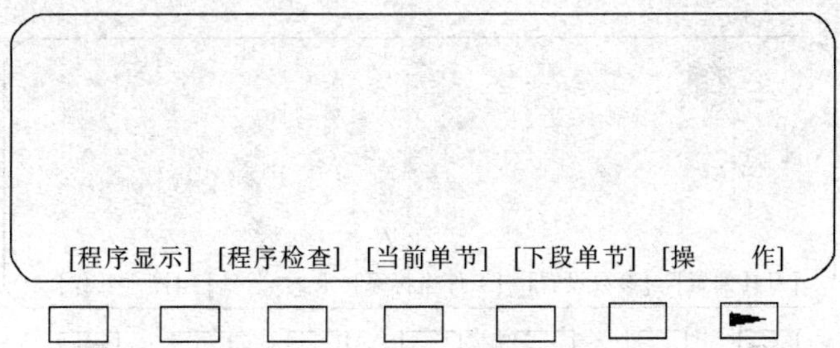

图 4-3　程序屏幕

(3)在操作面板选择 MDI 模式下按功能键 PROG,显示器显示程序输入屏幕菜单如下(图 4-4):

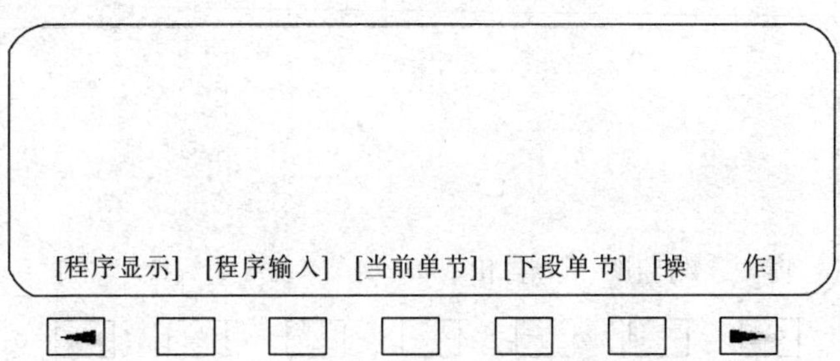

图 4-4　程序输入屏幕

(4)操作面板方式选择编辑模式下按功能键 PROG,显示器显示程序编辑屏幕菜单如下(图 4-5):

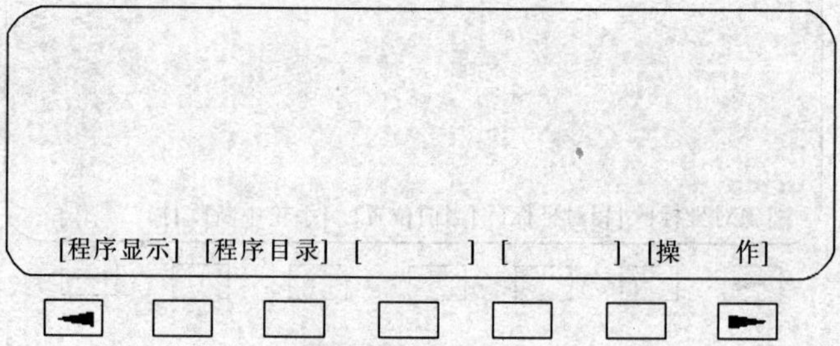

图 4-5 程序编辑屏幕

(5)按功能键 OFFSET,显示器显示偏置、设置屏幕菜单如下(图 4-6):

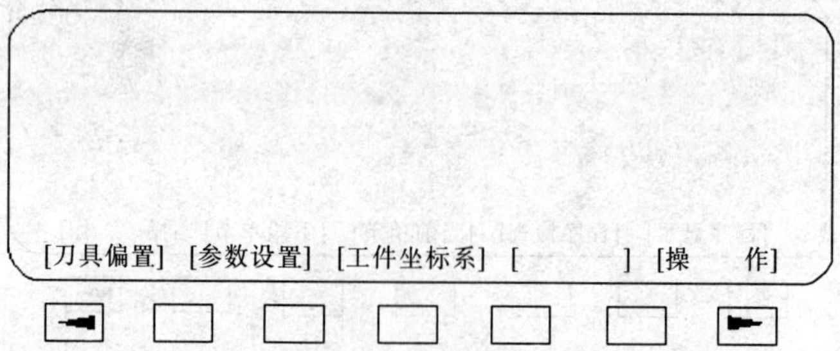

图 4-6 补偿设置屏幕

(6)按功能键 SYSTEM,显示器显示系统屏幕菜单如下(图 4-7):

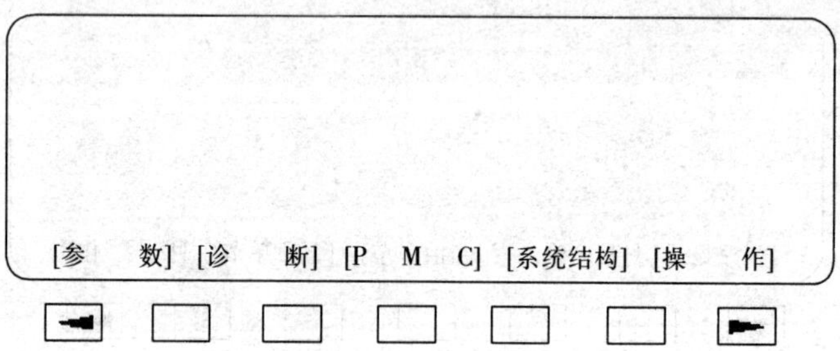

图 4-7 参数设置屏幕

(7)按功能键 MESSAGE,显示器显示信息屏幕菜单如下(图 4-8):

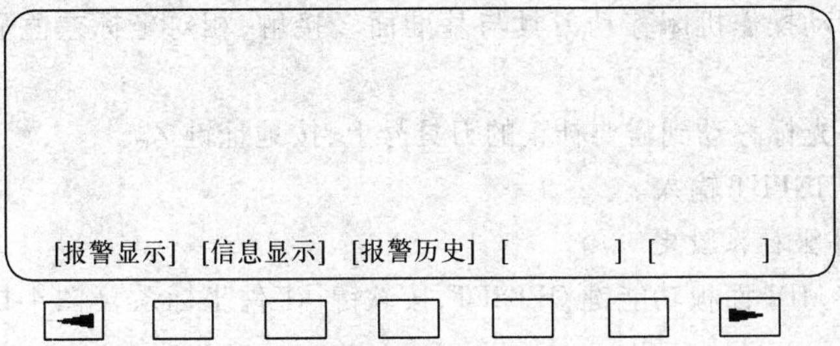

图 4-8　信息屏幕

3. 存储器运行操作

旋转操作面板方式选择自动，按 MDI 面板功能键：PROG；按菜单翻页；按地址 O_p；用数字键输入程序号；按程序启动软键，完成调用；按循环启动键。

4. 刀长补正操作

(1)按 MDI 面板功能键 POS，显示器显示相对坐标位置屏幕(图 4-9)。

```
ACTUAL POSITION (RELATIVE)                    O 688 N 00030

    X     313.657
    Y     389.023
    Z       0.000

  [绝对坐标] [相对坐标] [当前位置] [手轮中断] [操    作]
```

图 4-9　刀长测量屏幕

(2)将 Z 轴相对坐标值置零。

(3)按 MDI 面板功能键 OFFSET，显示器显示刀具补偿屏幕(图 4－10)。

```
OFFSET                                          O 0001 N 0000
NO      GEOM(H)      WEAR(H)      CEOM(D)      WEAR(D)
001     0.000        0.000        0.000        0.000
002     18.000       0.000        0.000        0.000
003     0.000        0.000        0.000        0.000
>_

[刀具偏置] [参数设置] [工件坐标系] [          ] [操    作]
```

图 4-10　刀具补偿屏幕

(4)手动操作机床移动刀具与基准面轻接触，相对坐标差值显示在屏幕坐标上。

(5)将光标移动到需要补正的刀具号上，按地址键 Z_W。

(6)按 INPUT 输入。

5. 工件坐标系设定

(1)按 MDI 面板功能键 OFFSET，按软键[工件坐标系](图 4-11)。

```
WORK COORDINATES                         O0001 N 0000
NO              DATA
01              X 100.000
 (G54)          Y 200.000
                Z    8.000
>_

[刀具偏置]  [参数设置]  [工件坐标系]  [          ]  [操    作]
```

图 4-11　工件坐标系的设定

(2)输入工件坐标系代号：1 ~ 6，代表工件坐标系 G54 ~ G59。

(3)关闭数据保护锁。

(4)移动光标到需要改变的坐标，键入数值，按 INPUT 输入。

(5)开启数据保护锁。

二、机床操作面板

FANUC-0i 系统操作控制面板在系统 MDI 操作板的下方，见图 4 – 12。

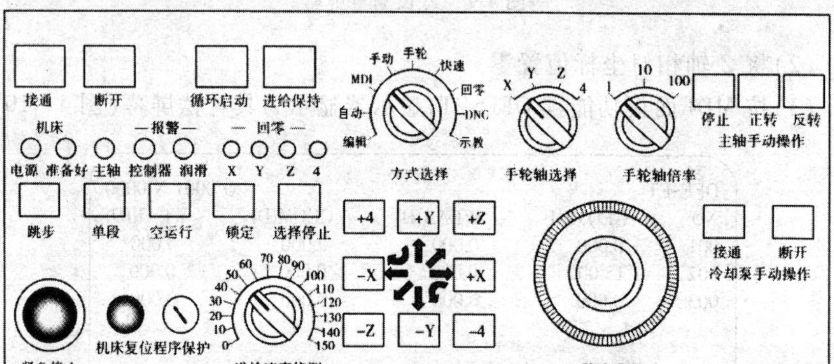

图 4- 12　FANUC 0i 系统机床操作面板设定

控制面板主要功能如下：

(1)CNC 系统电源开关，在左上部，分别为绿通/红断。

(2)方式选择旋钮，有九档：

①编辑方式：程序编辑。

②自动方式：调用存储器程序。

③MDI 方式：手动数据输入。

④手动方式：手动(点动)操作机床。

⑤手轮方式：手摇脉冲发生器进给。

⑥快速方式：手动快速进给。

⑦回零方式：手动返回机床坐标参考点。

⑧DNC 方式：远程控制操作。

⑨手轮示教方式。

(3)进给速率修调选择旋钮。对运行中的 F 指令进行 0% ~150% 的实时修调。

(4)跳步按钮：选择 ON(灯亮)，程序段头带“/”的跳过不执行。

(5)单段按钮：选择 ON(灯亮为)，自动运行程序时每执行一单段停一下，用于调试程序。

(6)空运行按钮：

(7)锁定按钮：选择 ON(灯亮)，在自动、手动或 MDI 模式下，禁止轴向运动。

(8)选择停按钮：选择 ON(灯亮)，程序遇 M01 指令时停止执行。

(9)紧急停止按钮。

(10)机床复位按钮：机床通电，释放紧急停止按钮，强电接通伺服单元。

(11)程序保护开关：“O”态保护内部程序，“|”态存取修改内部程序。

(12)循环启动：在自动方式下，选择 ON(灯亮)，程序连续操作。

(13)进给保持按钮：在自动执行程序时，按下此按钮(灯亮)，程序停止，再按(灯灭)，程序继续。

(14)手动进给轴选择旋钮：在手动方式下选择进给轴。

(15)轴点动按钮，点动 +/-，第 4 轴点动数控转般或数控分度头，也可在回零模式下进行各轴回参考点操作。

(16)主轴手动操作正转、反转、停止按钮;可物动控制主轴旋转(需有 S 指令)。

(17)冷却泵启动、停止按钮:在各种模式下均可控制泵。

(18)手轮倍率选择旋钮:选择每脉冲运动 1μm、10μm、100μm。

另有主轴、伺服单元、润滑报警和 X、Y、Z、4 轴回零等发光二极管指示灯。

第二节　数控铣床操作方法

一、开关机操作

1. 开机操作

(1)首先检查机床的初始状态,控制柜的前后门是否关好。

(2)接通机床侧面的电源开关,面板上的电源指示灯亮。

(3)按下接通键,待操作面板上所有的指示灯闪动一次后,按下操作面板上的"机床复位"按钮,系统自检后 CRT 上出现位置显示画面,"准备好"指示灯亮。

【注意】在出现位置显示画面和报警画面之前,请不要触碰 CRT/MDI 操作面板上的键,以防引起意外。

(4)确认风扇电机转动正常后开机结束。

2. 关机操作

(1)确认操作面板上的循环起动显示灯是否关闭了。

(2)确认机床的运动全部停止,按下操作面板上的"断开"按钮数秒,"准备好"指示灯灭,CNC 系统伺服电源被切断。

(3)切断机床侧面的电源开关。

二、手动操作

1. 手动连续进给的操作

(1)将方式选择开关置于"手动"位置。

(2)选择手动进给速度,调整"进给速率修调"旋钮调整进给速度。

(3)按" + Z"、" + Y"、" + X"其中任一个键,机床沿相应轴的正方向上下移动。按" - Z"、" - Y"、" - X" 其中任一个键,机床沿相应轴的负方向上下移动。

【注意事项】

(1)手动只能单轴运动。

(2)需要快速手动进给时,将方式选择开关置于“快速”的位置。此时速度不可调整,不能用于切削加工。

2. 手动手轮进给

转动手摇脉冲发生器,可使机床定量进给,操作步骤如下:

(1)使“方式选择”开关置于“手轮(HANDLE)”位置。

(2)选择手摇脉冲发生器移动的轴。

(3)选择手轮倍率(1、10、100)。

(4)转动手摇脉冲发生器,实现手轮手动进给。顺时针摇动手轮,进给轴正向移动;逆时针摇动手轮,进给轴反向移动。移动速度由手轮摇动转速决定。

【说明】

(1)利用手摇脉冲发生器以5r/s以下的速度旋转,超过了该速度,即使手摇脉冲发生器停止转动,机床也不能立刻停止,造成刻度和移动量不符。

(2)如果选择“×100”的倍率,手摇脉冲发生器转动过快,刀具以接近快速进给的速度移动,突然停止时,机床会受到震动。

(3)设定了手轮进给的自动加速时间常数,手摇脉冲发生器的移动也具备了自动加减速,这样会减轻对机床的震动。

3. 自动运转

(1)“存储器”方式下的自动运转

“存储器”方式下的自动运转,其操作步骤如下:

①预先将程序存入存储器中。

②选择要运转的程序。

③将方式选择开关置于“自动”的位置。

④按“循环起动”键,开始自动运转,循环起动灯亮。

【注意】对于初学者,在按“循环起动”键之前,一定要检查机床当前坐标系是否正确,尤其是在进给锁定状态下曾运行过加工程序,机床坐标系原点会发生变化的情况下,要格外注意“进给速率修调”旋钮是否处在较小值位置。在“自动”方式下,进给速率修调是针对程序中F指令所指定的进给速度进行修调,即进给速度为F指令所指定的进给速度的百分比。例如,执行程序段F300,当“进给速率修调”指向50时,则进给速度为150mm/min。

(2)“MDI”方式下的自动运转

该方式适用于CRT/MDI操作面板输入一个程序段,然后自动执行,操作步骤如下:

①将方式选择开关置于“MDI”的位置。

②按主功能键“PRGRM”键。

③按“PAGE”键,使画面的左下角显示MDI,如图4-13所示。

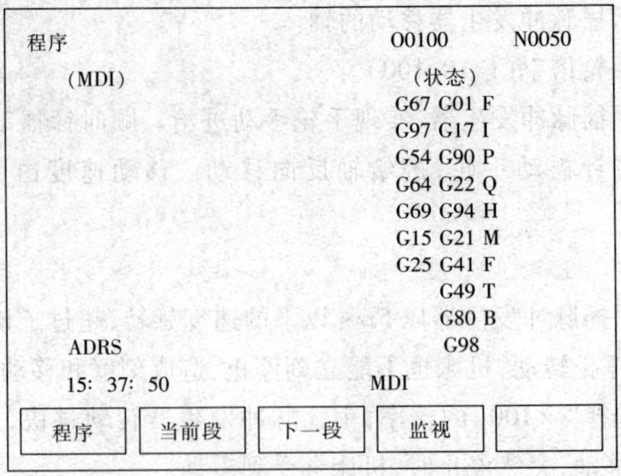

图4-13 MDI方式显示

④由地址键、数字键输入指令或数据,按“INPUT”键确认。

⑤按“START”键或操作面板上的“循环起动”执行。

(3)自动运行停止

自动运行停止的方法,包括预先在程序中想要停止的地方输入停止指令和按操作面板上的按钮使其停止。

①程序停止(M00):执行M00指令之后,自动运行停止。与单程序段停止相同,到此为止的模态指令全部被保存,按“循环起动”键,使其再开始自动运转。

②任选停止(M01):与M00相同,执行含有M01指令的程序段后,自动运转停止。但仅限于机床操作面板上的“任选停止”开关接通的场合。

③程序结束(M02、M30):执行M02指令之后,自动运转停止,程序指针指向当前位置;执行M30指令之后,自动运转停止,呈复位状态,程序指针指向程序开头。

④进给保持：程序运转中，按机床操作面板上的进给保持按钮，进给移动暂时停止，主轴保持原态。

(4)复位

CRT/MDI 的复位按钮、外部复位信号可使自动运转停止，呈复位状态。若在移动中复位，机床减速后停止。

4. 试运转

对于一个首次运行的加工程序，在没有把握的情况下，可以试运行，检查程序的正确性，操作步骤如下：

(1)按下“锁定”开关，锁住进给轴。

(2)按下“空运行”开关（不考虑程序指定的进给速度，可提高程序执行速度）。

(3)选择适当的进给速率修调值。

(4)将方式选择开关置于“自动”的位置。

(5)按下“循环启动”键，执行程序。

【说明】在“锁定”有效的情况下，程序运行、调试完成后，机床坐标系原点会发生改变，在加工零件时，要注意重新定义机床相对坐标系的原点。选择观察方式可观察程序执行步骤画面，如图 4-14 所示；观察坐标值变化画面，如图 4-15 所示；观察当前段和其他参数变化画面，如图 4-16 所示；也可观察加工余量、坐标变化和当前程序段等。

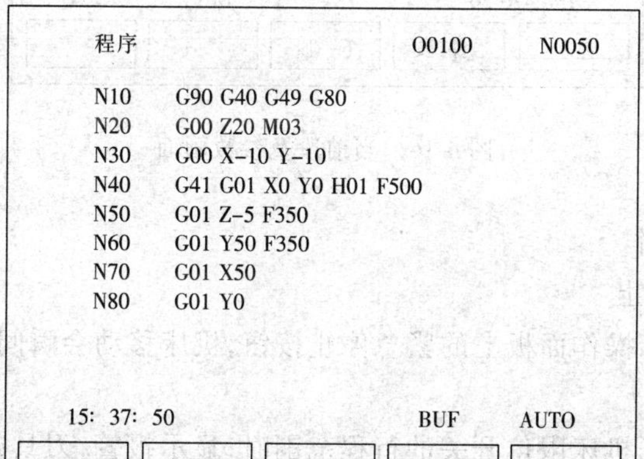

图 4-14　程序执行方式

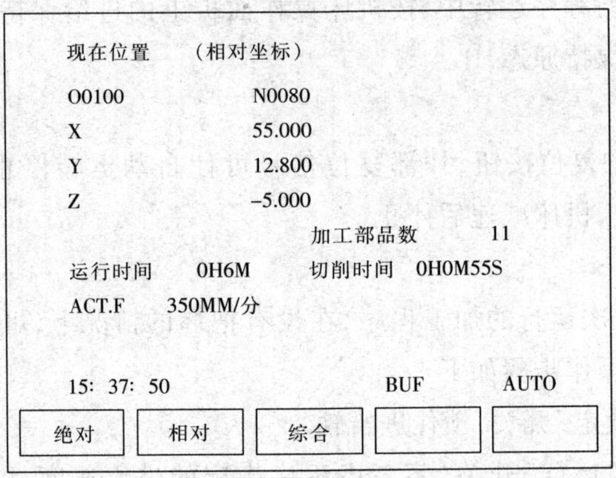

图 4-15　坐标值显示

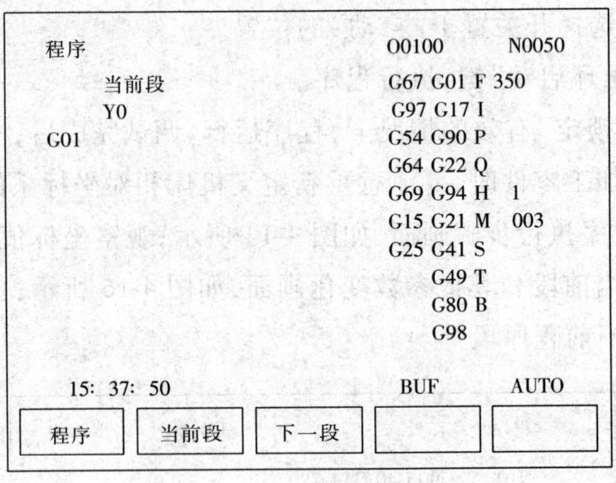

图 4-16　当前段及参数画面

5. 安全操作

(1)紧急停止

若按下机床操作面板上的紧急停止按钮,机床移动会瞬间停止。

(2)超程

刀具超越了机床限位开关的行程范围时,显示报警,刀具减速停止。此时用手动方式将刀具移向安全的方向,然后按复位键解除报警。

6. 程序编辑操作

在此状态下,可以通过键盘编辑程序,对程序进行检索、删除操作。

(1)键盘输入程序

用键盘输入程序的操作步骤如下:

①选择 EDIT 方式。

②按"PRGRM"键。

③键入地址 O 及要存储的程序号。

④按"INSERT"键,用此操作可以存储程序号。以下在每个字的后面键入程序,用"INSERT"键存储。

⑤利用字母与数字复合键输入程序,每输入一个语句,按"INSERT"键存储,每行结束符为"＊"。

(2)程序号检索

程序号检索的操作步骤如下:

①选择方式(EDIT 和 AUTO 方式)。

②按"PRGRM"键,键入地址 O 和要检索的程序号。

③按"↓"键,检索结束时,在 CRT 画面的右上方,显示已检索的程序号。

④按屏幕下方的"LIB",可以查看存储器中文件个数、占用字节数、剩余字节数和已使用的文件号等内容。

(3)删除程序

删除程序的操作步骤如下:

①选择"EDIT"方式。

②按"PRGRM"键,键入地址 O 和要删除的程序号。

③按"DELET"键,可以删除程序号所制定的程序。

(4)字的插入、变更、删除

字的插入、变更、删除的操作步骤如下:

①选择"EDIT"方式。

②按"PRGRM"键,选择要编辑的程序。

③用"CURSOR"和"PAEG"键将光标移动到要变更的字段上。

④利用"ALTER"、"INSERT"、"DELET"键进行字的插入、变更、删除等编辑操作。

7. 参数设定

(1)偏置量设置

操作步骤如下:

①按"OFFSET"主功能键。

②按"PAGE"键,显示所需要的页面,如图 4-17 所示。

工具补正/形状		O0100	N2220
番号	数据	番号	数据
D001	5.000	D010	0.000
D002	0.000	D011	0.000
D003	0.000	D012	0.000
D004	0.000	D013	0.000
D005	0.000	D014	0.000
D006	0.000	D015	0.000
D007	0.000	D016	0.000
D008	0.000	D017	0.000
现在位置(相对坐标)			
X	100.002	Y	0.000
Z	10.000		
ADRS			
15: 37: 50		EDIT	

程序	MACRO		坐标系	TOOLLF

图 4-17 偏置量显示

③使光标移向需要变更的偏置号位置。

④由数字输入键,输入补偿量。

⑤按"INPUT"键,确认并显示补偿值。

【说明】刀具补偿表中的数据值,用在 G43 指令中即为刀具长度补偿值;用在 G41、G42 指令中即为刀具半径补偿值。补偿值(刀具几何尺寸)由两个分量组成:基本尺寸和磨损尺寸。控制器处理这些分量,计算并得到最后尺寸(比如:总和长度、总和半径)。在激活补偿存储器时这些最后尺寸有效。磨损数据如图 4-18 所示。

工具补正/磨损		O0100	N2220
番号	数据	番号	数据
W001	5.000	W010	0.000
W002	0.000	W011	0.000
W003	0.000	W012	0.000
W004	0.000	W013	0.000
W005	0.000	W014	0.000
W006	0.000	W015	0.000
W007	0.000	W016	0.000
W008	0.000	W017	0.000
现在位置(相对坐标)			
X	100.002	Y	0.000
Z	10.000		
ADRS			
15: 37: 50		EDIT	

程序	MACRO		坐标系	TOOLLF

图 4-18 偏置量显示画面

【注意】对于有些数控系统,长度补偿值与半径补偿值是分开设置的。

(2)参数设置

由 CRT/MDI 设定参数的操作步骤如下：

①按“PARAM”键和“PAGE”键显示设定参数页面(也可以通过软键“参数”显示),如图 4-19、图 4-20 所示。

②选择 MDI 方式,移动光标键至要变更的参数位置。

③由数据输入键输入参数值,按“INPUT”键,确认并显示参数值。

④所有参数的设定及确认结束后,变为设定画面,使 PWE 设定为零。

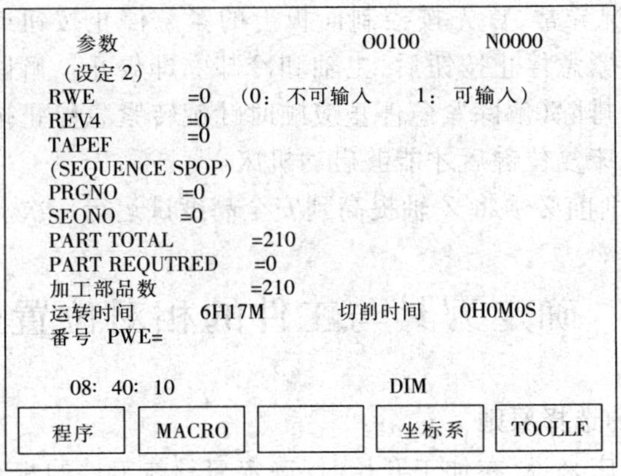

图 4-19 参数设定画面

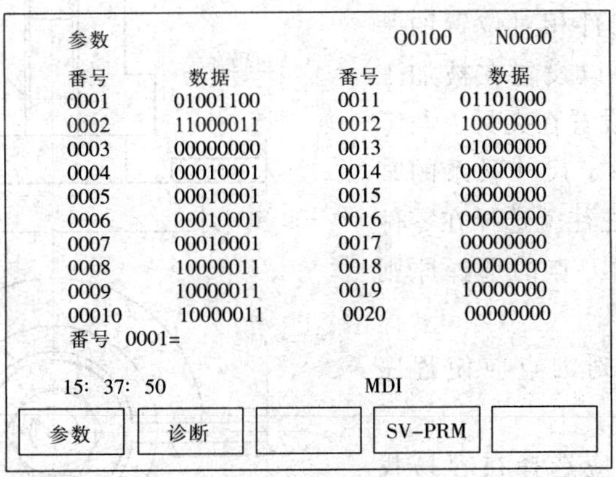

图 4-20 参数画面

8. 机床安全操作规程

数控机床的价格比较高,所以使用时必须注意维护机床,文明操作,定期润滑(有的机床需要定时加润滑油,有的机床则有自动润滑系统。润滑有故障时会自动报警。)。操作完成后必须认真清理加工工作台面,防止切屑进入机床导轨。

操作基本要求:

(1)操作前必须熟悉机床显示屏幕和控制面板的操作。

(2)刀具必须夹紧,工件应安装在凸出的位置并夹紧,同时注意装夹不要突出,以防止装夹碰刀。

(3)发现情况异常,首先按控制面板上的紧急停止按钮或手轮上的紧急停止按钮。按下紧急停止按钮后,主轴和冷却立即停止。解除紧急停止前需检查故障原因并排除(解除紧急停止应顺时针旋转紧急停止按钮),同时要按控制面板上的机床复位键后才能够启动机床。

(4)正式切削前必须将 Z 轴提高到安全高度试运行一次。

第三节　确定刀具与工件的相对位置(对刀)

一、对刀点的选择原则

对于数控机床来说,在加工开始时,确定刀具与工件的相对位置是很重要的,这一相对位置是通过确认对刀点来实现的。对刀点是指通过对刀确定刀具与工件相对位置的基准点。对刀点可以设置在被加工零件上,也可以设置在夹具上与零件定位基准有一定尺寸联系的某一位置,对刀点往往就选择在零件的加工原点。对刀点的选择原则如下:

(1)所选的对刀点应使程序编制简单。

(2)对刀点应选择在容易找正、便于确定零件加工原点的位置。

(3)对刀点应选在加工时检验方便、可靠的位置。

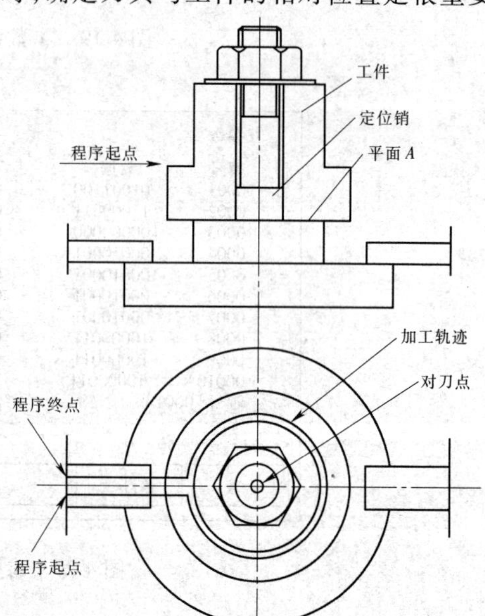

图 4-21　对刀点

(4)对刀点的选择应有利于提高加工精度。

例如,加工如图 4-21 所示零件时,当按照图示路线来编制数控加工程序时,选择夹具定位元件圆柱销的中心线与定位平面 A 的交点作为加工的对刀点。显然,这里的对刀点也恰好是加工原点。

在使用对刀点确定加工原点时,就需要进行“对刀”。所谓对刀是指使“刀位点”与“对刀点”重合的操作。每把刀具的半径与长度尺寸都是不同的。刀具装在机床上后,应在控制系统中设置刀具的基本位置。“刀位点”是指刀具的定位基准点。如图 4-22 所示,圆柱铣刀的刀位点是刀具中心线与刀具底面的交点;球头铣刀的刀位点是球头的球心点或球头顶点;车刀的刀位点是刀尖或刀尖圆弧中心;钻头的刀位点是钻头顶点。各类数控机床的对刀方法是不完全一样的,要注意区别。

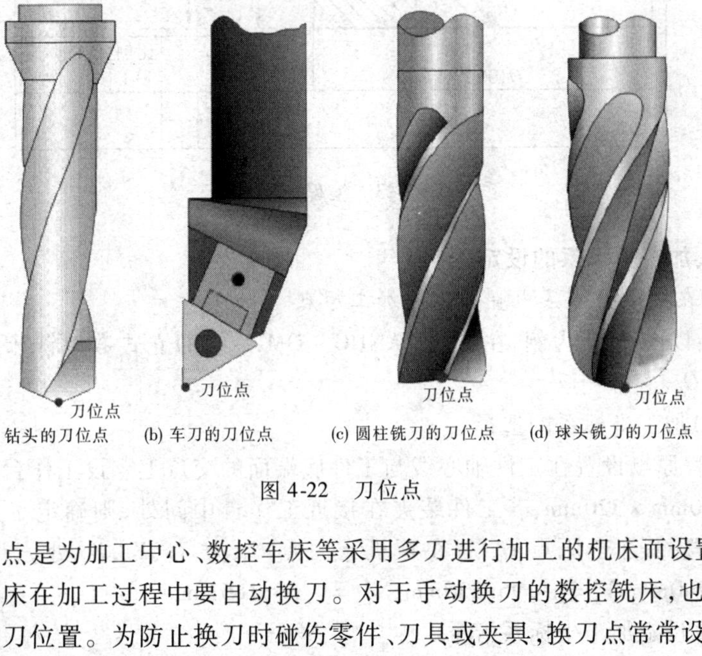

(a) 钻头的刀位点　(b) 车刀的刀位点　(c) 圆柱铣刀的刀位点　(d) 球头铣刀的刀位点

图 4-22　刀位点

换刀点是为加工中心、数控车床等采用多刀进行加工的机床而设置的,因为这些机床在加工过程中要自动换刀。对于手动换刀的数控铣床,也应确定相应的换刀位置。为防止换刀时碰伤零件、刀具或夹具,换刀点常常设置在被加工零件的轮廓之外,并留有一定的安全量。

二、编程坐标系

编程坐标系是编程人员根据零件图样及加工工艺等建立的坐标系。

编程坐标系一般供编程使用,确定编程坐标系时不必考虑工件毛坯在机床上的实际装夹位置。如图 4-23 所示,其中 O_2 即为编程坐标系原点。

编程原点是根据加工零件图样及加工工艺要求选定的编程坐标系的原

点。编程原点应尽量选择在零件的设计基准或工艺基准上，编程坐标系中各轴的方向应该与所使用的数控机床相应的坐标轴方向一致。

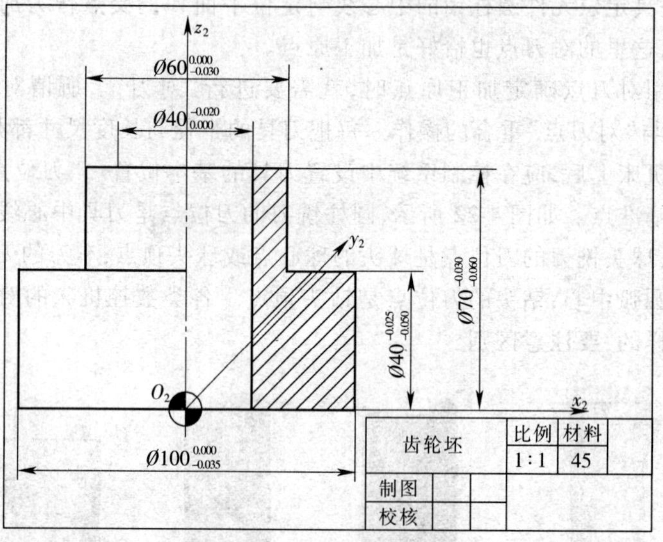

图 4-23　编程坐标系

三、加工坐标系的设定

1. 在机床坐标系中直接设定加工原点

例：以图 4-23 为例，在配置 FANUC－OM 系统的立式数控铣床上设置加工原点 O_3。

(1)加工坐标系的选择

编程原点设置在工件轴心线与工件底端面的交点上。设工作台工作面尺寸为 800mm×320mm，若工件装夹在接近工作台中间处，则确定了加工坐标系的位置，其加工原点 O_3 就在距机床原点 O_1 为 X_3、Y_3、Z_3 处。并且 X_3 = －345.700mm，Y_3 = －196.220mm，Z_3 = －53.165mm。

(2)设定加工坐标系指令

①G54～G59 为设定加工坐标系指令。G54 对应一号工件坐标系，其余以此类推。可在 MDI 方式的参数设置页面中，设定加工坐标系。如对已选定的加工原点 O_3，将其坐标值 X_3 = －345.700mm，Y_3 = －196.220mm，Z_3 = －53.165mm，设在 G54 中，则表明在数控系统中设定了 1 号工件加工坐标。设置页面如图 4-24 所示。

②G54～G59 在加工程序中出现时，即选择了相应的加工坐标系。

```
WORK    COORDNATES                 0023     N0010

NO.     (SHFIT)                    NO.      (G55)
00                                 02
        X      0.000               X      -342.892
        Y      0.000               Y      -195.670
        Z      0.000               Z       -68.350
NO.     (G54)                      NO.      (G56)
01                                 03
        X      -345.700            X        0.000
        Y      -196.220            Y        0.000
        Z      -53.165             Z        0.000
ADRS
0.8: 58: 48                            HNDL

[WEAR]    [MACRO]    [HENU]    [WORK]    [TOOL LF]
```

图 4-24　加工坐标系设置

2. 通过刀具起始点来设定加工坐标系

(1)加工坐标系的选择

加工坐标系的原点可设定在相对于刀具起始点的某一符合加工要求的空间点上。应注意的是,当机床开机回参考点之后,无论刀具运动到哪一点,数控系统对其位置都是已知的。也就是说,刀具起始点是一个已知点。

(2)设定加工坐标系指令

G92 为设定加工坐标系指令。在程序中出现 G92 程序段时,通过刀具当前所在位置,即刀具起始点来设定加工坐标系。

G92 指令的编程格式:

G92 X a Y b Z c

该程序段运行后,就根据刀具起始点设定了加工原点,如图 4-25 所示。

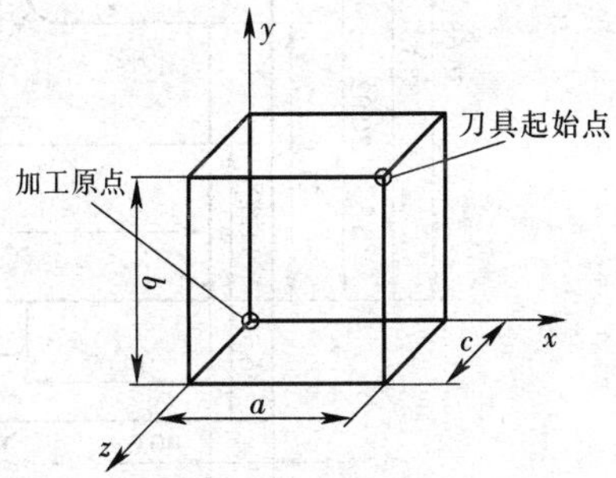

图 4-25　设定加工坐标系

从图 4-25 中可看出,用 G92 设置加工坐标系,也可看作是在加工坐标系中,确定刀具起始点的坐标值,并将该坐标值写入 G92 编程格式中。

【例题】在图 4-26 中,当 $a=50$mm, $b=50$mm, $c=10$mm 时,试用 G92 指令设定加工坐标系。设定程序为:

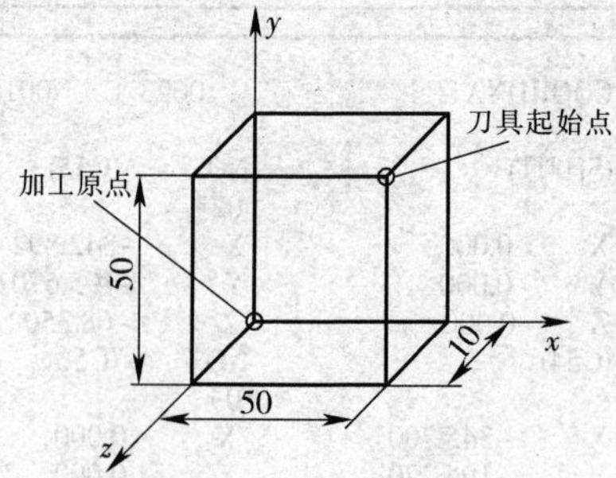

图 4-26 设定加工坐标系应用

G92 X50 Y50 Z10

3. 机床加工坐标系设定的实例

下面以数控铣床(FANUC 0M)加工坐标系的设定为例,说明工作步骤。

在选择了如图 4-27 所示的被加工零件图样,并确定了编程原点位置后,可按以下方法进行加工坐标系设定:

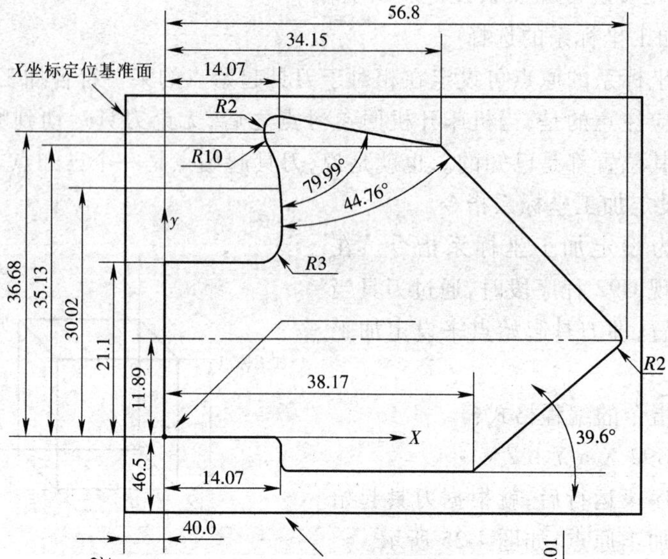

图 4-27 零件图样

(1)准备工作

机床回参考点,确认机床坐标系。

(2)装夹工件毛坯

通过夹具使零件定位,并使工件定位基准面与机床运动方向一致。

(3)对刀测量

用简易对刀法测量,方法如下:

用直径为 Ø10 的标准测量棒、塞尺对刀,得到测量值为 $X=-437.726$,$Y=-298.160$,$Z=-31.833$,如图 4-28 所示。

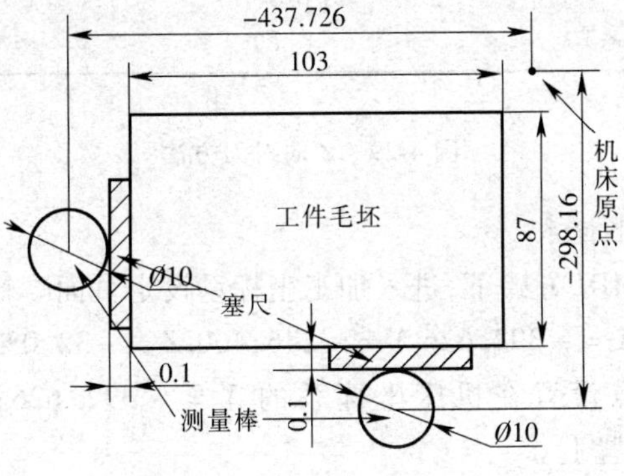

图 4-28 X、Y 向对刀方法

4. 计算设定值

按图 4-28 所示,将前面已测得的各项数据,按设定要求运算。

X 坐标设定值:$X=-437.726+5+0.1+40=-392.626$mm

式中:-437.726mm 为 X 坐标显示值;+5mm 为测量棒半径值;+0.1mm 为塞尺厚度;+40.0 为编程原点到工件定位基准面在 X 坐标方向的距离。

Y 坐标设定值:$Y=-298.160+5+0.1+46.5=-246.46$mm

式中:-298.160mm 为坐标显示值;+5mm 为测量棒半径值;+0.1mm为塞尺厚度;+46.5 为编程原点到工件定位基准面在 Y 坐标方向的距离。如图 4-28 所示。

Z 坐标设定值:$Z=-31.833-0.2=-32.033$mm

式中:-31.833 为 Z 坐标显示值;-0.2 为塞尺厚度,如图 4-29 所示。

通过计算结果为:$X=-392.626$;$Y=-246.460$;$Z=-32.033$。

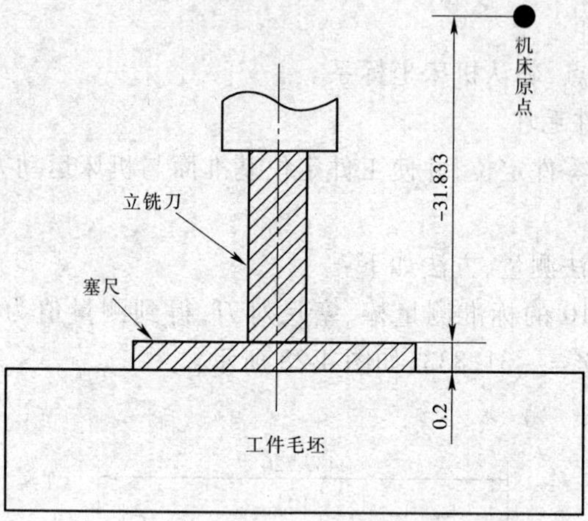

图 4-29　Z 向对刀方法

5. 设定加工坐标系

将开关放在 MDI 方式下,进入加工坐标系设定页面。输入数据为:

$$X=-392.626\ Y=-246.460\ Z=-32.033$$

表示加工原点设置在机床坐标系的 $X=-392.626$; $Y=-246.460$; $Z=-32.033$的位置上。

6. 校对设定值

对于初学者,在进行了加工原点的设定后,应进一步校对设定值,以保证参数的正确性。校对工作的具体过程如下:在设定了 G54 加工坐标系后,再进行回机床参考点操作,其显示值为:

$$X=+392.626,Y=+246.460,Z=+32.033$$

这说明在设定了 G54 加工坐标系后,机床原点在加工坐标系中的位置为:

$$X=+392.626,Y=+246.460,Z=+32.033$$

这反过来也说明 G54 的设定值是正确的。

第五章 数控铣削加工编程实例

第一节 平面凸轮的数控铣削工艺分析及程序编制

平面凸轮如图 5-1 所示。

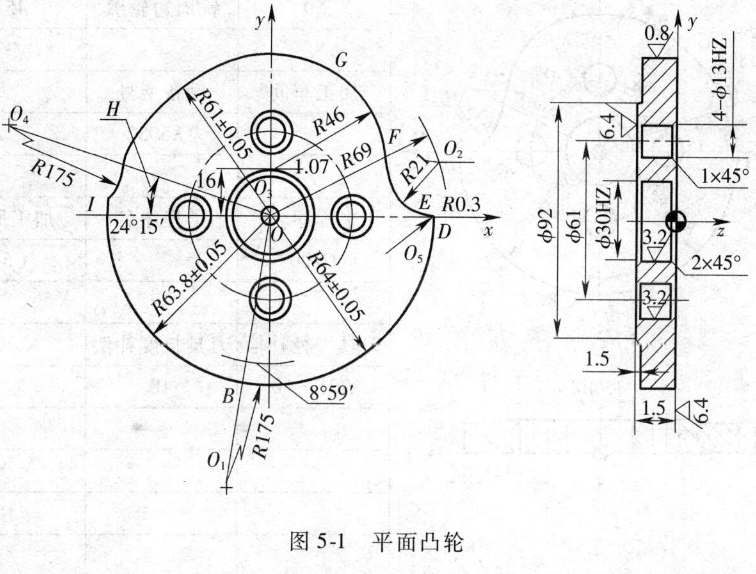

图 5-1 平面凸轮

1. 工艺分析

从图上要求看出，凸轮曲线分别由几段圆弧组成，内孔为设计基准，其余表面包括 4 × Ø13H7 孔（均已加工）。故取内孔和一个端面为主要定位面，在连接孔 Ø13 的一个内孔增加定位销，在端面上用螺母垫圈压紧。

因为孔是设计和定位的基准，所以对刀点应选在孔中心线与端面的交点上，这样很容易确定刀具中心与零件的相对位置。

2. 加工调整

加工坐标系在 X 和 Y 方向上的位置在工作台中间，在 G53 坐标系中取 $X = -400$，$Y = -100$。Z 坐标可以按刀具长度和夹具、零件高度确定，如选用 Ø20 的立铣刀，零件上端面为 Z 向坐标零点，该点在 G53 坐标系中的位置为 $Z = -80$处，将上述 3 个数值设置到 G54 加工坐标系中。加工工序如表 5-1 所示。

表 5-1 数控加工工序卡

<table>
<tr><td colspan="2" rowspan="2">数控加工
工序卡</td><td>零件图号</td><td>零件名称</td><td>文件编号</td><td>第 页</td></tr>
<tr><td>NC 01</td><td>凸轮</td><td></td><td></td></tr>
<tr><td colspan="3" rowspan="16">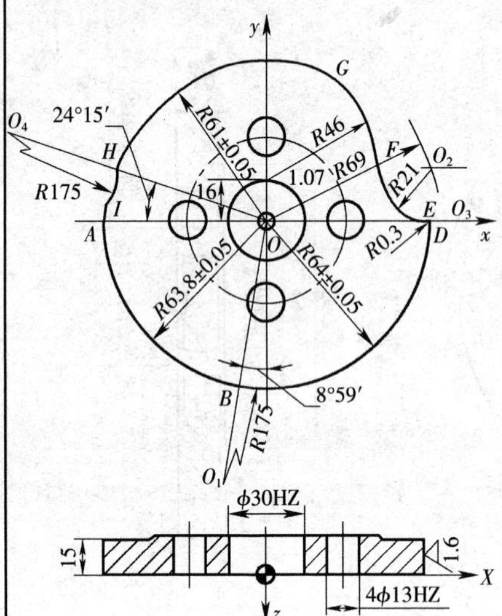
</td><td></td><td></td><td></td></tr>
<tr><td>工序号</td><td>工序名称</td><td>材料</td></tr>
<tr><td>50</td><td>铣周边轮廓</td><td>45#</td></tr>
<tr><td></td><td></td><td></td></tr>
<tr><td>加工车间</td><td>设备型号</td><td></td></tr>
<tr><td></td><td>XK5032</td><td></td></tr>
<tr><td></td><td></td><td></td></tr>
<tr><td>主程序名</td><td>子程序名</td><td>加工原点</td></tr>
<tr><td>O100</td><td></td><td>G54</td></tr>
<tr><td></td><td></td><td></td></tr>
<tr><td>刀具半径补偿</td><td>刀具长度补偿</td><td></td></tr>
<tr><td>H01 = 10</td><td>0</td><td></td></tr>
<tr><td></td><td></td><td></td></tr>
<tr><td></td><td></td><td></td></tr>
<tr><td></td><td></td><td></td></tr>
<tr><td></td><td></td><td></td></tr>
<tr><td>工步号</td><td colspan="2">工步内容</td><td colspan="3">工 装</td></tr>
<tr><td>1</td><td colspan="2">数控铣周边轮廓</td><td>夹具</td><td>刀具</td><td></td></tr>
<tr><td></td><td colspan="2"></td><td>定心夹具</td><td>立铣刀 Ø20</td><td></td></tr>
<tr><td></td><td colspan="2"></td><td></td><td></td><td></td></tr>
<tr><td></td><td colspan="2"></td><td>更改标记</td><td>更改单号</td><td>更改者日期</td></tr>
<tr><td></td><td colspan="2"></td><td></td><td></td><td></td></tr>
<tr><td>工艺员</td><td></td><td>校对</td><td>审定</td><td></td><td>批准</td></tr>
</table>

3. 数学处理

该凸轮加工的轮廓均为圆弧组成，因而只要计算出基点坐标，就可编制程序。在加工坐标系中，各点的坐标计算如下：

$\overset{\frown}{BC}$弧的中心 O_1 点：$X = -(175 + 63.8)\sin8°59' = -37.28$

$Y = -(175 + 63.8)\cos8°59' = -235.86$

$\overset{\frown}{EF}$弧的中心 O_2 点：$X^2 + Y^2 = 69^2$

$(X - 64)^2 + Y^2 = 21^2$

联立解得 $X = 65.75$，$Y = 20.93$

$\overset{\frown}{HI}$弧的中心 O_4 点：$X = -(175 + 61)\cos24°15' = -215.18$

$Y = (175 + 61)\sin24°15' = 96.93$

$\overset{\frown}{DE}$弧的中心 O_5 点：$X^2 + Y^2 = 63.7^2$

$(X - 65.75)^2 + (Y - 20.93)^2 = 21.30^2$

联立解得 B 点：$X = -63.8\sin8°59' = -9.96$

$Y = -63.8\cos8°59' = -63.02$

C 点：$X^2 + Y^2 = 64^2$

$(X + 37.28)^2 + (Y + 235.86)^2 = 175^2$

解之得 $X = -5.57$，$Y = -63.76$

D 点：$(X - 63.70)^2 + (Y + 0.27)^2 = 0.3^2$

$X^2 + Y^2 = 64^2$

解之得 $X = 63.99$，$Y = -0.28$

E 点：$(X - 63.70)^2 + (Y + 0.27)^2 = 0.3^2$

$(X - 65.75)^2 + (Y - 20.93)^2 = 21^2$

解之得 $X = 63.72$，$Y = 0.03$

F 点：$(X + 1.07)^2 + (Y - 16)^2 = 46^2$

$(X - 65.75)^2 + (Y - 20.93)^2 = 21^2$

解之得 $X = 44.79$，$Y = 19.60$

G 点：$(X + 1.07)^2 + (Y - 16)^2 = 46^2$

$X^2 + Y^2 = 61^2$

解之得 $X = 14.79$，$Y = 59.18$

H 点：$X = -61\cos24°15' = -55.62$

$$Y = 61\sin 24°15' = 25.05$$

I 点：$X^2 + Y^2 = 63.80^2$

$$(X + 215.18)^2 + (Y - 96.93)^2 = 175^2$$

解之得 $X = -63.02, Y = 9.97$

根据上面的数值计算,可画出凸轮加工走刀路线图。如图 5-2 所示。

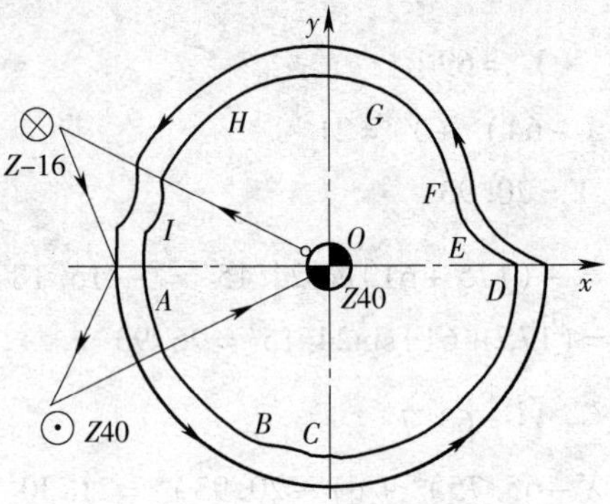

图 5-2

4. 编写加工程序

凸轮加工的程序及程序说明如下：

N10 G54 X0 Y0 Z40	进入加工坐标系
N20 G90 G00 G17 X -73.8 Y20	由起刀点到加工开始点
N30 G00 Z0	下刀至零件上表面
N40 G01 Z -16 F200	下刀至零件下表面以下 1mm
N50 G42 G01 X -63.8 Y10 F80 H01	开始刀具半径补偿
N60 G01 X -63.8 Y0	切入零件至 A 点
N70 G03 X -9.96 Y -63.02 R63.8	切削 AB
N80 G02 X -5.57 Y -63.76 R175	切削 BC
N90 G03 X63.99 Y -0.28 R64	切削 CD
N100 G03 X63.72 Y0.03 R0.3	切削 DE
N110 G02 X44.79 Y19.6 R21	切削 EF
N120 G03 X14.79 Y59.18 R46	切削 FG
N130 G03 X -55.26 Y25.05 R61	切削 GH
N140 G02 X -63.02 Y9.97 R175	切削 HI

```
N140 G02 X -63.02 Y9.97 R175        切削 HI
N150 G03 X -63.8 Y0 R63.8           切削 IA
N160 G01 X -63.8 Y -10              切削零件
N170 G01 G40 X -73.8 Y -20          取消刀具补偿
N180 G00 Z40                        Z 向抬刀
N190 G00 X0 Y0 M02                  返回坐标系原点,结束
```

参数设置 H01 = 10

G54;X = -400,Y = -100,Z = -80

第二节　壳体零件的数控铣削加工工艺分析及程序编制

下面举一壳体加工编程实例。壳体零件工序简图见图 5-3。壳体零件加工要求是:铣削上表面,保证尺寸 $60_{0}^{+0.2}$;铣槽宽 $10_{0}^{+0.10}$;槽深要求为 $6_{0}^{+0.1}$;加工 4 × M10 -7H 孔。该零件加工工艺卡片见表 5-2,刀具卡片见表 5-3。加工程序如下(FANUC -6M 系统立式加工中心):

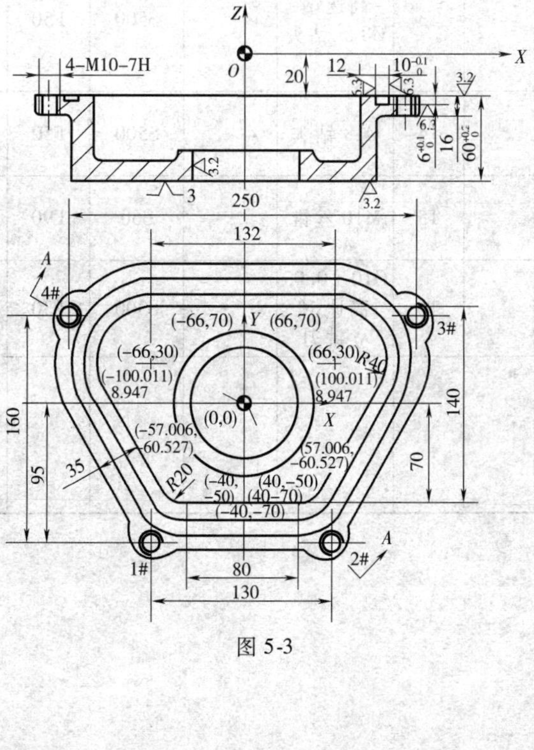

图 5-3

表 5-2　工艺卡片

<table>
<tr><td colspan="2">零件号</td><td colspan="2"></td><td>零件名称</td><td colspan="2">壳体</td><td>材料</td><td colspan="2">HT32 - 52</td></tr>
<tr><td colspan="2">程序编号</td><td colspan="2"></td><td>机床型号</td><td colspan="2">JCS - 018</td><td>制表</td><td colspan="2">日期</td></tr>
<tr><td>工序内容</td><td>顺序号(N)</td><td>加工面</td><td>刀具号(T)</td><td>刀具种类</td><td>刀具长度</td><td>主轴转速(S)</td><td>进给速度(F)</td><td>补偿量(D. H)</td><td>备注</td></tr>
<tr><td>铣平面</td><td></td><td></td><td>T1</td><td>不重磨硬质合金端铣刀盘 Ø80</td><td></td><td>S280</td><td>F56</td><td>D1</td><td>长度补偿</td></tr>
<tr><td></td><td></td><td></td><td></td><td></td><td></td><td></td><td></td><td>D21</td><td>半径补偿</td></tr>
<tr><td>钻 4 × M10 中心孔</td><td></td><td></td><td>T2</td><td>Ø3 中心钻</td><td></td><td>S1000</td><td>F100</td><td>D2</td><td>长度补偿</td></tr>
<tr><td>钻 4 × M10 底孔定槽 10 中心位置</td><td></td><td></td><td>T3</td><td>高速钢 Ø8.5 钻头</td><td></td><td>S500</td><td>F50</td><td>D3</td><td>长度补偿</td></tr>
<tr><td>螺纹口倒角</td><td></td><td></td><td>T4</td><td>Ø18 钻头</td><td></td><td>S500</td><td>F50</td><td>D4</td><td>长度补偿</td></tr>
<tr><td>攻螺纹 4 × M10</td><td></td><td></td><td>T5</td><td>M10 丝锥</td><td></td><td>S60</td><td>F90</td><td>D5</td><td>长度补偿</td></tr>
<tr><td>铣槽 10</td><td></td><td></td><td>T6</td><td>Ø10 + 0.03 高速钢立铣刀</td><td></td><td>S300</td><td>F30</td><td>D6</td><td>长度补偿</td></tr>
<tr><td></td><td></td><td></td><td></td><td></td><td></td><td></td><td></td><td>D26</td><td>半径补偿作位置偏置用 D26 = 17</td></tr>
</table>

表 5-3 刀具卡片

机床型号	JCS－018	零件号	程序编号			制表	日 期
刀具号（T）	刀柄型号	刀具型号	刀具		工序号	偏置值	备 注
			直径	长度			
T1	JT57－XD	不重磨硬质合金端铣刀盘	Ø80			H1	长度补偿
						D21	刀具半径补偿
T2	JT57－Z13×90	中心钻	Ø3			H2	长度补偿。带自紧钻夹头
T3	JT57－Z1345	高速钢钻夹头	Ø8.3			H3	长度补偿。带自紧钻夹头
T4	JT57－M2	麻花钻（90°）	Ø18			H4	长度补偿。带自紧钻夹头
T5	JT57－GM3－12	丝锥	M10×1.5			H5	长度补偿。带自紧钻夹头
	GT3－12M10						
T6	JT57－Q2×90	高速钢立铣刀	$Ø10^{+0.03}$			H6	长度补偿。带自紧钻夹头
	HQ2Ø10					D26	D26＝17.0 刀补作位置偏值用

```
O002
N10 T01 M06                          换刀
N20 G90 G54 G00 X0 Y0 T02            进入加工坐标系；选 T02
N40 G43 Z0 H01                       设置刀具长度补偿
N50 S280 M03                         主轴启动
N55 G01 Z－20.0 F40
N60 G01 Y70.0 G41 D21 F56            设置刀具半径补偿
N70 M98 P0100                        调铣槽子程序铣平面
```

```
N80 G40 Y0                                   取消刀具补偿
N90 G28 Z0 M06                               Z 轴返回参考点换刀
N100 G00 X-65.0 Y-95.0 T03                   到 1#;选 T03
N110 G43 Z0 H02 F100                         设置刀具长度补偿
N120 S100 M03                                主轴启动
N130 G99 G81 Z-24.0 R-17.0                   钻 11# 中心孔
N140 M98 P0200                               调用子程序,钻 2# 3# 4#中心孔
N150 G80 G28 G40 Z0 M06                      返回换刀
N160 G43 Z0 H03 F50 T04                      设置刀具长度补偿;选 T04
N170 S300 M03                                主轴启动
N180 G99 G81 X0 Y87.0 Z-25.5 R-17.0          定槽上端中心位置
N190 X-65.0 Y-95.0 Z-40.0                    钻 1#底孔
N200 M98 P0200                               调用子程序,钻 2# 3# 4#底孔
N210 G80 G28 G40 Z0 M06                      返回换刀
N220 G43 Z0 H04 M03 T05                      设置刀具长度补偿;选 T05
N230 G99 G82 X-65.0Y-95.0 Z-26.0 R-17.0 P500 1#孔倒角
N240 M98 P0200                               调用子程序,2# 3# 4#倒角
N250 G80 G28 G40 Z0 M06                      返回换刀
N260 G43 Z0 H05 F90 T06                      设置刀具长度补偿;选 T06
N270 S60 M03                                 主轴启动
N280 G99 G84 X-65.0Y-95.0 Z-40.0 R-10.0      1#攻螺纹
N290 M98 P0200                               调用子程序,2# 3# 4#攻螺纹
N300 G80 G28 G40 Z0 M06                      返回换刀
N310 X-0.5 Y150.0 T00                        到铣槽起始点
N320 G41 D26 Y70.0                           设置刀具半径补偿
N330 G43 Z0 H06                              设置刀具长度补偿
N340 S300 M03                                主轴启动
N350 X0                                      到 X0 点
N360 G01 Z-26.05 F30                         下刀
N370 M98 P0100                               调铣槽子程序铣槽
N380 G28 G40 Z0 M06                          返回换刀
N390 G28 X0 Y0                               回机床零点
N400 M30                                     结束
```

铣槽子程序：

```
O0100
N10 X66.0 Y70.0
N20 G02 X100.04 Y8.946 J-40.0                 切削右上方 R40 圆弧
N30 G01 X57.010 Y-60.527
N40 G02 X40.0 Y-70.0 I-17.010 J10.527         切削右下方 R20 圆弧
N50 G01 X-40.0
N60 G02 X-57.010 Y-60.527 J10.527             切削左上方 R20 圆弧
N70 G01 X-100.04 Y8.946
N80 G02 X-66.0 Y70.0 I34.04 J20.0             切削左下方 R40 圆弧
N90 G01 X0.5
N100 M99
```

2# 3# 4#孔定位子程序：

```
O0200
N1 X65.0                  2#孔位
N2 X125.0 Y65.0           3#孔位
N3 X-125.0                4#孔位
N4 M99
```

设置 D21 =0，D26 =17。

第六章 数控铣床安装、调试、验收和使用要求

数控铣床安装、调试和验收工作是指数控铣床运输到各个用户后，安装到车间内的工作场地，经调试、检查直到能够正常投入生产的这一过程。数控铣床安装、调试和验收的目的是使数控铣床恢复和达到出厂时的各项性能指标。数控铣床安装、调试和验收能否达到预期的效果，将直接关系到数控铣床投入生产后所能实现的技术性能指标和使用功能水准。对于小型数控铣床，这项工作相对比较简单，而对于大、中型的中、高档的数控铣床来说，这项工作就比较复杂，其中机床数控系统的调试最为复杂。本章仅以大、中型数控铣床为例，介绍数控铣床安装、调试、验收和使用要求。

第一节　数控铣床的安装

数控铣床的安装就是按照一定的技术要求将机床固定在基础上，以获得确定的坐标位置和稳定的运行性能。

一、数控铣床安装的环境要求

大、中型数控铣床属于精密设备，所以安装的环境具有一定的要求，主要包括以下几个方面。

1. 地基

重型、精密型数控铣床需要非常稳定的机床基础，否则机床的精度无法进行调整，也无法得到保证。所以各用户要在机床安装之前就做好机床地基，而且要经过一段时间的保养，使之稳定。

2. 环境温度和湿度

精密的数控铣床要求工作在恒温的环境中，同时要保证机床工作环境的空气流通和干燥，潮湿的环境会使电子元器件和印刷电路板锈蚀，增加机床的电气故障。

3. 电网

数控铣床对供电电源的要求是比较高的，因为电网电压的波动常会引起机床故障。当电网质量不高时就应该给数控铣床装上稳压器。

4. 地线

为了保证人身和设备安全，数控铣床必须要有接地线。接地方式常采用一点接地，地线电缆的截面积一般为 5.5 ~ 14mm²。

5. 防干扰

数控铣床要想保证工作的稳定性，就必须要远离各类震动源和电磁干扰源。

二、数控铣床的安装项目

数控铣床的安装项目主要包括：基础施工、机床就位、机床部件组装、数控系统的连接与调整。

1. 基础施工和机床就位

用户单位在机床未到之前，要按照机床基础图做好机床基础，并在安装地脚螺栓的位置做出预留孔。

机床到货后应及时开箱检查。按照装箱单清点技术资料、零部件、备用件和工具等是否齐全无损，仔细核对实物与订货合同及装箱单是否相符，如发现问题应及时与供货厂家联系解决。

仔细阅读机床安装说明书，按照说明书中的各项规定进行安装，在地基上放置多块垫铁用来调整机床的水平，将数控铣床的基础件吊装就位在地基上，同时将地脚螺栓放入预留孔内，并完成初步找平。

2. 机床部件组装

机床部件组装就是将各分散的数控铣床部件重新组装成整机的过程。在组装之前必须先清除各连接面、导轨和运动面上的防锈涂料，清洗各部件外表面，最后再把清洗过的各部件连接组装成整机。注意：机床各部件的连接定位要使用随机所带的定位块、定位销，这样才能使各部件恢复到拆卸前的位置和状态。

机床部件组装完成之后要根据数控铣床所附带的电气接线图、液压接线图、气路图及各种连接标记将电缆、油管、气管可靠地接插和连接到位，特别要注意接触处的可靠性和密封性，防止出现各种泄漏或异物进入。

3. 数控系统的连接和调整

数控系统的连接和调整是针对数控装置及其配套的进给和主轴伺服驱动单元而进行的，主要包括以下几项：

(1)开箱检查。

要在数控系统开箱后仔细检查系统本体和与之配套的进给速度控制单元及伺服电动机、主轴控制单元和主轴电动机。

(2)外部电缆的连接。

主要包括数控装置与 MDI/CRT 单元、强电柜、操作面板、各类电动机的动力线和反馈线的连接以及手摇脉冲发生器的连接等。另外还要进行接地线的连接,一般要求接地电阻要小于 7Ω。

(3)数控系统电源线的连接。

这是指数控柜电源变压器输入电缆的连接和伺服变压器绕组抽头的连接。在连接之前要首先切断数控柜的电源开关,一定要仔细检查连接是否正确。

(4)设定的确认。

在数控系统内的线路板上有许多用短路棒短路的设定点,需要对它们进行适当的设定,以适应机床的工作要求。确认设定的工作应该严格按照随机维修说明书进行。

(5)输入电源的电压、频率和相序的确认。

(6)确认直流电源的电压输出端是否对地短路。

(7)接通数控柜电源以检查各个输出电压。

(8)确认数控系统各种参数的设定。

为了使数控铣床能够达到最佳工作性能,数控铣床的数控系统应根据随机附带的参数表一一进行确认。

(9)确认数控系统与机床侧的接口。

第二节 数控铣床的调试

数控铣床在通电调试之前,必须按机床说明书对机床进行全面润滑,给润滑油箱、润滑点加注规定的油液或油脂,给液压油箱加足规定标号的液压油,需要压缩空气的则要接通气源。

数控铣床的调试主要包括以下几个步骤:

1. 通电试车

数控铣床通电试车通常采用各部件分别通电试验,再将各部件全面通电试验的方法。通电后首先观察机床有无报警现象出现,再用手动方式启动各个部件,同时检查安全装置是否有效,使机床各运动部件都能操作、运动。然后调整数控铣床的床身水平，粗调机床的主要几何精度，再调整重新组装的主要运动部件与主机的相对位置，最后用快干水泥灌注各个地脚螺栓。要将各个预留孔灌平，等水泥干涸以后才可进行下一步工作。

在通电试车接通电源的同时，一定要做好按压急停按钮的准备，以便在出现故障时能够立即切断电源，保证人身和设备的安全。另外还要检查有无基准点功能以及每次返回基准点的位置是否完全一致。

2. 机床几何精度的调整

使用精密水平仪、标准方尺、平尺和平行光管等检测工具，在已经固化的机床地基上用地脚螺栓和垫铁精调机床主床身的水平。在找正水平之后移动床身上的各运动部件，如立柱、溜板和工作台等，观察各坐标在全行程内机床的水平变化情况，调整数控铣床的几何精度在允许的误差范围以内。几何精度的调整主要通过调整垫铁为主，在必要时可稍微改变导轨上的镶条和预紧滚轮，但要注意所有垫铁都要处于垫紧状态，所有地脚螺栓也要处于压紧状态，以保证机床在投入使用后均匀受力，避免因受力不均而引起的扭曲或变形。

3. 机床试运行

为了更全面地检查机床功能及运行的可靠性，数控铣床在安装调试完成以后，必须在一定的负载或空载条件下，按照规定的时间进行自动运行检验。按照国家标准 GB9061-1988 的规定，数控铣床连续运行的时间为 32 小时，要求连续运行而不发生任何故障。一般在考机程序中应包括：主要数控系统的功能使用；主轴最高、最低及常用的转速；快速及常用的进给速度；主要的 M 指令等。如在试运行中出现故障或排除故障的时间超过了规定的时间，则应对数控铣床进行调整后再重新做自动运行检验。

第三节　数控铣床的验收

用户对于数控铣床的验收是根据机床出厂合格证上所规定的内容，测定机床各项技术指标是否达到预定的要求。数控铣床的检测验收工作是一项比较复杂的工作，对检测手段和技术要求也比较高。一般需要使用各种高精度仪器，对数控铣床的机、电、液、气等各个部分进行综合性能和单项性能的检测，同时还需要对机床的刚度和热变形进行一系列的试验，最后得到对于该台机床的综合性能评价。一般情况下，数控铣床的验收工作包括以下几个方面的内容：

1. 机床外观的检查

机床外观的检查是指不使用任何检测仪器而仅凭直观所进行的各种检查。主要有:机床油漆的质量、防护罩的完好程度、工作台面有无划伤、电线和油气管的安装是否合理规范,各个电路板、CRT/MDI 单元、位置显示单元是否有污染,所有的连接电缆、屏蔽线有无破损,电缆上的紧固螺钉和输入单元、直流电源单元、输入变压器、伺服变压器的接线端子是否拧紧,各个印刷电路板是否都已接插紧密、牢固。

2. 机床几何精度的检查

数控铣床的几何精度综合反映了机床关键机械零部件及其组装后的几何形状误差。由于有些几何精度项目是互相关联的,所以对各项几何精度的检测工作应在精调机床后统一进行,而不允许检测一项调整一项,分步进行,否则会造成由于调整下一项几何精度时而将前面已检测合格的几何精度调成不合格。几何精度的检测应在机床稍预热的情况下进行。几何精度检测常用的检测工具有:千分表、平行光管、精密水平仪、测微仪、精密方箱、高精度主轴心棒等。对于普通的立式数控铣床几何精度检测内容有:

(1) 工作台面的平面度。

(2) 各坐标方向移动的相互垂直度。

(3) X 坐标方向移动时工作台面的平行度。

(4) Y 坐标方向移动时工作台面的平行度。

(5) X 坐标方向移动时工作台面 T 形槽侧面的平行度。

(6) 主轴的轴向窜动。

(7) 主轴孔的径向跳动。

(8) 主轴箱沿 Z 坐标方向移动时主轴轴心线的平行度。

(9) 主轴回转轴心线对工作台面的垂直度。

(10) 主轴箱在 Z 坐标方向移动时的直线度等。

3. 机床定位精度的检查

数控铣床的定位精度是表明所测量的机床各运动部件在数控装置控制下,运动所能达到的精度。根据实际测得的定位精度数值,就可以判断出机床在自动加工中能达到的最高的零件加工精度。测量直线运动的检测工具有:标准长度刻线尺、成组块规、测微仪、光学读数显微镜和双频激光干涉仪,测量回转运动的检测工具有:360 齿精确分度的标准转台、高精度圆光栅和平行光管。其检测内容有:

(1) 直线运动定位精度(包括 X、Y、Z、U、V、W 轴)。

(2)直线运动重复定位精度。

(3)直线运动轴机械原点的返回精度。

(4)直线运动失动量的测定。

(5)回转运动定位精度(转台 A、B、C 轴)。

(6)回转运动重复定位精度。

(7)回转轴原点的返回精度。

(8)回转运动失动量的测定。

4. 机床切削精度的检查

数控铣床的切削精度是受机床几何精度、定位精度、加工材料、刀具和切削条件等各种因素影响而形成的综合精度。机床切削精度检查可以是单项加工检查,也可以加工一个标准的综合件进行检查。对于普通立式数控铣床,其主要单项加工有:

(1)镗孔精度。

(2)端面铣刀铣削平面的精度(XY 平面)。

(3)镗孔的孔距精度和孔径分散度。

(4)直线铣削精度。

(5)斜线铣削精度。

(6)圆弧铣削精度。

5. 机床性能与数控系统功能的检查

(1)机床性能的检查。

机床性能主要包括:主轴系统功能、进给系统性能、电气装置、液压装置、润滑装置、气液装置和各附属装置性能。机床性能的检验内容通常有十多项,但不同类型的数控铣床其检验项目也有所不同。如有的数控铣床有气压、液压装置,而有的数控铣床则没有这些装置。机床性能检查的目的主要是检查各运动部件及辅助装置在启动、停止和运行中有无异常噪声现象,润滑系统、冷却系统以及各风扇的工作是否正常等。对于主轴主要检验在高、中、低各种速度下启动、停止、点动等是否稳定可靠。检查各个安全装置是否齐全可靠,如各个坐标轴在超程时的报警停止功能、主轴电机过热超载自动停机、欠压和过压保护等功能。

(2)数控系统功能的检查。

数控系统功能主要包括标准功能和选择性功能两大类。对于数控系统功能的验收要按照数控系统说明书和订货合同的规定,用手动或编制程序的方式来检验机床应该具备的主要功能。当然,数控系统功能检验的最好方法是编制一个程序。在程序中应包括:快速定位、直线插补、圆弧插补、坐标选择、平面选择、固定循环、单程序段、跳步、选择停止、进给保持、紧急停止、程序结束停止、程序号的显示、坐标位置显示、切削液的开停、刀具长度补偿、刀具半径补偿等功能。另外用手动检验紧急停止、进给保持等功能。

第四节　数控铣床的使用要求

数控铣床属于典型的机电一体化产品,精密度较高。为了使数控铣床达到良好的使用效果和较长的使用寿命,在数控铣床使用之前、使用中和使用后都应该注意许多方面的问题,只有这样才能创造出最佳的经济效益。

一、数控铣床的使用技术

在开动数控铣床之前,必须要充分了解所用机床的性能、特点,采用合理的工艺措施,选择合理的加工对象,在生产、组织和管理上认识到数控铣床与普通铣床的区别,认真处理好数控铣床的加工工序与普通机床加工工序的衔接,熟悉机床的操作规程,熟练掌握操作使用技巧和机床调整技术。

1. 选择合理的加工对象

不同类型的数控铣床可加工不同的典型零件,只要零件的形状、外形尺寸与所用机床的工作台尺寸和加工行程大小相适应即可。为了充分发挥数控铣床的作用,在安排加工零件时应考虑以下原则:

(1)工件的加工批量应大于经济批量。

(2)工件的加工内容要合适。

(3)安排重复性生产加工的零件。

(4)加工零件的形状、尺寸应与所用的数控铣床的工作台和加工行程大小相适应。

2. 确定工件的加工部位和具体内容

安排的加工部位和具体内容要能充分发挥数控铣床的效率。如对于一些加工时间不长却又要多次更换刀具的部位则应该放在加工中心上加工,又如一些大的平面则应该放在龙门刨床或普通铣床上加工。

3. 确定合理的装夹方式并设计夹具

夹具是完成工件加工的重要保证,装夹方式和夹具设计合理才能保证零件加工方便和满足加工精度要求。

4. 编制加工工艺文件

一般情况下,比较全面的工艺文件应该包括:工艺卡片、刀具卡片、加工工序草图、刀具轨迹图、数控机床调整单、零件加工程序清单等。其中最主要的是工艺卡片，它是数控铣床操作者的工作内容表。

5. 编制加工程序

目前常用的编制加工程序的方法有：手工编程、人机对话编程及自动编程。由于手工编程的全部工作主要依靠手工操作，因此很容易出现差错，它主要用于一些点位加工或形状不太复杂的零件的编程。而自动编程是由计算机自动进行各类数值的计算，编制出零件的加工程序后，并自动地将程序记录到控制介质上，大大提高了编程的效率，同时也更好地解决了手工编程所无法解决的许多复杂零件的编程问题。

6. 输入程序

程序输入的方式有很多种，主要有：键盘输入、纸带输入、自动编程机直接输入等。

7. 程序调试、空运行

对于初次编好的程序，一般情况下都可能存在着一些错误，所以在加工前一定要进行程序的校验。程序校验常用的方法有图形模拟和空运行两种方式。空运行时，将机床锁定，可以检查程序有无错误；将主轴锁定，可以检查加工位置、运动轨迹是否正确，刀具运动是否会和机床夹具产生干涉，各种辅助功能是否齐全。

8. 首件试切削

为了更全面地了解加工程序，可对零件进行试切削。在试切削中，应该注意：

(1)可采用单段程序运行方式，这样可以及时发现问题的根源。

(2)在启动程序之前，先降低快速移动速度倍率和进给速度倍率。

(3)注意仔细观察 CRT 上的显示内容。

(4)可适当提升主轴刀具的高度，进行“薄切”法试刀。

9. 试切后的相关工作

对试切出的工件进行相关尺寸的检测，修改程序，调整参数，积累资料。

二、数控铣床的日常保养与维护

坚持做好数控铣床的日常保养工作，可以有效地提高元器件的使用寿命，延长机械零部件的磨损周期，避免产生或及时消除事故隐患，使机床保持良好的运行状况。不同型号数控铣床的日常保养内容和要求各不相同。对于具体铣床可以按照说明书的具体要求进行保养，数控铣床基本上都包括下述几个方面的维护保养内容：

(1)保持良好的润滑状态

要定期检查,清洗自动润滑系统,及时添加或更换油液、油脂,使主轴、丝杠和导轨等各运动部位始终保持良好的润滑状态,以减缓机械磨损速度。

(2)机械精度的检查调整

保持各运动部件之间的形状和位置偏差在允许范围内,其中包括对换刀系统、工作台交换系统、丝杠反向间隙等的检查和调整。

(3)对直流电机碳刷的检查、清扫和更换,以及对各插补部件有无松动的检查等。

(4)铣床和环境清洁卫生

如果数控铣床的使用环境不好,会直接影响到铣床的正常运行。如纸带阅读机感光元件受粉尘污染,就有可能产生读数错误;电路板太脏,可能产生短路故障;油水过滤器、空气过滤网太脏,会出现压力不足,散热不好并造成故障。必须定期进行维护保养工作,表 6-1 是数控铣床的日常保养一览表。

表 6-1　日常保养一览表

序号	检查周期	检查部位	检查要求
1	每天	导轨润滑油箱	检查油量,及时添加润滑油,润滑油泵是否定时启动打油及停止
2	每天	主轴润滑恒温油箱	工作是否正常,油量充足,温度范围是否合适
3	每天	机床液压系统	油箱油泵有无异常噪声,工作油面高度是否合适,压力表指示是否正常,管路及各接头有无泄漏
4	每天	压缩空气气源压力	气动控制系统压力是否在正常范围之内
5	每天	气源自动分水滤气器,自动空气干燥器	及时清理分水器中滤出的水分,保证自动空气干燥器工作正常
6	每天	气液转换器和增压器油面	油量不够时要及时补充足
7	每天	X,Y,Z 轴导轨面	清除切屑和脏物,检查导轨面有无划伤破坏,润滑油是否充足
8	每天	液压平衡系统	平衡压力指示是否正常,快速移动时平衡阀工作是否正常
9	每天	CNC 输入/输出单元	如光电阅读机的清洁,机械润滑是否良好

续表

序号	检查周期	检查部位	检查要求
10	每天	各防护装置	导轨、机床防护罩等是否齐全有效
11	每天	电气柜各散热通风装置	各电气柜中散热风扇是否工作正常,风道过滤网有无堵塞,及时清洗过滤器
12	每周	各电气柜过滤网	清洗粘附的尘土
13	不定期	冷却油箱,水箱	随时检查液面高度,及时添加油(或水),太脏时要更换,清洗油箱(水箱)和过滤器
14	不定期	废油池	及时取走存积在废油池中的废油,避免溢出
15	不定期	排屑器	经常清理切屑,检查有无卡住等现象
16	半年	检查主轴驱动皮带	按机床说明书要求调整皮带的松紧程度
17	半年	各轴导轨上镶条,压紧滚轮	按机床说明书要求调整松紧状态
18	一年	检查或更换直流伺服电动机碳刷	检查换向器表面,去除毛刺,吹净碳粉,及时更换磨损过短的碳刷
19	一年	液压油路	清洗溢流阀,减压阀,滤油器,油箱,过滤或更换液压油
20	一年	主轴润滑恒温油箱	清洗过滤器,油箱,更换润滑油
21	一年	润滑油泵,过滤器	清洗润滑油池,更换过滤器
22	一年	滚珠丝杠	清洗丝杠上旧的润滑脂,涂上新油脂

要制定机床日常维修保养制度,设备主管要定期检查制度的执行情况,以确保机床始终处于良好的运行状态,避免和减少恶性事故的发生。

三、数控铣床的故障分析与处理

数控铣床是将电子电力、自动化控制、电机、检测、计算机、机床、液压、气动和加工工艺等技术集中于一体的自动化设备,具有高精度、高效率和高适应性等特点。要想充分发挥数控铣床的高效率,就必须要使机床具有较高的稳定性和可靠性。在使用数控铣床的过程中,要注意两个方面的问题:一是要加强日常维护,延长无故障的时间;二是当机床出现故障时,要尽快分析出故障所产生的原因并迅速处理故障,恢复生产。但由于数控铣床的故障分析与处理在内容、手段和方法上与传统机床的故障分析及处理有很大的区别,数控铣床的综合性和复杂性决定了数控铣床的故障分析与处理必须有自身的方法和特点。

1. 数控铣床的故障规律

通过长期的实践和数据表明:数控铣床的所有故障有 55% 是因为机床操作、保养的调整不当引起的,大约有 40% 是由于伺服系统、电源和电气控制部分引起的,而只有 5% 的故障才是数控系统造成的。按照数控铣床故障频率的高低,整个使用寿命可分为 3 个阶段:初始使用期、相对稳定运行期和寿命终了期。

(1)初始使用期

初始使用期是指从机床安装调试后,到运行半年至一年的期间。这个期间故障频率较高,而且无规律可循。所以要加强对数控铣床的监测,定期对机床进行机电调整,以保证机床各种运行参数处于技术规范以内。

(2)相对稳定运行期

由于机床经历了初期的各种磨合和调整,各项性能和参数都已趋于稳定,所以开始进入相对稳定的正常运行期,此时各类元件器质性的故障就较为少见了,但是也不能排除一些偶发性事故的产生,因此还是坚持做好设备运行记录,同时要坚持每隔 6 个月对数控铣床作一次全面的机电综合检测。相对稳定运行期较长,一般可达 7 ~ 10 年。

(3)寿命终了期

经过近 10 年的使用之后,各类元件开始加速磨损和老化,此时机床就已进入了寿命终了期,故障频率开始逐年增加,故障性质也多为渐发性和器质性的。而且多数渐发性的故障是可以排除的,所以同样还要坚持做好设备运行记录。

2. 数控铣床常见故障分类

数控铣床常见故障可以分为以下几类:

(1)系统性故障和随机性故障

按照故障出现的必然性和偶然性可将故障分为系统性故障和随机性故障。系统性故障是指机床和系统在一特定条件下必然会出现的故障。而随机性故障则是指偶然出现的故障。所以随机性故障的分析与处理要比系统性故障困难得多,需要经过反复试验和综合判断才能排除。

(2)诊断显示故障和无诊断显示故障

按照故障出现时有无自诊断显示,可分为有诊断显示故障和无诊断显示故障。对于无诊断显示故障,经常是机床停在某一位置不能动作,有时手动操作也无法进行,机床维修人员只能根据出现故障前后的现象来分析和判断,这样就造成了排除故障的难度大。而现在所使用的数控铣床大多数都带有比较强大的自诊断功能,当出现故障时会自动停机、报警并且能够自动显示出相对应的报警参数号,维修人员利用机床所附带的维修手册容易查到故障产生原因,从而加以排除。

(3)破坏性故障和非破坏性故障

按照所产生的故障有无破坏性,可将其分为破坏性故障和非破坏性故障。由于破坏性故障维修难度大,而且具有一定的危险性,如撞车、短路等,所以修复后不允许再出现这些现象。而非破坏性故障,如某个坐标轴方向超程等,不会对机床造成伤害,可以经过反复试验直至排除。

(4)硬件故障和软件故障

按照故障发生的部位可分为硬件故障和软件故障。硬件故障只要通过更换相应的元件,如一些继电器、断路保护器等,就可以排除。而软件故障则是因为程序编制错误产生的,只有通过修改程序或者修订机床参数才能排除。

3. 数控铣床故障分析与处理的原则

数控铣床在运行中所出现的故障多数是因综合故障引起的,不能确定其产生原因时,就必须做充分的调查。数控铣床故障分析与处理的原则如下:

(1)充分调查故障现场

首先要充分了解机床是在什么情况下出现故障的,有些什么表面现象,在出现故障后操作人员又采取过什么措施。要仔细观察 CNC 中工作寄存器和缓冲寄存器中的内容,从而了解当时正在执行的程序段内容以及自诊断所显示的报警内容,同时还要观察有无报警红灯。最后再按下 CNC 的机床复位键,观察故障报警是否消失。如果能够消失则多属于软件故障。对于非破坏性故障,在有条件的情况下可以重演故障,从而观察现象以验证所作分析与判断是否正确。

(2)分析所有可能造成故障的原因,并详细列出

数控铣床上出现同一种故障的原因有可能是多种多样的,有机械方面的原因、机床电气方面的原因和数控系统方面的原因等。所以在分析时要将可能造成此项故障的原因一一列出。如手摇脉冲发生器转动时无法移动坐标轴时,可能有以下原因:

①是否处于手轮(HANDLE/STEP)状态。

②是否将手轮旋钮置于 OFF 状态。

③连接电缆是否完好、是否连接正确。

④系统参数中脉冲当量是否正确。

⑤系统中仍有报警未解除。

⑥伺服系统工作不正常。

⑦紧急停止按钮被按下。

⑧系统的电源单元出现故障。

⑨手摇脉冲发生器自身已损坏。

(3)逐一选择确定故障产生的原因

根据机床的故障现象,参考机床有关的维修使用手册列出各种因素,经优化选择、综合判断,找出确切因素,才能排除故障。

(4)故障的排除

在找出故障产生的确切原因之后,就可以相应地修理、调整、更换有关的元器件。

第七章 加工中心概述

第一节 加工中心的功能及特点

一、加工中心的功能

加工中心(Machining Center-MC)是一种功能较全的数控加工机床。它把铣削、镗削、钻削和切削螺纹等功能集中在一台设备上,使其具有多种工艺功能。加工中心设置有刀库,刀库中存放着不同数量的各种刀具或量具,在加工过程中由程序自动选用和更换。这是它与数控铣床、数控镗床的主要区别。加工中心与同类数控机床相比结构较复杂,控制系统功能较多。加工中最少有3个运动坐标系,多的达十几个。其控制功能最少可实现两轴联动控制,实现刀具运动直线插补和圆弧插补,多的可实现五轴联动、六轴联动,从而保证刀具进行复杂加工。加工中心还具有不同的辅助功能,如:各种加工固定循环,刀具半径自动补偿,刀具破损报警,刀具寿命管理,过载超程自动保护,丝杠螺距误差补偿,丝杠间隙补偿,故障自动诊断,工件与加工过程图形显示,人机对话,工件在线检测和加工自动补偿、离线编程等,这些功能提高了数控机床的加工效率,保证了产品的加工精度和质量,是普通加工设备无法相比的。

二、加工中心的特点

加工中心是典型的集高新技术于一体的机械加工设备,它的发展代表了一个国家设计、制造的水平,因此在国内外企业界都受到高度重视。加工中心综合加工能力较强,工件一次装夹后能完成较多的加工步骤,加工精度较高,对于中等加工难度的批量工件,其效率是普通设备的5~10倍。加工中心对形状较复杂,精度要求高的单件加工或中、小批量多品种生产更为适合。特别是对于必须采用工装和专机设备来保证产品质量和效率的工件,采用加工中心加工,可以省去工装和专机,这为新产品的研制和改型换代节省了大量的时间和费用,从而使企业具有较强的竞争能力。因此,它也是判断企业技术能力和工艺水平标志的一个方面。如今,加工中心已成为现代机床发展的主流方向,广泛用于机械制造中。与普通数控机床相比,加工中心有以下几个突出特点。

1. 工序集中

加工中心备有刀库,能自动换刀,并能对工件进行多工序加工,使得工件在一次装夹后,数控系统能控制机床按不同工序自动选择和更换刀具,自动改变机床主轴转速、进给量和刀具相对工件的运动轨迹以及其他辅助功能。现代加工中心更大程度地使工件在一次装夹后实现多表面、多特征、多工位的连续、高效、高精度加工,即工序集中。这是加工中心最突出的特点。

2. 加工精度高

加工中心同其他数控机床一样具有加工精度高的特点,而且加工中心可一次装夹工件,实现多工序集中加工,减少了多次装夹带来的误差,故加工精度更高,加工质量更加稳定。

3. 适应性强

加工中心对加工对象的适应性强。加工中心改变加工零件时,只需重新编制(更换)程序,输入新的程序就能实现对新的零件的加工,这给结构复杂零件的单件、小批量生产及新产品试制带来极大的方便。同时,它还能自动加工普通机床很难加工或无法加工的精密、复杂零件。

4. 加工生产率高

零件加工所需要的时间包括机动时间与辅助时间两部分。加工中心带有刀库和自动换刀装置,在一台机床上能集中完成多种工序,因而可减少工件半成品的周转、搬运和存放时间,使机床的切削利用率(切削时间和开动时间之比)高于普通机床 3 ~4 倍,达 80% 以上。

5. 经济效益好

使用加工中心加工零件时,分摊在每个零件上的设备费用是较昂贵的,但在单件、小批生产的情况下,可以节省许多其他方面的费用,因此能获得良好的经济效益。例如,在加工之前节省了划线工时,在零件安装到机床上之后可以减少调整、加工和检验时间,减少了直接生产费用。另外,由于加工中心加工零件不需手工制作模型、凸轮、钻模板及其他工夹具,省去了许多工艺装备,减少了硬件投资。还由于加工中心的加工稳定,减少了废品率,使生产成本进一步下降。

6. 自动化程度高，劳动强度低

加工中心加工零件是按事先编好的程序自动完成的，操作者除了操作键盘、装卸零件、进行关键工序的中间测量以及观察机床的运行之外，不需要进行繁重的重复性手工操作，劳动强度和紧张程度均可大为减轻，劳动条件也得到很大的改善。

7. 有利于生产的现代化管理

用加工中心加工零件，能够准确地计算零件的加工工时，并有效地简化检验和工夹具、半成品的管理工作。这些特点有利于使生产管理现代化。当前有许多大型 CAD/CAM 集成软件已经开发了生产管理模块，实现了计算机辅助生产管理。加工中心使用数字信息与标准代码输入，最适宜计算机联网及管理。加工中心的工序集中加工方式有其独特的优点，但也带来不少问题，列举如下：

(1)工件由毛坯直接加工为成品，一次装夹中金属切除量大，几何形状变化大，没有释放应力的过程，加工完了一段时间后内应力释放，使工件变形。

(2)粗加工后直接进入精加工阶段，工件的温升来不及回复，冷却后尺寸变动，影响零件精度。

(3)装夹工件的夹具必须满足既能承受粗加工中大的切削力，又能在精加工中准确定位的要求，并且零件夹紧变形要小。

(4)切削不断屑，切屑的堆积、缠绕等会影响加工的顺利进行及工件的表面质量，甚至损坏刀具，产生废品。

(5)由于 ATC 的应用，使工件尺寸受到一定的限制，钻孔深度、刀具长度、刀具直径及刀具质量也要加以考虑。

第二节 加工中心的分类和结构

一、加工中心的型号

目前我国机床型号的编制是按 JB1838-1976 标准，加工中心的型号编制方法，根据通用或专用机床型号的编制方法套用。

加工中心型号示例：

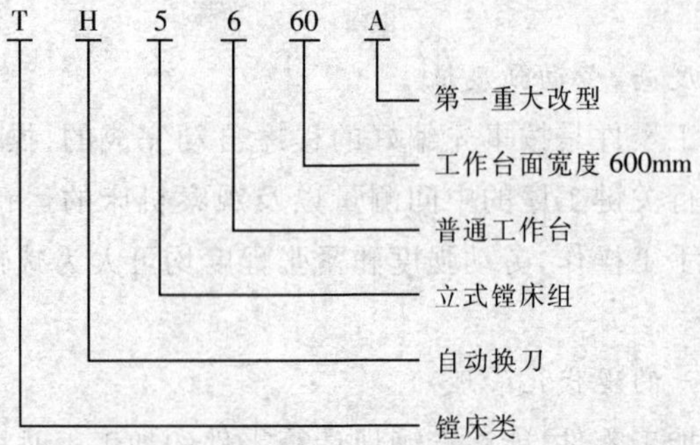

机床的类别用汉语拼音字母表示,“T”表示镗床类等;通用特性代号在类别代号之后也用汉语拼音字母予以表示,加工中心特性代号一般为 H(自动换刀);组别、系别代号用阿拉伯数字组成,位于类别代号或特性代号之后,第一位数字表示组别,第二位数字表示系别;机床主参数用阿拉伯数字表示,阿拉伯数字表示的是机床主参数的折算值,上述加工中心用两位数字表示工作台宽度的 1/10;机床重大改型的顺序号,在原机床型号后用 A、B、C、D 等英文字母表示。

二、加工中心的分类

1. 按工艺用途分

(1) 镗铣加工中心

镗铣加工中心是机械加工业中应用最多的一类加工设备。其加工范围主要是铣削、钻削和镗削,适用于多品种小批量生产的箱体、壳体以及复杂零件特殊曲线和曲面轮廓的多工序加工。

(2) 钻削加工中心

削加工中心的加工以钻削为主,刀库形式多为转塔头。适用于中小零件的钻孔、扩孔、铰孔、攻螺纹等多工序加工。

(3) 车削加工中心

车削加工中心以车削为主,主体是数控车床,机床上配备有转塔式刀库或由换刀机械手和链式刀库组成的刀库。

(4) 复合加工中心

在一台设备上可以完成车、铣、镗、钻等多工序加工的加工中心称之为复合加工中心,可代替多台机床实现多工序加工。工件一次装夹后,能完成多个面的加工。

复合加工中心多指五面加工中心,它的主轴或工作台可作水平和垂直转换。这种加工中心兼有立式和卧式加工中心的功能,在加工过程中可保证工件的位置精度。

2. 按机床形态分

(1) 立式加工中心

立式加工中心是指主轴为垂直状态的加工中心，如图 7-1 所示。其结构形式多为固定立柱，工作台为长方形，无分度回转功能，适合加工盘、套、板类零件。它一般具有 3 个直线运动坐标轴，并可在工作台上安装一个沿水平轴旋转的回转台，用以加工螺旋线类零件。立式加工中心装卡方便，便于操作，易于观察加工情况，调试程度容易，结构简单，占地面积小，价格低，应用广泛。但受立柱高度及换刀装置的限制，不能加工太高的零件，在加工型腔或下凹的型面时，切屑不易排出，严重时会损坏刀具，破坏已加工表面，影响加工的顺利进行。

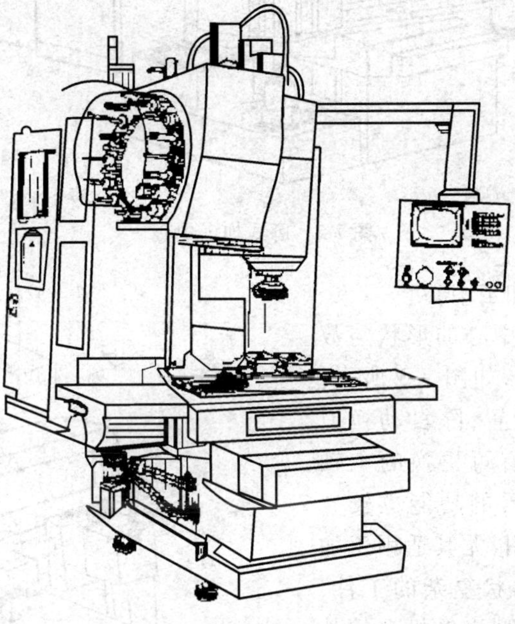

图 7-1　立式加工中心

(2) 卧式加工中心

卧式加工中心是指主轴为水平状态的加工中心，如图 7-2 所示。卧式加工中心通常都带有自动分度的回转工作台，它一般具有 3 ~ 5 个运动坐标，常见的是 3 个直线运动坐标加一个回转运动坐标。工件在一次装卡后，完成除安装面和顶面以外的 4 个表面的加工，它最适合加工箱体类零件。与立式加工中心相比较，卧式加工中心加工时排屑容易,对加工有利,但结构复杂,价格较高。

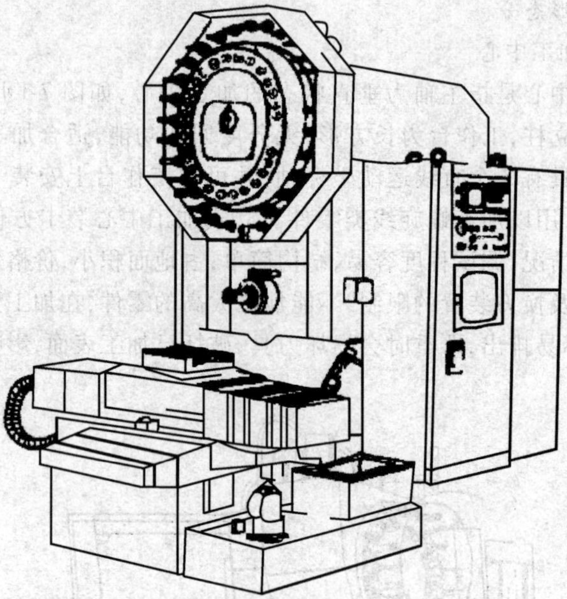

图 7-2　卧式加工中心

(3)龙门式加工中心

龙门式加工中心的形状与数控龙门铣床相似,如图 7-3 所示。主轴多为垂直设置,除自动换刀装置以外,还带有可更换的主轴头附件,数控装置的功能也较齐全,能够一机多用,尤其适用于加工大型工件或形状复杂的工件,如航天工业及大型汽轮机上的某些零件的加工。

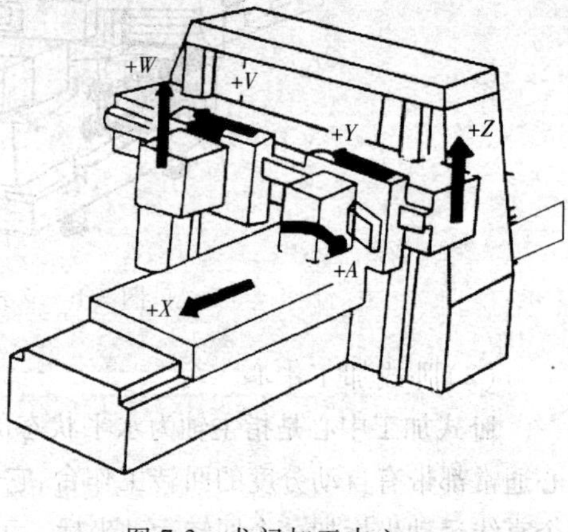

图 7-3　龙门加工中心

(4)五轴加工中心

五轴加工中心具有立式加工中心和卧式加工中心的功能,如图 7-4 所示。工件一次安装后能完成除安装面以外的其余 5 个面的加工。常见的五轴加工中心有两种形式：一种是主轴可以旋转90°，对工件进行立式和卧式加工；另一种是主轴不改变方向，而由工作台带着工件旋转90°，完成对工件5个表面的加工。

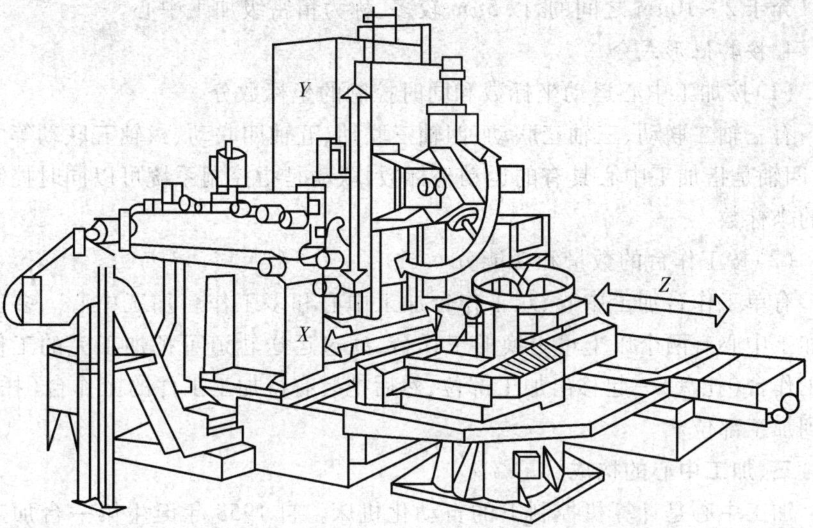

图7-4　五轴加工中心

(5)虚轴加工中心

虚轴加工中心改变了以往传统机床的结构，通过连杆的运动，实现主轴多自由度的运动，完成对工件复杂曲面的加工，如图7-5所示。虚轴加工中心一般采用6根可以伸缩的伺服轴，支承并连接装有主轴头的上平台与装有工作台的下平台的构架结构形式，取代传统的床身、立柱等支承结构。

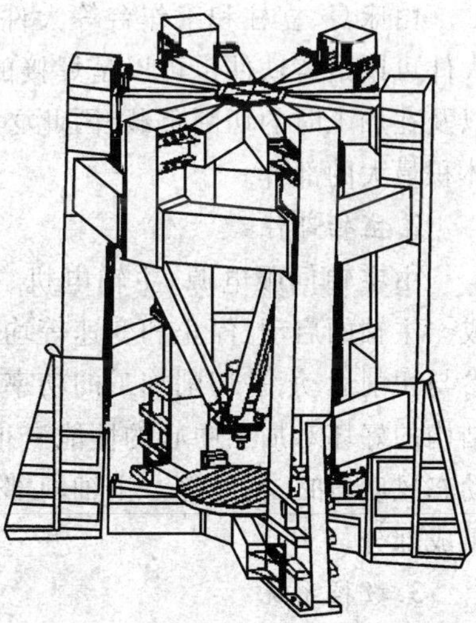

图7-5　虚轴加工中心

3. 按加工精度分

(1)普通加工中心

普通加工中心，分辨率为1μm，最大进给速度为15～25m/min，定位精度为10μm左右。

(2)高精度加工中心

分辨率为 0.1μm,最大进给速度为 15 ~ 100m/min,定位精度为 2μm 左右。

介于 2 ~ 10μm 之间的,以 5μm 较多,称为精密级加工中心。

4.按其他形式分

(1)按加工中心运动坐标数和同时控制的坐标数分

有三轴二联动、三轴三联动、四轴三联动、五轴四联动、六轴五联动等。三轴、四轴是指加工中心具有的运动坐标数,联动是指控制系统可以同时控制运动的坐标数。

(2)按工作台的数量和功能分

有单工作台加工中心、双工作台加工中心和多工作台加工中心。多工作台加工中心有两个以上可更换的工作台,通过运送轨道可把加工完的工作连同工作台(托盘)一起移出加工部位,然后把装有待加工工件的工作台(托盘)送到加工部位。

三、加工中心的构成

加工中心是计算机控制下的自动化机床。自 1958 年诞生第一台加工中心以来,出现了各种类型的加工中心,外形结构各异,但总体结构主要由以下几部分组成。

1.基础部件

由床身、立柱和工作台等大件组成。它们是加工中心的基础结构。这些大件可以是铸铁件也可以是焊接的钢结构件,它们要承受加工中心的静载荷以及在加工时的切削负载,因此必须是刚度很高的部件,也是加工中心质量和体积最大的部件。

2.主轴部件

由主轴伺服电源、主轴电机、主轴箱、主轴、主轴轴承和传动轴等零件组成。主轴的启动、停止和变速等均由数控系统控制,并通过装在主轴上的刀具参与切削运动,是切削加工的功率输出部件。主轴是加工中心的关键部件,其结构的好坏对加工中心的性能有很大的影响,它决定着加工中心的切削性能、动态风度、加工精度等。主轴内部刀具自动夹紧机构是自动刀具交换装置的组成部分。

3.数控系统

单台加工中心的数控部分由 CNC 装置、可编程序控制器、伺服驱动装置以及电机等部分组成。CNC 装置根据它的包含功能、可控轴数、主运算器的性能等分成各种配置加工中心用的系统。它采用微处理机、存储器、接口芯片等，通过软件实现数控机床要求的各种功能。可编程控制器替代一般机床中机床电气柜，执行数控系统的指令，控制机床执行动作。数控系统主要功能有：控制功能、进给功能、主轴功能、辅助功能、刀具功能和第二辅助功能、补偿功能、字符图形显示功能、自诊断功能、通信功能、人机对话程序编制功能等。数控系统是加工中心执行顺序控制动作和完成加工过程的控制中心。

4. 自动换刀系统

该系统是加工中心区别于其他数控机床的典型装置，它解决了工件一次装夹后多工序连续加工，工序与工序间的刀具自动储存、选择、搬运和交换的任务。它由刀库、机械手等部件组成。刀库是存放加工过程所要使用的全部刀具的装置。当需要换刀时，根据数控系统的指令，由机械手（或通过别的方式）将刀具从刀库中取出装入轴孔中。刀库有盘式、鼓式和链式等多种形式，容量从几把到几百把。机械手的结构根据刀库与主轴的相对位置及结构的不同也有多种形式，如单臂式、双臂式、回转式和轨道式等。有的加工中心不用机械手而利用主轴箱或刀库的移动来实现换刀。

5. 自动托盘交换系统

有的加工中心为了实现进一步的无人化运行或缩短非切削时间，采用多个自动交换工作台方式储备工件。一个工件安装在工作台上加工的同时，另外一个或几个可交换的工作台面上还可以装卸别的工件。当完成一个托盘上工件的加工后，便自动交换托盘，进行新零件的加工，这样可以减少辅助时间，提高加工效率。

6. 辅助系统

包括润滑、冷却、排屑、防护、液压和随机检测系统等部分。辅助系统虽不直接参与切削运动，但对加工中心的加工效率、加工精度和可靠性起到保障作用，因此也是加工中心中不可缺少的部分。

四、加工中心对结构的要求

1. 具备更高的静、动刚度

加工中心价格昂贵，其加工费用比传统机床要高得多，这就要求必须采取措施大幅度地压缩单件加工时间。压缩单件加工时间包括两个方面：一方面是新型刀具材料的发展，使切削速度成倍地提高，大大缩短了切削时间；另一方面，采用自动换刀系统，加快装夹变换等操作，这又大大减少了辅助时间。这些措施大幅度地提高了生产率，获得了好的经济效益，然而，也明显地增加了机床的负载及运转时间。另外，机床床身、导轨、工作台、刀架和主轴箱等部件的结构刚度将影响它们本身的几何精度及因变形所产生的误差。所有的这些因素都要求数控机床具有更高的静刚度。

切削过程中的振动不仅直接影响零件的加工精度和表面质量,还会降低刀具寿命,影响生产率。而加工中心又是连续作业,不可能在加工中作人为调整(如改变切削用量或改变刀具的几何角度)来消除或减少振动,因此,还必须提高加工中心的动刚度。

在设计加工中心结构时,考虑到这些因素,其基础大件通常采用封闭箱形结构,合理地布置加强筋板以及加强各部件的接触刚度,有效地提高了机床的静刚度。另外,调整构件的质量可能改变系统的自振频率,增加阻尼可以改善机床的阻尼特性,是提高机床动刚度的有效措施。

2. 有更小的热变形

加工中心在加工中受切削热、磨擦热等内、外热源的影响,各部件将发生不同程度的热变形,这将影响工件的加工精度。由于加工中心的主轴转速、进给速度及切削量等都大于传统机床,而且工艺过程自动化,常常是连续加工,因而产生的热量等都大于传统机床加工所产生的热量,这就要求必须采取措施减少热变形对加工精度的影响。主要措施有:对发热源采取有效的液冷、风冷等方法来控制温升;改善机床结构,使构件的热变形发生在非误差敏感方向上。例如,卧式加工中心的立柱采用框式双立方柱结构,左右对称,热变形对主轴轴线产生垂直方向的平移,它可以由坐标修正量进行补偿,减少发热,尽可能地将热源从主机中分离出去。

3. 运动件间的摩擦小,并消除传动系统间隙

加工中心工作台的位移量以脉冲当量作为它的最小单位,在对刀、工件找正等情况下,工作台常以极低的速度运动。这就要求工作台能对数控装置发出的指令作出准确响应,它与运动件的摩擦特性有关。加工中心采用滚动导轨和静压导轨。滚动导轨和静压导轨的静摩擦力较小,并且在润滑油的作用下,它们的摩擦力随运动速度的提高而加大,这就有效地避免了低速爬行现象,从而使加工中心的运动平稳性和定位精度都有所提高。进给系统中采用滚珠丝杠代替滑动丝杠,也是基于同样的的道理。另外,采用脉冲补偿装置进行螺距补偿,消除了进给传动系统的间隙,也有的机床采用无间隙传动副。

4. 寿命高、精度保持性好

良好的润滑系统保证了加工中心的寿命。导轨、进给丝杠及主轴部件都采用新型的耐磨材料,使加工中心在长期使用过程中能够保持良好的精度。

5.人性化

加工中心采用多主轴、多刀架及自动换刀装置,一次装夹完成多工序的加工,节省了大量装卡换刀时间。由于不需要人工操作,故采用了封闭或半封闭加工,使人机界面干净、协调。机床各部分的互锁能力强,可防止事故发生,改善了操作者的观察、操作和维护条件,并设有紧急停车装置,以避免发生意外事故。所有操作都集中在一个操作面板上,一目了然,减少了误操作。

第三节　加工中心的加工对象

针对加工中心的工艺特点,加工中心适合加工形状复杂、加工内容多、要求较高、需多种类型的普通机床和众多的工艺装备、经多次装夹和调整才能完成加工的零件。主要加工对象有下列几种。

1.既有平面又有孔系的零件

加工中心具有自动换刀装置,在一次安装中,可以完成零件上平面的铣削,孔系的钻削、镗削、铰削、铣削及攻螺纹等多工步加工。加工的部位可以在一个平面上,也可以在不同的平面上。因此,既有平面又有孔系的零件是加工中心首选的加工对象,常见的有箱体类零件和盘、套、板类零件。

(1)箱体类零件

箱体类零件很多,一般要进行多工位孔系及平面加工,精度要求较高,特别是形状精度和位置精度较严格,通常要经过铣、钻、扩、镗、铰、锪、攻螺纹等工步,需要刀具较多,在普通机床上加工难度大,工装套数多,精度不易保证。在加工中心上一次安装可完成普通机床的60% ~95%的工序内容,零件各项精度一致性好,质量稳定,生产周期短。

(2)盘、套、板类零件

这类零件端面上有平面、曲面和孔系,径向也常分布一些孔。加工部位集中在单一端面上的盘、套、板类零件宜选择立式加工中心,加工部位不是位于同一方向表面上的零件宜选择卧式加工中心。

2.结构形状复杂、普通机床难加工的零件

主要表面由复杂曲面组成的零件,加工时需要多坐标联动加工,这在普通机床上是难以完成,甚至无法完成的,加工中心是加工这类零件的最有效的设备。最常见的典型零件有以下几类。

(1)凸轮类

这类零件有各种曲线的盘形凸轮、圆柱凸轮、圆锥凸轮和端面凸轮等,加工时可根据凸轮表面的复杂程度,选用三轴、四轴或五轴联动的加工中心。

(2)整体类叶轮

常见于空气压缩机、航空发动机的压气机、船舶水下推进器等,它除了具有一般曲面加工的特点外,还存在许多特殊的加工难点,如通道狭窄,刀具很容易与表面和临近曲面产生干涉等。加工这类零件可采用四轴以上的加工中心。

(3)模具类

常见的模具有锻压模具、铸造模具、注塑模具及橡胶模具等。由于工序高度集中,动模、静模等关键部件基本上可以在加工中心上经一次安装完成全部的机械加工内容,尺寸累计误差及修配工作量小。同时,模具的可复制性强,互换性好。

3. 外形不规则的异型零件

异型零件是指支架、拨叉这一类外形不规则的零件,大多要点、线、面多工位混合加工。由于外形不规则,普通机床上只能采取工序分散的原则进行加工,需用工装较多,周期较长。利用加工中心多工位点、线、面混合加工的特点,可以完成大部分,甚至是全部工序的内容。

4. 加工精度较高的中、小批量零件

针对加工中心加工精度高、尺寸稳定的特点,对加工精度较高的中、小批量零件来说,选择加工中心加工,容易获得所要求的尺寸精度和形状位置精度,并可得到很好的互换性。

第八章 加工中心的程序编制

第一节　数控编程概述

一、数控编程的定义

生成用数控机床进行零件加工的数控程序的过程,称为数控编程(NC programming),有时也称为零件编程(part programming)。

数控编程可以手工完成,即手工编程(manual programming),也可以由计算机辅助完成,即计算机辅助数控编程(computer aided NC programming)。采用计算机辅助数控编程需要一套专用的数控编程软件。现代数控编程软件主要分为以批处理命令方式为主的各种类型的APT语言和以CAD软件为基础的交互式CAD/CAM-NC编程集成系统。

二、数控编程的步骤

一般来说,数控编程过程主要包括:分析零件图样、工艺处理、数学处理、编写程序单、输入数控系统及程序检验(由图8-1说明)。

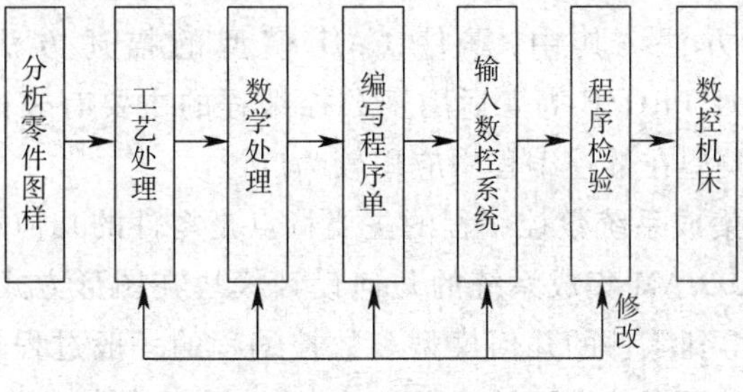

图8-1　数控编程过程

三、数控编程的方法

数控编程的分类方法有多种,大致可归纳为:

根据编程地点进行分类:办公室和车间;

根据编程计算机进行分类:CNC 内部计算机,个人计算机(PC)或工作站;

根据编程软件进行分类:CNC 内部编程软件,APT 语言或 CAD/CAM 集成数控编程软件。如图 8-2 所示。

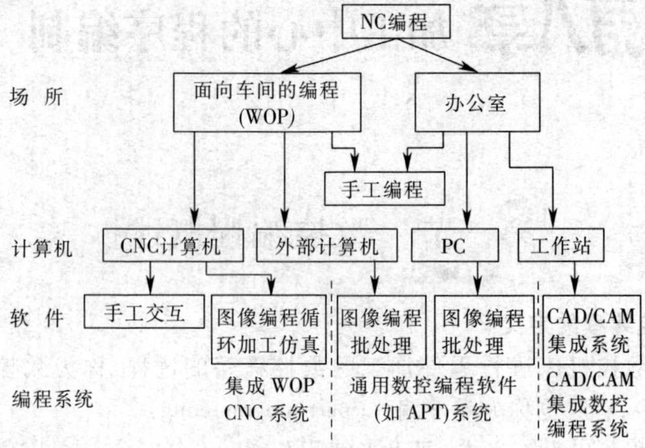

图 8-2 数控编程的分类

(1)手工编程

指编制零件数控加工程序的各个步骤,即从零件图样分析、工艺处理、确定加工路线和工艺参数、几何计算、编写零件的数控加工程序单直至程序的检验,均由人工来完成。

(2)CAD/CAM 集成系统数控编程

以待加工零件 CAD 模型为基础的一种集加工工艺规划及数控编程为一体的自动编程方法。其中,零件 CAD 模型的描述方法多种多样,如 MASTERCAM、UG、PRO/E 等。适用于数控编程的主要有表面模型和实体模型,其中以表面模型在数控编程中应用较为广泛。

CAD/CAM 集成系统数控编程的主要特点是零件的几何形状可在零件设计阶段采用 CAD/CAM 集成系统的几何设计模块在图形方式下进行定义、显示和修改,最终得到零件的几何模型。数控编程的一般过程包括刀具的定义或选择、刀具相对于零件表面的运动方式的定义、切削加工参数的确定、走刀轨迹的生成、加工过程的动态图形仿真显示、程序验证直到后置处理等,一般都是在屏幕菜单及命令驱动等图形交互方式下完成的,具有形象、直观和高效等优点。

本书主要介绍手工编程。

第二节　加工中心的数控编程

加工中心(Machining Center),简称 MC,是由机械设备与数控系统组成的适用于加工复杂零件的高效率自动化机床。加工程序的编制,是决定加工质量的重要因素。在本模块的教学内容中,我们将研究影响加工中心应用效果的编程特点、工艺及工装、机床功能等因素。

加工中心所配置的数控系统各有不同,各种数控系统程序编制的内容和格式也不尽相同,但是程序编制方法和使用过程是基本相同的。以下所述内容,均以配置 FANUC 0i 数控系统的 VNC1000C 加工中心为例展开讨论。

一、加工中心程序编制的基础

加工中心是高效、高精度数控机床,工件在一次装夹中便可完成多道工序的加工,同时还备有刀具库,并且有自动换刀功能。加工中心所具有的这些丰富的功能,决定了加工中心程序编制的复杂性。

加工中心能实现三轴或三轴以上的联动控制,以保证刀具进行复杂表面的加工。加工中心除了具有直线插补和圆弧插补功能外,还具有各种加工固定循环、刀具半径自动补偿、刀具长度自动补偿、加工过程图形显示、人机对话、故障自动诊断、离线编程等功能。

加工中心是从数控铣床发展而来的。与数控铣床的最大区别在于加工中心具有自动交换加工刀具的能力,通过在刀库上安装不同用途的刀具,可在一次装夹中通过自动换刀装置改变主轴上的加工刀具,实现多种加工功能。

加工中心从外观上可分为立式、卧式和复合加工中心等。立式加工中心的主轴垂直于工作台,主要适用于加工板材类、壳体类工件,也可用于模具加工。卧式加工中心的主轴轴线与工作台台面平行,它的工作台大多为由伺服电动机控制的数控回转台,在工件一次装夹中,通过工作台旋转可实现多个加工面的加工,适用于箱体类工件加工。复合加工中心主要是指在一台加工中心上有立、卧两个主轴或主轴可 90°旋转改变角度,因而可在工件一次装夹中实现 5 个面的加工。

加工中心是一种工艺范围较广的数控加工机床,能进行铣削、镗削、钻削和螺纹加工等多项工作。加工中心特别适合于箱体类零件和孔系的加工。加工工艺范围如图 8-3 ~ 图 8-6 所示。

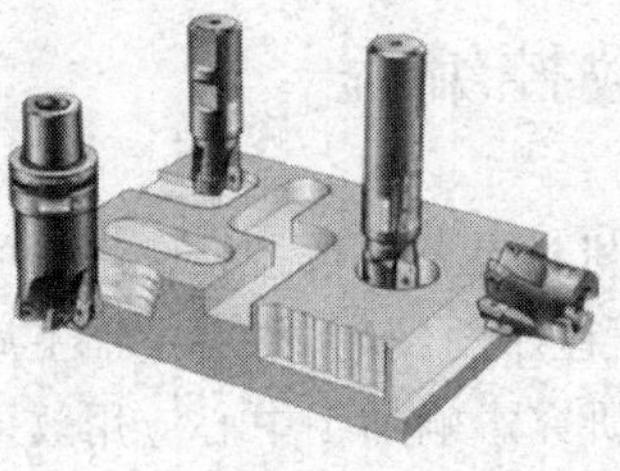

图 8-3　铣削加工

图 8-4　钻削加工

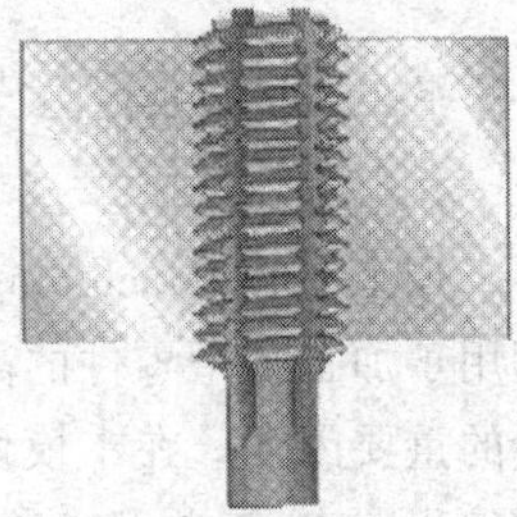

图 8-5 螺纹加工

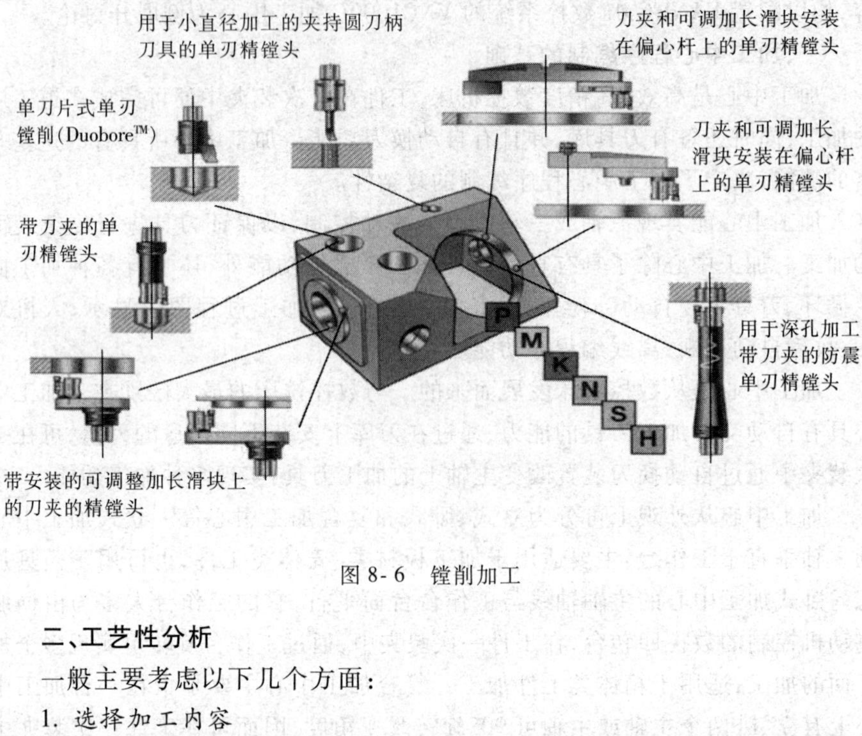

图 8-6　镗削加工

二、工艺性分析

一般主要考虑以下几个方面：

1. 选择加工内容

加工中心最适合加工形状复杂、工序较多、要求较高的零件。这类零件常需使用多种类型的通用机床、刀具和夹具，经多次装夹和调整才能完成加工。

2. 检查零件图样

零件图样应表达正确，标注齐全。同时要特别注意，图样上应尽量采用统一的设计基准，从而简化编程，保证零件的精度要求。

3. 分析零件的技术要求

根据零件在产品中的功能,分析各项几何精度和技术要求是否合理;考虑在加工中心上加工,能否保证其精度和技术要求;选择哪一种加工中心最为合理。

4. 审查零件的结构工艺性

分析零件的结构刚度是否足够,各加工部位的结构工艺性是否合理等。

三、工艺过程设计

工艺设计时,主要考虑精度和效率两个方面,一般遵循先面后孔、先基准后其他、先粗后精的原则。加工中心在一次装夹中,尽可能完成所有能够加工表面的加工。对位置精度要求较高的孔系加工,要特别注意安排孔的加工顺序,安排不当,就有可能将传动副的反向间隙带入,直接影响位置精度。例如,安排如图 8-7(a)所示零件的孔系加工顺序时,若按图 8-7(b)的路线加工,由于 5、6 孔与 1、2、3、4 孔在 *Y* 向的定位方向相反,*Y* 向反向间隙会使误差增加,从而影响 5、6 孔与其他孔的位置精度。按图 8-7(c)所示路线加工,可避免反向间隙的引入。

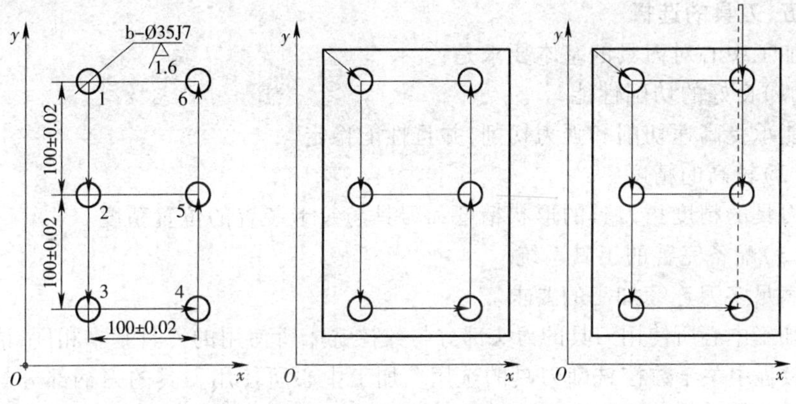

(a) 零件图样　　(b) 加工路线 1　　(c) 加工路线 2

图 8-7　镗孔加工路线

加工过程中,为了减少换刀次数,可采用刀具集中工序,即用同一把刀具把零件上相应的部位都加工完,再换第二把刀具继续加工。但是,对于精度要求很高的孔系,若零件是通过工作台回转确定相应的加工部位时,因存在重复定位误差,不能采取这种方法。

四、零件的装夹

1. 定位基准的选择

在加工中心加工时,零件的定位仍应遵循六点定位原则。同时,还应特别

注意以下几点:

(1)进行多工位加工时,定位基准的选择应考虑能完成尽可能多的加工内容,即便于各个表面都能被加工的定位方式。例如,对于箱体零件,尽可能采用一面两销的组合定位方式。

(2)当零件的定位基准与设计基准难以重合时,应认真分析装配图样,明确该零件设计基准的设计功能,通过尺寸链的计算,严格规定定位基准与设计基准间的尺寸位置精度要求,确保加工精度。

(3)编程原点与零件定位基准可以不重合,但两者之间必须要有确定的几何关系。编程原点的选择主要考虑便于编程和测量。

2. 夹具的选用

在加工中心上,夹具的任务不仅是装夹零件,而且要以定位基准为参考基准,确定零件的加工原点。因此,定位基准要准确可靠。

3. 零件的夹紧

在考虑夹紧方案时,应保证夹紧可靠,并尽量减少夹紧变形。

五、刀具的选择

加工中心对刀具的基本要求是:

(1)良好的切削性能

能承受高速切削和强力切削,并且性能稳定。

(2)较高的精度

刀具的精度指刀具的形状精度和刀具与装卡装置的位置精度。

(3)配备完善的工具系统

满足多刀连续加工的要求。

加工中心所使用刀具的刀头部分与数控铣床所使用的刀具基本相同,请参见本教程中关于数控铣削刀具的选用。加工中心所使用刀具的刀柄部分与一般数控铣床所用的刀柄部分不同,加工中心用刀柄带有夹持槽供机械手夹持。

六、加工中心编程的特点

由于加工中心的加工特点,在编写加工程序前,首先要注意换刀程序的应用。

不同的加工中心,其换刀过程是不完全一样的。多数加工中心都规定了固定的换刀点位置。各运动部件只有移动到这个位置,才能开始换刀动作。

VNC1000C 加工中心装备有盘形刀库。通过主轴与刀库的相互运动,实现换刀。换刀过程用一个子程序描述。该子程序机床出厂前已设定好,直接采用 M06,T 刀号即可完成换刀过程。

加工中心的编程方法与数控铣床的编程方法基本相同,加工坐标系的设置方法也一样。因而,下面将主要介绍加工中心的加工固定循环功能。

第三节　常用 G 代码及其他辅助代码

一、G 功能格式

表 8-1　FANUC 0i 数控加工中心 G 功能格式

<table>
<tr><th>代码</th><th>分组</th><th>意义</th><th>格式</th></tr>
<tr><td>G00</td><td rowspan="2">01</td><td>快速进给、定位</td><td>G00 X __ Y __ Z __</td></tr>
<tr><td>G01</td><td>直线插补</td><td>G01 X __ Y __ Z __</td></tr>
<tr><td>G02</td><td rowspan="2"></td><td>圆弧插补 CW
（顺时针）</td><td rowspan="2">XY 平面内的圆弧：
$G17\begin{Bmatrix}G02\\G03\end{Bmatrix}X\_\ Y\_\ \begin{Bmatrix}R\_\\I\_\ J\_\end{Bmatrix}$
ZX 平面的圆弧：
$G18\begin{Bmatrix}G02\\G03\end{Bmatrix}X\_\ Z\_\ \begin{Bmatrix}R\_\\I\_\ K\_\end{Bmatrix}$
YX 平面的圆弧：
$G19\begin{Bmatrix}G02\\G03\end{Bmatrix}Y\_\ Z\_\ \begin{Bmatrix}R\_\\J\_\ K\_\end{Bmatrix}$</td></tr>
<tr><td>G03</td><td>圆弧插补 CCW
（逆时针）</td></tr>
<tr><td>G04</td><td>00</td><td>暂停</td><td>GO4[P|X]单位秒，增量状态单位毫秒，无参数状态表示停止</td></tr>
<tr><td>G15</td><td rowspan="2">17</td><td>取消极坐标指令</td><td>G15 取消极坐标方式</td></tr>
<tr><td>G16</td><td>极坐标指令</td><td>Gxx Gyy G16 开始极坐标指令
G00 IP __ 极坐标指令
Gxx：极坐标指令的平面选择（G17，G18，G19）
Gyy：G90 指定工件坐标系统的零点为极坐标的极点
G91 指定当前位置作为极坐标的原点
IP：指定极坐标系统选择平面的轴地址及其值
第 1 轴：极坐标半径
第 2 轴：极角</td></tr>
</table>

续表

代码	分组	意义	格式
G17	02	*XY* 平面	G17 选择 *XY* 平面； G18 选择 *XZ* 平面； 19 选择 YZ 平面。
G18		*ZX* 平面	
G19		*YZ* 平面	
G20	06	英制输入	
G21		米制输入	
G28	00	回归参考点	G29 __ Y __ Z __
G29		由参考点回归	G29 __ Y __ Z __
G40	07	刀具半径补偿取消	G40
G41		左半径补偿	$\left\{\begin{matrix}G41\\G42\end{matrix}\right\}$Dnn
G42		右半径补偿	
G43	08	刀具长度补偿 +	$\left\{\begin{matrix}G43\\G44\end{matrix}\right\}$Dnn
G44		刀具长度补偿 -	
G49		刀具长度补偿取消	G49
G50	11	取消缩放	G50 缩放取消
G51		比例缩放	G51 X __ Y __ Z __ P __:缩放开始 X __ Y __ Z __:比例缩放中心坐标的绝对值指令 P __:缩放比例 G51 X _ Y _ Z _ I _ J _ K _:缩放开始 X __ Y __ Z __:比例缩放中心坐标的绝对值指令 I __ J __ K __:X，Y，Z 各轴对应的缩放例
G52	00	设定局部坐标系	G52 IP __:设定局部坐标系 G52 IP0:取消局部坐标系 IP:局部坐标系原点
G53		机械坐标系选择	G53 X __ Y __ Z __
G54	14	选择工作坐标系 1	GXX
G55		选择工作坐标系 2	
G56		选择工作坐标系 3	
G57		选择工作坐标系 4	
G58		选择工作坐标系 5	
G59		选择工作坐标系 6	

续表

代码	分组	意义	格式
G68	16	坐标系旋转	(G17/G18/G19) G68 a＿ b＿ R＿: 坐标系开始旋转 G17/G18/G19:平面选择,在其上包含旋转的形状 a_ b_:与指令坐标平面相对应的 X,Y,Z 中的两个轴的绝对指令,在 G68 后面指定旋转中心 R＿:角度位移,正值表示逆时针旋转。根据指令的 G 代码(G90 或 G91)确定绝对值或增量值 最小输入增量单位:0.001deg 有效数据范围:-360.000 到 360.000
G69		取消坐标轴旋转	G69:坐标轴旋转取消指令
G73	09	深孔钻削固定循环	G73 X＿ Y＿ Z＿ R＿ Q＿ F＿
G74		左螺纹攻螺纹固定循环	G74 X＿ Y＿ Z＿ R＿ P＿ F＿
G76		精镗固定循环	G76 X＿ Y＿ Z＿ R＿ Q＿ F＿
G90	03	绝对方式指定	GXX
G91		相对方式指定	
G92	00	工作坐标系的变更	G92 X＿ Y＿ Z＿
G98	10	返回固定循环初始点	GXX
G99		返回固定循环 R 点	
G80	09	固定循环取消	
G81		钻削固定循环、钻中心孔	G81 X＿ Y＿ Z＿ R＿ F＿
G82		钻削固定循环、锪孔	G82 X＿ Y＿ Z＿ R＿ R＿ F＿
G83		深孔钻削固定循环	G83 X＿ Y＿ Z＿ R＿ Q＿ F＿
G84		攻螺纹固定循环	G84 X＿ Y＿ Z＿ R＿ F＿
G85		镗削固定循环	G85 X＿ Y＿ Z＿ R＿ F＿
G86		退刀形镗削固定循环	G86 X＿ Y＿ Z＿ R＿ P＿ F＿
G88		镗削固定循环	G88 X＿ Y＿ Z＿ R＿ P＿ F＿
G89		镗削固定循环	G89 X＿ Y＿ Z＿ R＿ P＿ F＿

二、支持的 M 代码

表 8-2

代码	意义	格式
M00	停止程序运行	
M01	选择性停止	
M02	结束程序运行	
M03	主轴正向转动开始	
M04	主轴反向转动开始	
M05	主轴停止转动	
M06	换刀指令	M06 T__
M08	冷却液开启	
M09	冷却液关闭	
M30	结束程序运行且返回程序开头	
M98	子程序调用	M98 Pxxnnnn 调用程序号为 Onnnn 的程序 xx 次。
M99	子程序结束	子程序格式: Onnnn … … … M99

第四节　FANUC 系统固定循环功能

一、坐标系的概念

坐标系可分为零件图纸坐标系和 CNC 系统指定的坐标系。

零件图纸坐标系:在零件图纸上设定坐标系,该坐标系上的坐标值用作编程数据。如图 8-8(a)所示。

由 CNC 设定的坐标系:该坐标系在实际机床工作台上设定,用程序编制从刀具的当前位置到要设定坐标系的零点的距离设定该坐标系。如图 8-8(b)所示。

当工件被安装在工作台上时就决定了这两个坐标系之间的位置关系。

按照零件图纸上的坐标系编制的程序指令,刀具在 CNC 设定的坐标系中移动,把工件切成图纸指定的形状。因此,为了正确地把工件切成图纸指定的形状,两个坐标系必须设在同一位置。如图 8-9 所示。

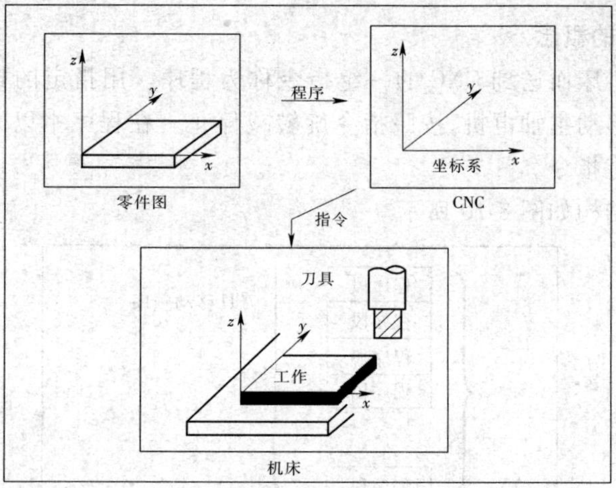

图 8-8(a)　坐标系

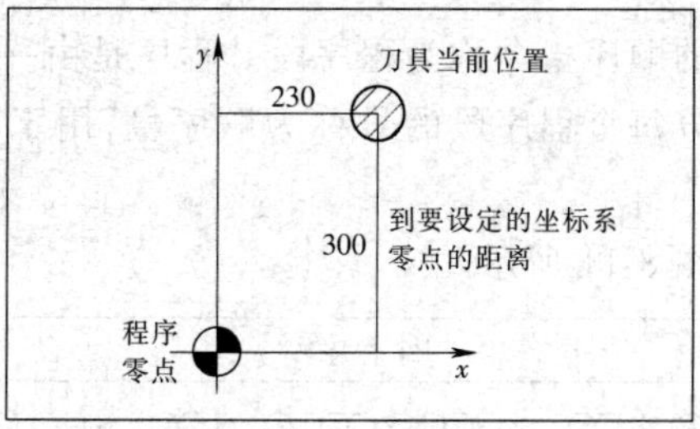

图 8-8(b)　由 CNC 设定的坐标系

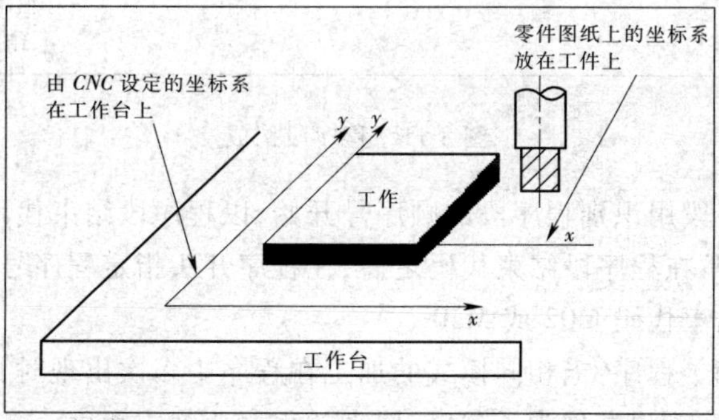

图 8-9

二、程序的概念

为运行机床而送到 CNC 的一组指令称为程序。用指定的指令刀具沿着直线或圆弧移动主轴电机,按照指令旋转或停止。在程序中以刀具实际移动的顺序来指定指令。

程序的结构如图 8-10 所示。

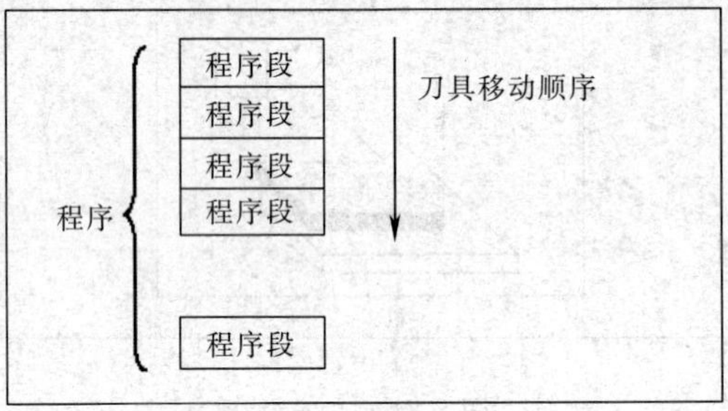

图 8-10 程序结构

一组一步一步的顺序指令称为程序段。程序是由一系列加工的一组程序段组成的。用于区分每个程序段的号称为顺序号,用于区分每个程序的号称为程序号。

程序段构成如图 8-11 所示。

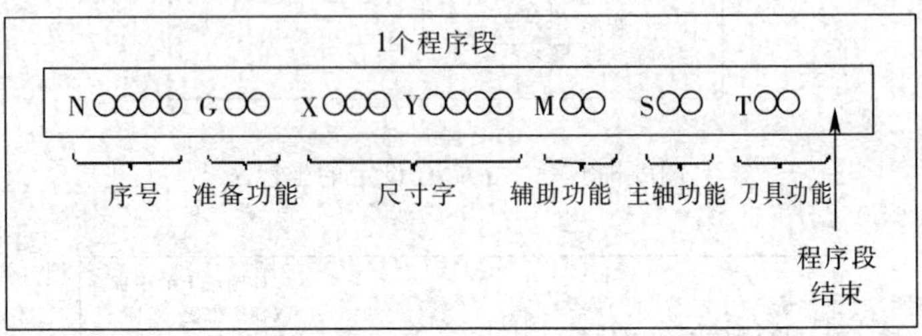

图 8-11 程序段构成

一个程序段用识别程序段的顺序号开始,以程序段结束代码结束。

程序:通常在程序段结束代码之后,在程序开头指定程序号。在程序的结尾指定程序结束代码 M02 或 M30。

主程序和子程序:当相同模式的加工在程序中多次出现时,可把这个模式编成一个程序,该程序称为子程序,原来的程序称为主程序。在主程序执行期间出现子程序执行指令时,就执行子程序的指令,当子程序执行完时返回主程序继续执行。加工图 8-12 所示的零件时,子程序调用情况如图 8-13 所示。

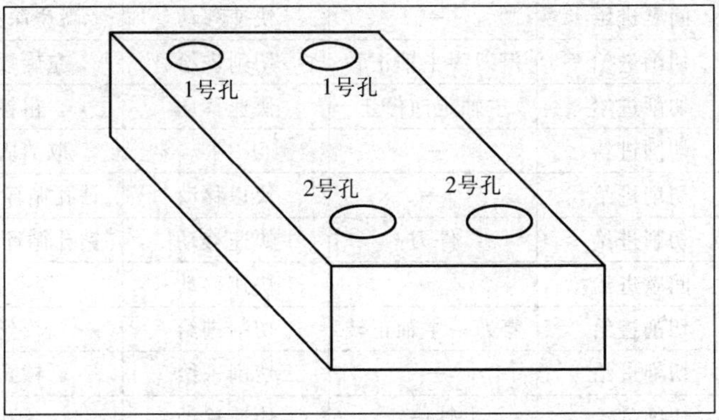

图 8-12

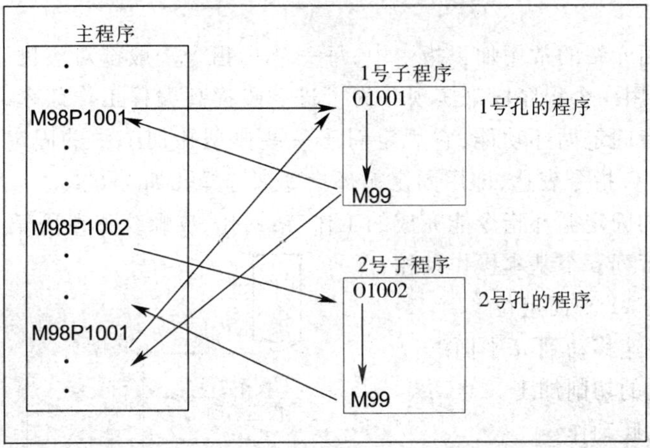

图 8-13

三、固定循环程序的具体应用

固定循环使编程员编程变得容易。用固定循环,频繁使用的加工操作可以用 G 功能在单程序段中指令,见表 8-3;没有固定循环,一般要求多个程序段。另外,固定循环能缩短程序节省存储器。

表 8-3

G 代码	钻削(-Z 方向)	在孔底的动作	回退(+Z 方向)	应　用
G23	间歇进给	—	快速移动	高速深孔钻循环
G74	切削进给	停刀→主轴正转	切削进给	左旋攻丝循环
G76	切削进给	主轴定向停止	快速移动	粗镗循环
G80	切削进给	—	—	取消固定循环
G81	切削进给	—	快速移动	钻孔循环,点钻循环
G82	切削进给	停刀	快速移动	钻孔循环,锪镗循环
G83	间歇进给	—	快速移动	深孔钻循环
G84	切削进给	停刀→主轴正转	切削进给	攻丝循环
G85	切削进给	—	切削进给	镗孔循环
G86	切削进给	主轴停止	快速移动	镗孔循环
G87	切削进给	主轴正转	快速移动	背镗循环
G88	切削进给	停刀→主轴正转	手动移动	镗孔循环
G89	切削进给	停刀	切削进给	镗孔循环

在前面介绍的常用加工指令中,每一个 G 指令一般都对应机床的一个动作,它需要用一个程序段来实现。为了进一步提高编程工作效率, FANUC 0i 系统设计有固定循环功能,它规定对于一些典型孔加工中的固定、连续的动作,用一个 G 指令表达,即用固定循环指令来选择孔加工方式。

常用的固定循环指令能完成的工作有:钻孔、攻螺纹和镗孔等。这些循环通常包括下列 6 个基本操作动作:

(1)在 *XY* 平面定位

(2)快速移动到 *R* 平面

(3)孔的切削加工

(4)孔底动作

(5)返回到 *R* 平面

(6)返回到起始点

图 8-14 中实线表示切削进给,虚线表示快速运动。*R* 平面为在孔口时,快速运动与进给运动的转换位置。

常用的固定循环有高速深孔钻循环、螺纹切削循环、精镗循环等。

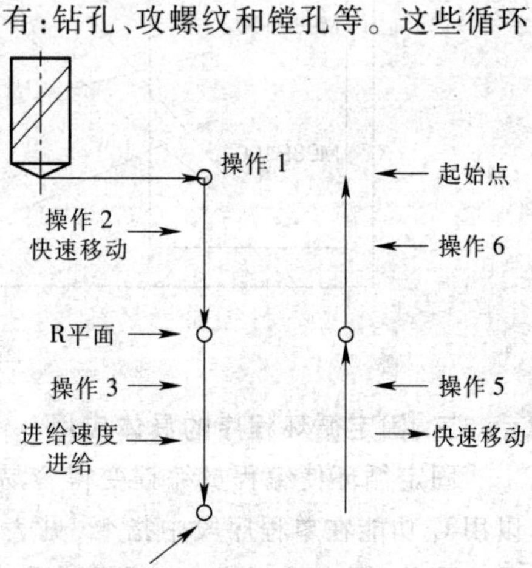

图 8-14　固定循环的基本动作

定位平面由平面选择代码 G17、G18 或 G19 决定(见表 8 - 4)。定位轴是除了钻孔轴以外的轴。虽然固定循环包括攻丝、镗孔以及钻孔循环,在这一章中,术语钻孔将用于说明固定循环执行的动作。钻孔轴是用于定义定位平面的基本轴(X、Y 或 Z) ,或平行于基本轴的轴。钻孔轴根据 G 代码(G73、G89)程序段中指令的轴地址确定(基本轴或其平行轴)。如果没有对钻孔轴指定轴地址,则认为基本轴是钻孔轴。

表 8-4

G 代码	定位平面	钻孔轴
G17	X_p-Y_p 平面	Z_p
G18	Z_p-X_p 平面	Y_p
G19	Y_p-Z_p 平面	X_p

注:　X_p——X 轴或它的平行轴

Y_p——Y 轴或它的平行轴

Z_p——Z 轴或它的平行轴

假定 U、V 和 W 轴分别平行于 X、Y 和 Z 轴这个条件是由参数 No. 1022 指定。

G17G81 Z——Z 轴用作钻孔

G17G81 W——W 轴用作钻孔

G18G81 Y——Y 轴用作钻孔

G18G81 V——V 轴用作钻孔

G19G81 X——X 轴用作钻孔

G19G81 U——U 轴用作钻孔

G17 ~ G19 可以在 G73 ~ G89 未指令的程序段中指定。

沿着钻孔轴的移动距离对 G90 和 G91 变化如图 8-15 所示。

钻孔方式:G73、G74、G76 和 G81 到 G89 是模态 G 代码,直到被取消之前一直保持有效。当有效时,当前状态是钻孔方式。一旦在钻孔方式中钻孔数据被指定,数据被保持,直到被修改或清除。在固定循环的开始指定全部所需的钻孔数据;当固定循环正在执行时只指令修改数据。

返回点平面(G98/G99):当刀具到达孔底后,刀具可以返回到 R 点平面或初始位置平面,由 G98 和 G99 指定。图 8-16 表示指定 G98 或 G99 时的刀具移动。一般情况下,G99 用于第一次钻孔而 G98 用于最后一次钻孔,即使在 G99 方式中执行钻孔,初始位置平面也不变。

重复:在 K 中指定重复次数,对等间距孔进行重复钻孔。K 仅在被指定的程序段内有效。以增量方式(G91)指定第一孔位置。如果用绝对值方式(G90)指令的话,则在相同位置重复钻孔。

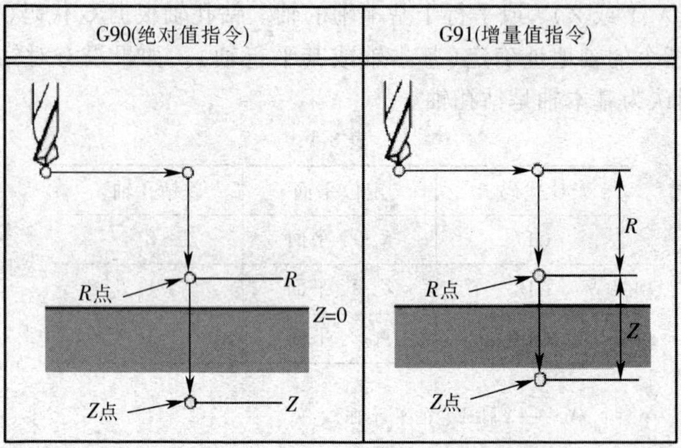

图 8-15

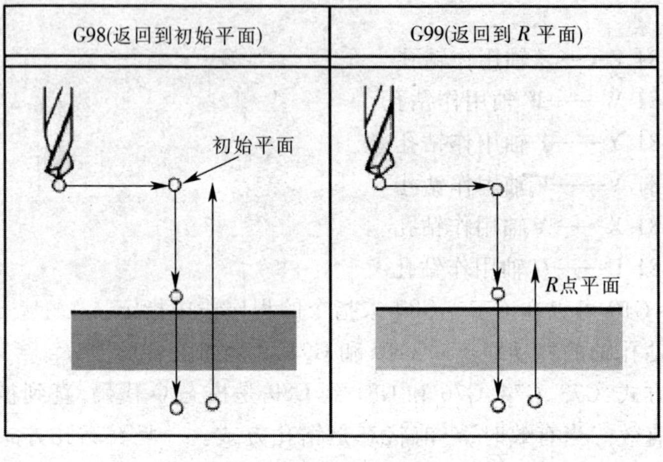

图 8-16

重复次数 K 最大指令 =9 999

如果指定 K0 ,钻孔数据被贮存,但是不执行钻孔。

取消:使用 G80 或 01 组 G 代码,可以取消固定循环。

01 组 G 代码

G00 定位(快速移动)

G01 直线插补

G02 圆弧插补或螺旋线插补(CW)

G03 圆弧插补或螺旋线插补(CCW)

G60 单方向定位(当 MDL 参数 No. 5431#0 设为 1 时)

1. 高速深孔钻循环(G73)

该循环执行高速深孔钻。它执行间歇切削进给直到孔的底部,同时从孔中排出切屑。

G73 X_Y_Z_R_Q_F_K_;

X_Y_:孔位数据
Z_:从 Z 点到孔底的距离
R_:从初始位置面到 R 点的距离
Q_:每次切削进给的切削深度
F_:切削进给速度
K_:重复次数(如果需要的话)

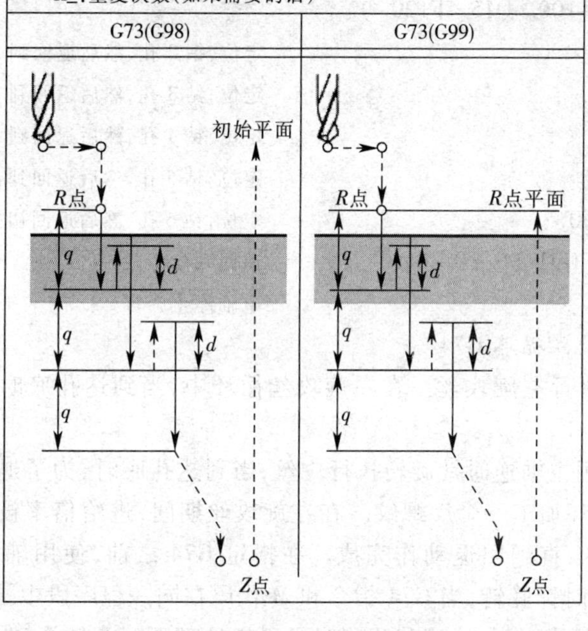

【说明】高速深孔钻循环沿着 Z 轴执行间歇进给。当使用这个循环时,切屑容易从孔中排出,并且能够设定较小的回退值。这可以有效地执行钻孔,在参数 5114 中设定退刀量 d,刀具快速移动退回。在指定 G73 之前,用辅助功能旋转主轴(M 代码)。当 G73 代码和 M 代码在同一程序段中指定时,在执行第一个定位动作的同时,执行 M 代码。然后,系统处理下一个钻孔动作。

当指定重复次数 K 时,只在第一个孔执行 M 代码,对第二个和以后的孔,不执行 M 代码。当在固定循环中指定刀具长度偏置(G43、G44 或 G49)时,在定位到 R 点的同时加偏置。

【限制】

轴切换:必须在改变钻孔轴之前取消固定循环。

钻孔:在不包含 X、Y、Z、R 或任何其他轴的程序段中,不执行钻孔。

Q/R:在执行钻孔的程序段中指定 Q/R 。如果在不执行钻孔的程序段中指定它们,它们不能作为模态数据被贮存。

取消:不能在同一程序段中指定 01 组 G 代码(G00 到 G03 或 G60,当 MDL 参数 No.5431#0 设为 1 时)和 G73,否则,G73 将被取消。

刀具偏置:在固定循环方式中,刀具偏置被忽略。

例:

程序	说明
M03 S2000	主轴开始旋转
G90 G99 G73 X300. Y-250. Z-150. R-100. Q15. F120.	定位,钻 1 孔,然后返回到 R 点
Y-550.;	定位,钻 2 孔,然后返回到 R 点
Y-750.;	定位,钻 3 孔,然后返回到 R 点
X1000.;	定位,钻 4 孔,然后返回到 R 点
Y-550.;	定位,钻 5 孔,然后返回到 R 点
G98 Y-750.;	定位,钻 6 孔,然后返回初始位置平面
G80 G28 G91 X0 Y0 Z0;	返回到参考点
M05;	主轴停止旋转

2. *左旋攻丝循环 G74*

该循环执行左旋攻丝。在左旋攻丝循环中,当到达孔底时,主轴顺时针旋转。

【说明】用主轴逆时针旋转执行攻丝,当到达孔底时,为了退回,主轴顺时针旋转,该循环加工一个反螺纹。在左旋攻丝期间,进给倍率被忽略,进给暂停不停止机床,直到回退动作完成。在指定 G74 之前,使用辅助功能(M 代码)使主轴逆时针旋转,当 G74 指令和 M 代码在同一程序段中指定时,在第一个定位动作的同时,执行 M 代码,然后,系统处理下一个钻孔动作。当指定重复次数 K 时,只对第一个孔执行 M 代码,对第二个和以后的孔,不执行 M 代码。当在固定循环中指定刀具长度偏置(G43、G44 或 G49)时,在定位到 R 点的同时加偏置。

G74 X_Y_Z_R_P_F_K_;

X_Y_:孔位数据
Z_:从 R 点到孔底的位置
R_:从初始位置面到 R 点位置的距离
P_:暂停时间
F_:切削进给速度
K_:重复次数(如果需要的话)

G74(G98)　　　　G74(G99)

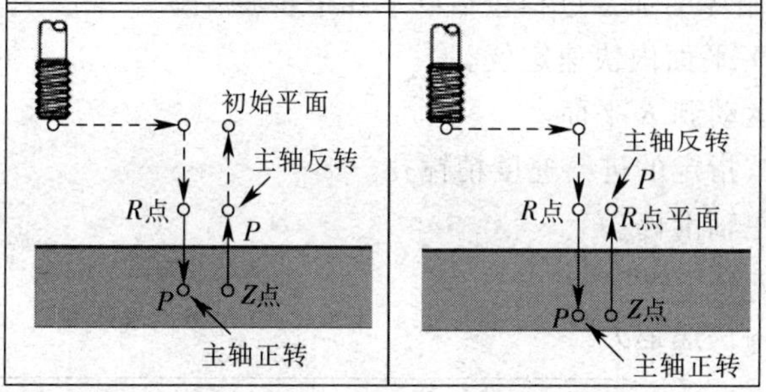

【限制】

轴切换:必须在改变钻孔轴之前取消固定循环。

钻孔:在不包含 X、Y、Z、R 或任何其他轴的程序段中,不执行钻孔。

R: 在执行钻孔的程序段中指定 R, 如果在不执行钻孔的程序段中指定的话,它不能作为模态数据存储。

取消:不能在同一程序段中指定 01 组 G 代码(G00 到 G03 或 G60,当 MDL 参数 No. 5431#0 设为 1 时)和 G74。否则,G74 将被取消。

刀具偏置:在固定循环方式中,刀具偏置被忽略。

例:

程序	说明
M04 S100	主轴开始旋转
G90 G99 G74 X300. Y-250. Z-150. R-100. Q15. F120.	定位,攻丝 1 孔,然后返回到 R 点
Y-550.;	定位,攻丝 2 孔,然后返回到 R 点
Y-750.;	定位,攻丝 3 孔,然后返回到 R 点
X1000.;	定位,攻丝 4 孔,然后返回到 R 点
Y-550.;	定位,攻丝 5 孔,然后返回到 R 点
G98 Y-750.;	定位,攻丝 6 孔,然后返回初始位置平面
G80 G28 G91 X0 Y0 Z0;	返回参考点
M05;	主轴停止旋转

3. 精镗循环指令 G76

G76 指令用于精镗孔加工。镗削至孔底时,主轴停止在定向位置上,即准停,再使刀尖偏移离开加工表面,然后再退刀。这样可以高精度、高效率地完成孔加工而不损伤工件已加工表面。

程序格式中,Q 表示刀尖的偏移量,一般为正数,移动方向由机床参数设定。

G76 精镗循环的加工过程包括以下几个步骤:

(1)在 X、Y 平面内快速定位。

(2)快速运动到 R 平面。

(3)向下按指定的进给速度精镗孔。

(4)孔底主轴准停。

(5)镗刀偏移。

(6)从孔内快速退刀。

G76 X_Y_Z_R_Q_P_F_K_;

X_Y_:孔位数据
Z_:从 R 点到孔底的距离
R_:从初始位量到 R 点位置的距离
Q_:孔底的偏移量
P_:在孔底的暂停时间
F_:切削进给速度
K_:重复次数(如果需要的话)

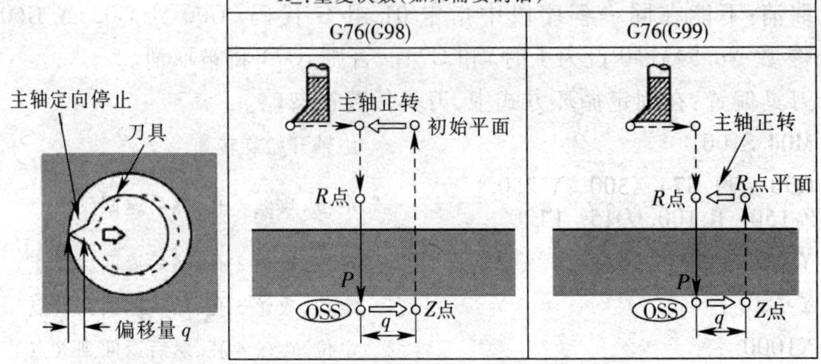

【说明】当到达孔底时,主轴在固定的旋转位置停止,并且刀具以刀尖的相反方向移动退刀,这样保证加工面不被破坏,实现精密和有效的镗削加工。在指定 G76 之前,用辅助功能(M 代码)旋转主轴。当 G76 指令和 M 代码在同一程序段中指定时,在第一个定位动作的同时执行 M 代码,然后系统处理下一个动作。当指定重复次数 K 时,只对第一个孔执行 M 代码,对第二个或

以后的孔，不执行 M 代码。当在固定循环中指定刀具长度偏置（G43、G44 或 G49）时，在定位到 R 点的同时加偏置。

【限制】

轴切换：必须在改变钻孔轴之前取消固定循环。

镗加工：在不包含 *X*、*Y*、*Z*、*R* 或其他轴的程序段中，不执行镗加工。

P/R：Q 指定为正值，如果 Q 指定为负值，符号被忽略。在参数 No. 5101 的#4（RD1）和#5（RD2）中设定偏置方向，在执行镗加工的程序段中指定P/R。如果在不执行镗加工的程序段中指定它们，它们不能作为模态数据被贮存。

取消：不能在同一程序段中指定 01 组 G 代码（G00 到 G03 或 G60，当 MDL 参数 No. 5431#0 设为 1 时）和 G76，否则，G76 将被取消。

刀具偏置：在固定循环方式中，刀具偏置被忽略。

例：

程序	说明
M03 S500	主轴开始旋转
G90 G99 G76 X300. Y-250.	定位，镗 1 孔，然后返回到 *R* 点
Z-150. R-100. Q5.	孔底定向，然后移动 5mm
P1000 F120.；	在孔底停止 1s
Y-550；	定位，镗 2 孔，然后返回到 *R* 点
Y-750.；	定位，镗 3 孔，然后返回到 *R* 点
X1000.；	定位，镗 4 孔，然后返回到 *R* 点
Y-550.；	定位，镗 5 孔，然后返回到 *R* 点
G98 Y-750.；	定位，镗 6 孔，然后返回初始位置平面
G80 G28 G91 X0 Y0 Z0；	返回到参考点
M05；	主轴停止旋转

4. 钻孔循环、点钻循环 G81

该循环用作正常钻孔。切削进给执行到孔底，然后刀具从孔底快速移动退回。

【说明】在沿着 *X* 和 *Y* 轴定位以后，快速移动到 *R* 点，从 *R* 点到 *Z* 点执行钻孔加工。然后，刀具快速移动退回。在指定 G81 之前，用辅助功能（M 代码）旋转主轴。当 G81 指令和 M 代码在同一程序段中指定时，在第一个定位动作的同时执行 M 代码，然后，系统处理下一个动作。当指定重复次数 K 时，只对第一个孔执行 M 代码，对第二个或以后的孔，不执行 M 代码。当在固定循环中指定刀具长度偏置（G43、G44 或 G49）时，在定位到 R 点的同时加偏置。

```
G81 X_Y_Z_R_F_K_;

  X_Y_:孔位数据
  Z_:从 R 点到孔底的距离
  R_:从初始位置到 R 点位置的距离
  F_:切削进给速度
  K_:重复次数(如果需要的话)
```

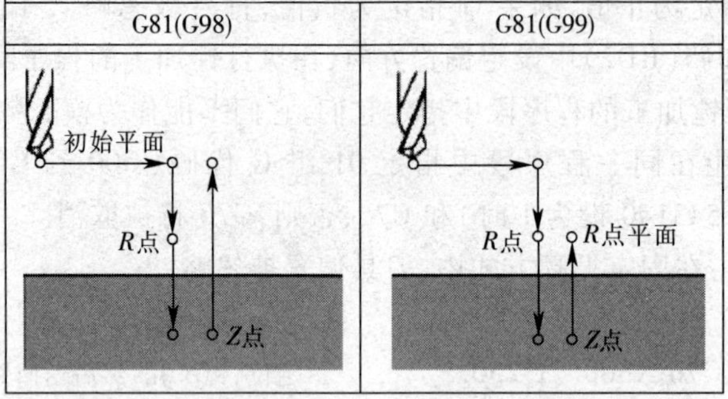

例：

```
M03 S2000                               主轴开始旋转
G90 G99 G81 X300. Y-250.
Z-150. R-100. Q15. F120.                定位,钻 1 孔,然后返回到 R 点
Y-550. ;                                定位,钻 2 孔,然后返回到 R 点
Y-750. ;                                定位,钻 3 孔,然后返回到 R 点
X1000. ;                                定位,钻孔 4,然后返回到 R 点
Y-550. ;                                定位,钻 5 孔,然后返回到 R 点
G98 Y-750. ;                            定位,钻 6 孔,然后返回初始位置
G80 G28 G91 X0 Y0 Z0;                   返回到参考点
M05;                                    主轴停止旋转
```

5. 排屑钻孔循环 G83

该循环执行深孔钻。执行间歇切削进给到孔的底部,钻孔过程中从孔中排出切屑。

【说明】Q 表示每次切削进给的切削深度。它必须用增量值指定。在第二次和以后的切削进给中,执行快速移动到上次钻孔结束之前的 d 点,再次执行切削进给,d 在参数(No. 5115)中设定。在 Q 中必须指定正值,负值被忽略。指定 G83 之前,用辅助功能旋转主轴(M 代码)。当 G83 代码和 M 代码在同一程序段中指定时,在第一个定位动作的同时,执行 M 代码。然后,系统处理下一个钻孔动作。当指定重复次数 K 时,只在第一个孔执行 M 代码,对

第二孔和以后的孔,不执行 M 代码。当固定循环中指定刀具长度偏置(G43、G44 或 G49)时,在定位到 R 点的同时加偏置。

G83 X_Y_Z_R_Q_F_K_;

X_Y_:孔位数据
Z_:从 R 点到孔底的距离
R_:从初始位置到 R 点位置的距离
Q_:每次切削进给的切削深度
F_:切削进给速度
K_:重复次数(如果需要的话)

G83(G98)	G83(G99)

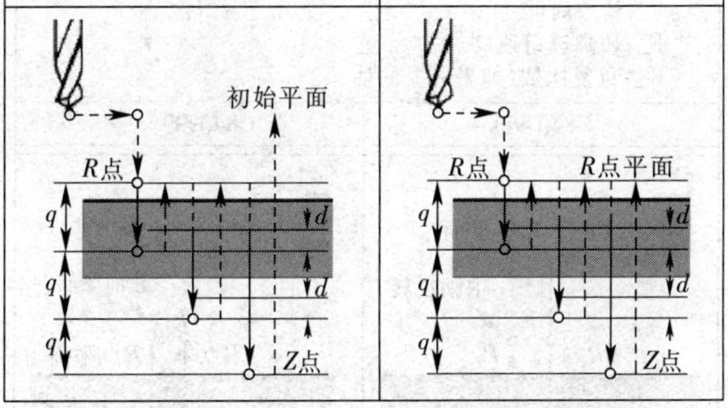

例:		
例:	M03 S2000	主轴开始旋转
	G90 G99 G83 X300. Y-250. Z-150. R-100. Q15. F120.	定位,钻 1 孔,然后返回到 R 点
	Y-550. ;	定位,钻 2 孔,然后返回到 R 点
	Y-750. ;	定位,钻 3 孔,然后返回到 R 点
	X1000. ;	定位,钻 4 孔,然后返回到 R 点
	Y-550. ;	定位,钻 5 孔,然后返回到 R 点
	G98 Y-750. ;	定位,钻 6 孔,然后返回初始位置平面
	G80 G28 G91 X0 Y0 Z0;	返回到参考点
	M05;	主轴停止旋转

6. 攻丝循环 G84

该循环执行攻丝。在这个攻丝循环中,当到达孔底时,主轴以反方向旋转。

【说明】主轴顺时针旋转执行攻丝,当到达孔底时,为了回退,主轴以相反方向旋转,这个过程生成螺纹。在攻丝期间进给倍率被忽略,进给暂停不停止机床,直到返回动作完成。在指定 G84 之前,用辅助功能(M 代码)使主轴旋转。当 G84 指令和 M 代码在同一个程序段中指定时,在执行第一个定位动作的同时,执行 M 代码。然后,系统处理下一个钻孔动作。当指定重复次数 K 时,仅对第一个孔执行 M 代码,对第二个或以后的孔,不执行 M 代码。当在固定循环中指定刀具长度偏置(G43、G44 或 G49)时,在执行定位到 R 点的同时加偏置。

G84 X_Y_Z_R_P_F_K_;

X_Y_:孔位数据
Z_:从 R 点到孔底的距离
R_:从初始位置到 R 点的距离
P_:暂停时间
F_:切削进给速度
K_:重复次数(如果需要的话)

G84(G98)	G84(G99)

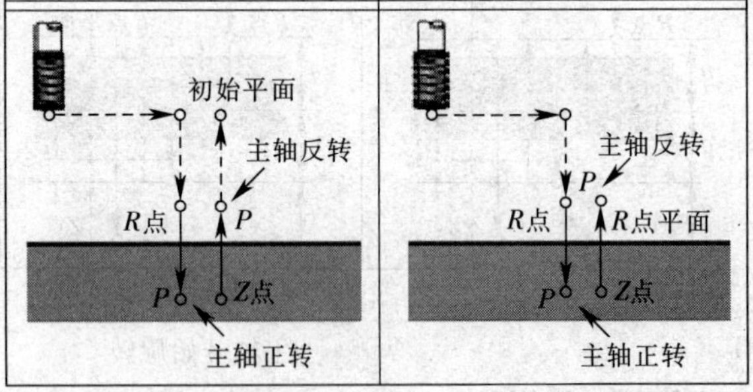

例:	
M03 S100	主轴开始旋转
G90 G99 G84 X300. Y-250. Z-150. R-120. P300. F120.	定位,攻丝 1 孔,然后返回到 R 点
Y-550.;	定位,攻丝 2 孔,然后返回到 R 点
Y-750.;	定位,攻丝 3 孔,然后返回到 R 点
X1000.;	定位,攻丝 4 孔,然后返回到 R 点
Y-550.;	定位,攻丝 5 孔,然后返回到 R 点
G98 Y-750.;	定位,攻丝 6 孔,然后返回初始位置平面
G80 G28 G91 X0 Y0 Z0;	返回到参考点
M05;	主轴停止旋转

7. 镗孔循环 G85

该循环用于镗孔。

【说明】沿着 X 和 Y 轴定位以后,快速移动到 R 点,然后,从 R 点到 Z 点执行镗孔。当到达孔底时,执行切削进给,然后返回到 R 点。在指定 G85 之前,用辅助功能(M 代码)旋转主轴。当 G85 指令和 M 代码在同一程序段中指定时,在第一个定位动作的同时执行 M 代码。然后,系统处理下一个镗孔动作。当指定重复次数 K 时,只对第一个孔执行 M 代码,对第二个或以后的孔,不执行 M 代码。当在固定循环中指定刀具长度偏置(G43、G44 或 G49)时,在定位到 *R* 点的同时加偏置。

G85 X_Y_Z_P_F_K_;

X_Y_:孔位数据
Z_:从 *R* 点到孔底的距离
R_:从初始位置到 *R* 点位置的距离
F_:切削进给速度
K_:重复次数(如果需要的话)

G85(G98)	G85(G99)

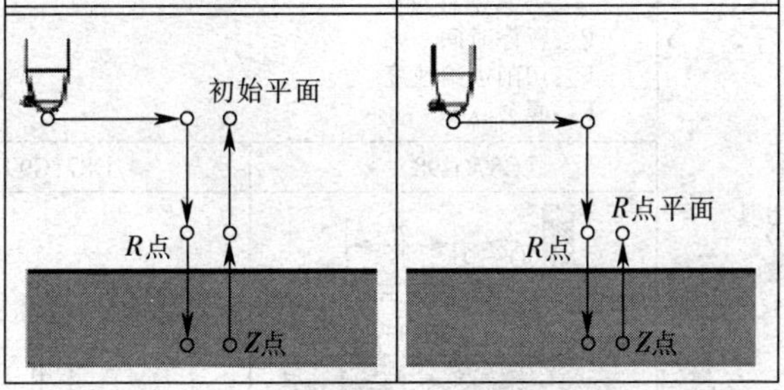

例:	
M03 S100	主轴开始旋转
G90 G99 G85 X300. Y-250. Z-150. R-120. F120.	定位,镗 1 孔,然后返回到 *R* 点
Y-550. ;	定位,镗 2 孔,然后返回到 *R* 点
Y-750. ;	定位,镗 3 孔,然后返回到 *R* 点
X1000. ;	定位,镗 4 孔,然后返回到 *R* 点
Y-550. ;	定位,镗 5 孔,然后返回到 *R* 点
G98 Y-750. ;	定位,镗 6 孔,然后返回初始位置平面
G80 G28 G91 X0 Y0 Z0;	返回到参考点
M05;	主轴停止旋转

8. 镗孔循环、背镗孔循环 G87

该循环执行精密镗孔。

【说明】沿着 *X* 和 *Y* 轴定位以后,主轴在固定的旋转位置上停止。刀具在刀尖的相反方向移动并在孔底(*R* 点)定位(快速移动)。然后,刀具在刀尖的方向上移动并且主轴正转,沿 *Z* 轴的正向镗孔直到 *Z* 点。在 *Z* 点,主轴再次停在固定的旋转位置,刀具在刀尖的相反方向移动,然后,刀具返回到初始位置。刀具在刀尖的方向上偏移,主轴正转,执行下个程序段的加工。在指定G87前,用辅助功能(M代码)旋转主轴。当G87和M代码在同一程序段中指定时,在第一个定位动作的同时执行M代码,然后,系统处理下一个动作。当指定重复次数K时,只对第一个孔执行M代码,对第二个或以后的孔,不执行M代码。当在固定循环中指定刀具长度偏置(G43、G44或G49)时,在定位到*R*点的同时加偏置。

G87 X_Y_Z_R_Q_P_F_K_;

- X_Y_:孔位数据
- Z_:从孔底到*Z*点的距离
- R_:从初始平面到*R*点的距离(孔底)
- Q_:刀具偏移量
- P_:暂停时间
- F_:切削进给速度
- K_:重复次数

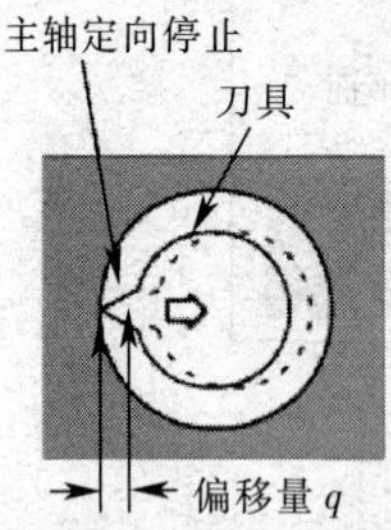

G87(G98)	G87(G99)
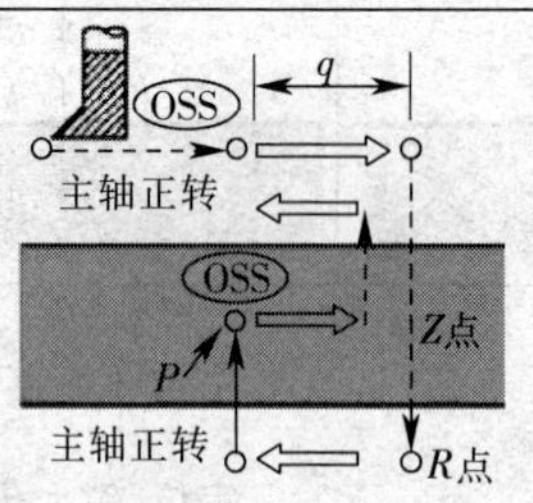	不用

警告

Q(在孔底的偏移量)在固定循环中保持的模态值,指定时须小心,固定它也用作G73和G83的切削深度。

例:	
M03 S500	主轴开始旋转
G90 G99 G87 X300. Y-250. Z-150. R-120. Q5. P1000. F120.	定位,镗1孔,在初始位置向,然后偏移5mm。在2点停止1s
Y-550. ;	定位,镗2孔,然后返回到*R*点
Y-750. ;	定位,镗3孔,然后返回到*R*点
X1000. ;	定位,镗4孔,然后返回到*R*点
Y-550. ;	定位,镗5孔,然后返回到*R*点
G98 Y-750. ;	定位,镗6孔,然后返回初始位置平面

G80 G28 G91 X0 Y0 Z0；	返回到参考点
M05；	主轴停止旋转

9. 固定循环取消 G80

G80 取消固定循环。

例：M03 S100	主轴开始旋转
G90 G99 G88 X300. Y-250. Z-150. R-120. F120.	定位，镗 1 孔，然后返回到 *R* 点
Y-550.；	定位，镗 2 孔，然后返回到 *R* 点
Y-750.；	定位，镗 3 孔，然后返回到 *R* 点
X1000.；	定位，镗 4 孔，然后返回到 *R* 点
Y-550.；	定位，镗 5 孔，然后返回到 *R* 点
G98 Y-750.；	定位，镗 6 孔，然后返回初始位置平面
G80 G28 G91 X0 Y0 Z0；	返回到参考点取消固定循环
M05；	主轴停止旋转

10. 编程实例

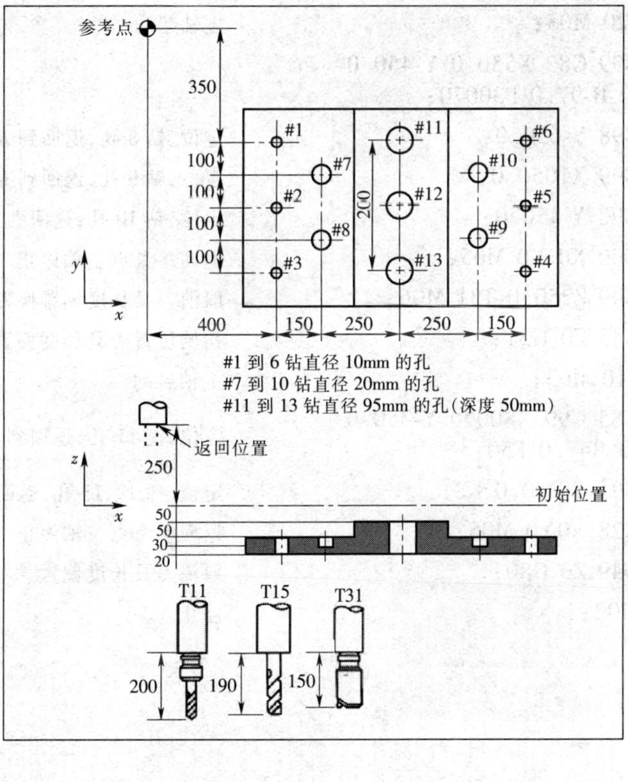

使用刀具长度偏置和固定循环的编程举例。

程序	说明
N001 G92 X0 Y0 Z0	在参考点设置工件坐标
N002 G90 G00 Z250.0 T11 M06	刀具交换
N003 G43 Z0 H11	初始位置刀具长度偏置
N004 S30 M03	主轴起动
N005 G99 G81 X400.0 R Y-350.0 Z-153.0 R-97.0 F120;	定位,钻1孔
N006 Y-550.0;	定位,钻2孔,并返回到*R*点位置
N007 G98 Y-750.0;	定位,钻3孔,并返回到*R*点位置
N008 G99 X1200.0;	定位,钻4孔,并返回到*R*点位置
N009 Y-550.0;	定位,钻5孔,并返回到*R*点位置
N010 G98 Y-350.0;	定位,钻6孔,并返回到*R*点位置
N011 G00 X0 Y0 M05;	返回参考点主轴停止
N012 G49 Z250.0 T15 M06;	取消刀具长度偏置换刀
N013 G43 Z0 H15;	初始位置刀具长度偏置
N014 S20 M03;	主轴起动
N015 G99 G82 X550.0 Y-450.0 Z-130.0 R-97.0 P30070;	
N016 G98 Y-650.0;	定位,钻8孔,返回到*R*点位置
N017 G99 X1050.0;	定位,钻9孔,返回到*R*点位置
N018 G98 Y-450.0;	定位,钻10孔,返回到初始位置
N019 G00 X0 Y0 M05;	返回参考点主轴停止
N020 G49 Z250.0 T31 M06;	取消刀具长度偏置换刀
N021 G43 Z0 H31;	初始位置刀具长度偏置
N022 S10 M03;	主轴启动
N023 G85 G99 X800.0 Y-350.0 Z-153.0 R47.0 F50;	定位,镗11孔,返回到*R*点位置
N024 G91 Y-200.0 K2;	定位,镗12、13孔,返回到*R*点位置
N025 G28 X0Y0 M05;	返回参考点主轴停止
N026 G49 Z0 G80;	取消刀具长度偏置
N027 M02;	停止

第九章 加工中心的程序编制实例与操作技术

第一节　零件的程序编制实例

【例 1】 加工零件如图 9-1 所示。

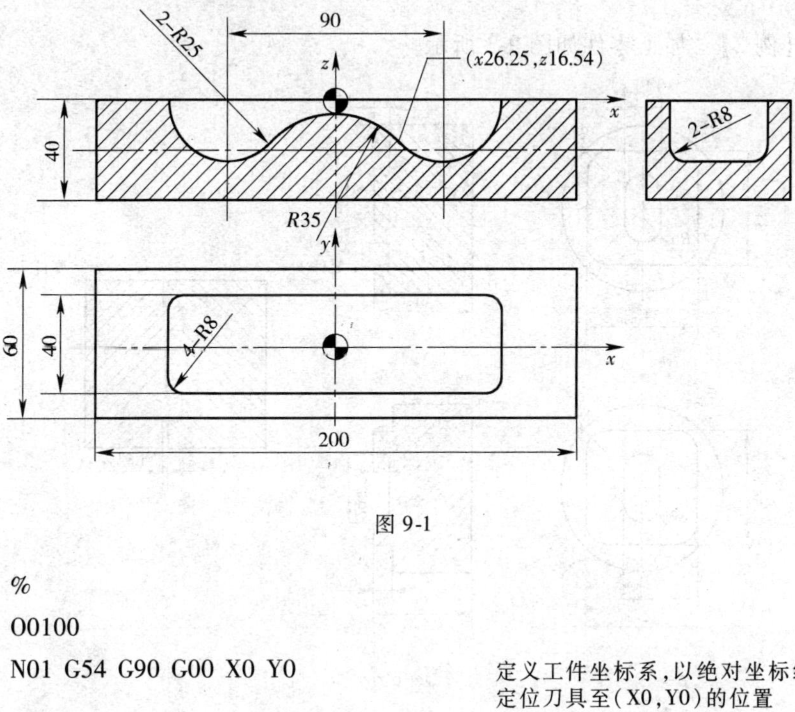

图 9-1

程序	说明
%	
O0100	
N01 G54 G90 G00 X0 Y0	定义工件坐标系,以绝对坐标编程,定位刀具至(X0,Y0)的位置
N02 Z45	刀具定位至 Z45mm 的位置
N03 S1000 M03	主轴正转,转速为 1 000r/min
N04 M08	冷却液开
N05 M98 P5110	调用 110 号子程序 5 次

```
N06 G91 G17 G28 G00 X0 Y0 Z0
N07 M30
%
O110                                   子程序名
G91 G01 Z-5 F400
G18 G42 X-70 Z-20
G02 X43.75 Z-16.54 I25 K0 F80          在 XZ 平面进行顺时针圆弧插补
G03 X52.5 Z0 I26.5 K-23.15
G02 X43.75 Z16.54 I18.75 K16.54        在 XZ 平面进行顺时针圆弧插补
G40 G01 X-70.0 Z-20.2 F400             取消刀具半径补偿
M99                                    子程序返回
```

【例 2】 加工零件如图 9-2 所示。

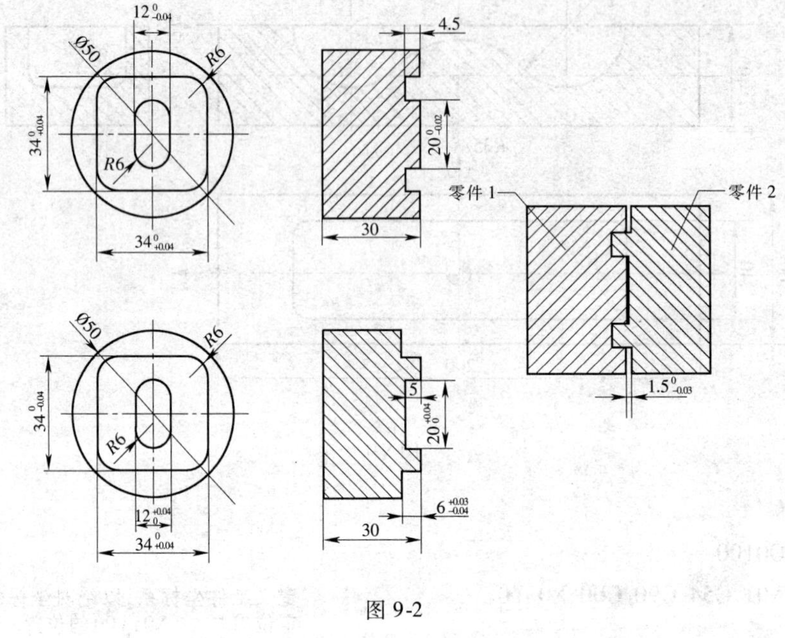

图 9-2

```
%
O0200
N10 G55 G21 G28 X0 Y0 Z0      设定单位为:mm;回参考点为(0,0,0)
N11 G40 M06 T01               取消刀具半径补偿,换 1 号刀
```

N12 G43 G00 X-9 Y0 Z20 H01	快速定位,并在运动过程中建立长度补偿
N13 G01 Z-4.5 S1000 M03 F100	主轴正转,转速为 1 000r/min
N14 G41 X-14 D01	建立半径补偿
N15 G01 Y8 F80	直线插补到 Y8mm 的位置,进给量为 80mm/min
N16 G02 X-8 Y14 R6	
N17 G01 X8	
N18 G02 X14 Y8 R6	
N19 G01 Y-8	
N20 G02 X8 Y-14 R6	
N21 G01 X-8	
N22 G02 X-14 Y-8 R6	
N23 G01 Y0	
X-9	
Y5	
N24 G02 X-3 Y11 R6	
N25 G01 X3	
N26 G02 X9 Y5 R6	
N27 G01 Y-5	
N28 G02 X3 Y-11 R6	
N29 G01 X-3	
N30 G02 X-9 Y-5 R6	
N31 G01 Y5	
N32 G00 Z20	
N33 G40 G49	取消刀具半径补偿,长度补偿
N34 G28 X0 Y0 Z0 M05	主轴停转, 回参考点为(0,0,0)
N35 M30	程序结束,并返回程序头
%	

【例 3】 加工零件如图 9-3 所示。

%	
O0300	
N10 G55 G21 G28 X0 Y0 Z0	设定单位为:mm;回参考点为(0,0,0)
N15 G40 M06 T01	取消刀具半径补偿,换 1 号刀

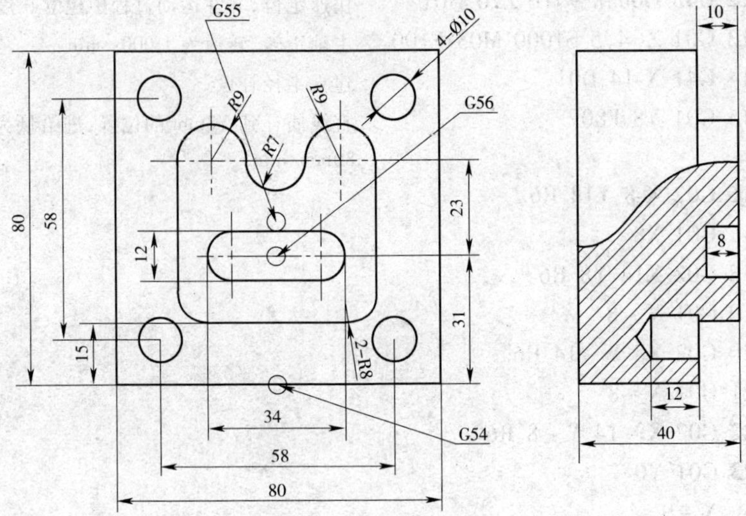

图 9-3

```
N20 G43 G00 X30 Y0 Z20 H01        快速定位,并在运动过程中建立长度补偿
N25 G01 Z-4.5 S1000 M03 F100
N30 G42 X23 D01                   建立半径补偿
N35 G01 Y17
N40 G03 X17 Y23 R6
N45 G01 X-17
N50 G03 X-23 Y17 R6
N55 G01 Y-17
N60 G03 X-17 Y-23 R6
N65 G01 X17
N70 G03 X23 Y-17 R6
N75 G01 Y17
N80 G00 Z20
    X0 Y-4
N85 G01 Z-5
    X0 Y4
N90 G00 Z20
N95 G40 G499                      取消刀具半径补偿、长度补偿
N100 G28 X0 Y0 Z0 M05             主轴停转，回参考点为(0,0,0)
```

N105 M30	程序结束,并返回程序头
%	

【例 4】　加工零件如图 9-4 所示。

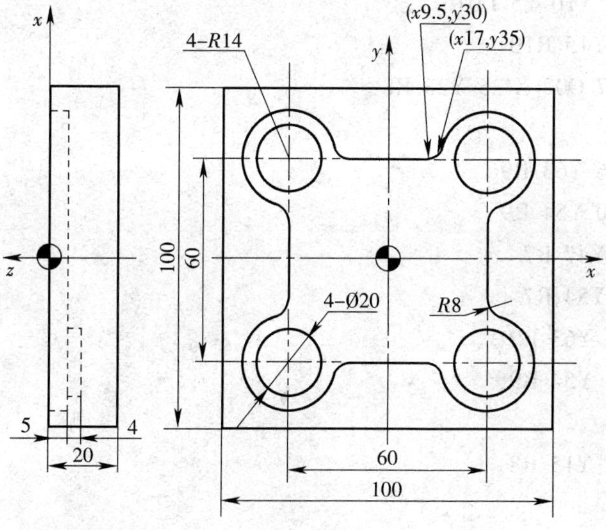

图 9-4

%	
O0400	
N01 T1 M06	换 1 号刀
G00 G90 G54 X0 Y-10 S1000 M03	定义工件坐标系,以绝对坐标编程,定位刀具至(X0,Y-10)的位置,主轴正转,转速为 1 000r/min
G43 H1 Z50 M08	建立长度补偿,冷却液开
Z10	
G01 Z-10 F50	
Y2	
X-38	
Y78	
X0	
Y54	

```
Y78
X38
Y2
X0
G01 G41 X10 Y5 D01
G03 X0 Y15 R10
G01 X-17 G02 X-25 Y23 R8
G01 Y54
G02 X-16 Y63 R9
G02 X-70 Y54 R9
G03 X0 Y47 R7
G03 X7 Y54 R7
G02 X16 Y63 R9
G02 X25 Y54 R9
G01 Y23
G02 X17 Y15 R8
G01 X0
G03 X-10 Y5 R10
G01 G40 X0
G00 Z50
M05
N02 T2 M06
G90 G55 G00 X-29 Y29 S800 M03
G43 H2 Z10 M08
G99 G81 Z-24 R10 F10
    Y-29
    X29
    Y29
G80 M09
N03 M05 T3 M06
    G90 G55 G00 X-29 Y29 S50 M03
    G43 H3 Z10 M08
```

```
    G99 G81 Z-22 R10 F5
    Y-29
    X29
    Y29
    G80 M09
    M05
N04 T4 M06
    G90 G56 G00 X11 Y0 S800 M03
    G43 H4 Z50 M08
    Z10
    G01 Z-8 F30
    X-11
    G01 G41 X6 D01
    G03 X0 Y6 R6
    G01 X-11 Y-6 R6
    G01 X11
    G03 X11 Y6 R6
    G01 X0
    G03 X-6 Y0 R6
    G01 X0
    G03 X-6 Y0 R6
    G01 G40 X0
    G00 Z50
    M05
    M30
%
```

【例 5】 加工零件如图 9-5 所示。

```
%
O0500
N10 T1 M06
G90 G54 G00 X0 Y-10 S1000 M03
```

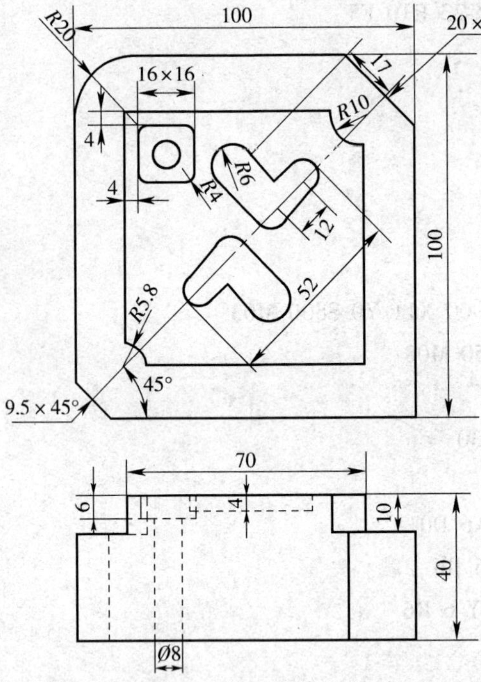

图 9-5

```
G00 G43 Z50 H01
    Z10
G01 Z-5 F50
G01 Y19
    X19
    X30 Y30
    X19 Y19
    Y-19
    X30 Y-30
    X19 Y-19
    X-19
    X-30 Y-30
    X-19 Y-19
    Y19
    X-30 Y30
```

```
    X-19 Y19
    Y15
G01 G41 X15 D01
G03 X0 Y30 R15
    X-9.506
G02 X-16.958 Y35.091 R8
G03 X-35.091 Y16.958 I-13.042 J-5.091
G02 X-30 Y9.506 R8
G01 Y-9.506
G02 X-35.091 Y-16.958 R8
G01 X9.506
G02 X16.958 Y-35.091 R8
G03 X35.091 Y-16.958 I13.042 J5.091
G02 X30 Y-9.506 R8
G01 Y9.506
G02 X35.091 Y16.958 I-5.091 J13.042
G02 X9.506 Y30 R8
G01 G40 Y0
    X0
G03 X-15 Y15 R15
G91 G28 Z0 M05
M01
N20 T2M06
G90 G54 G00 X-30 Y30 S1200 M03
G00 G43 Z5 H02
Z5
M98 P1000
G90 G00 X-30 Y-30
M98 P1000
G90 G000 X30 Y-30
M98 P1000
G90 G000 X30 Y30
M98 P1000 G000 Z50
```

```
G91 G28 X0 Y0 Z0 M05
M30
%

O1000
G91 G01 Z-10 F150
    Z- 4 F50
G41 X1 Y-9 D02
G03 X9 Y9 R9
G03 X0 Y0 I-9 J0
G03 X-9 Y9 R9
G01 G40 X-1 Y-9
G00 Z14
M99
```

第二节　加工中心的操作技术

数控机床的种类很多,虽然在加工时,有些具体的方法和步骤不同,但加工的过程和原理基本相同,现以 FANUC OI 系统为例,来具体说明加工的方法和步骤。

一、FANUC 0i 系统标准操作面板

FANUC 0i 系统标准立式加工中心操作面版如图 9- 6 所示。

二、对刀

数控程序一般按工件坐标系编程,对刀的过程就是建立工件坐标系与机床坐标系之间关系的过程。

下面具体说明立式加工中心对刀的方法。其中将工件上表面中心点设为工件坐标系原点。将工件上其他点设为工件坐标系原点的对刀方法与此类似。

X,*Y* 轴对刀:一般铣床及加工中心在 *X*、*Y* 方向对刀时使用的基准工具包括刚性靠棒和寻边器两种。如图 9-7 所示。

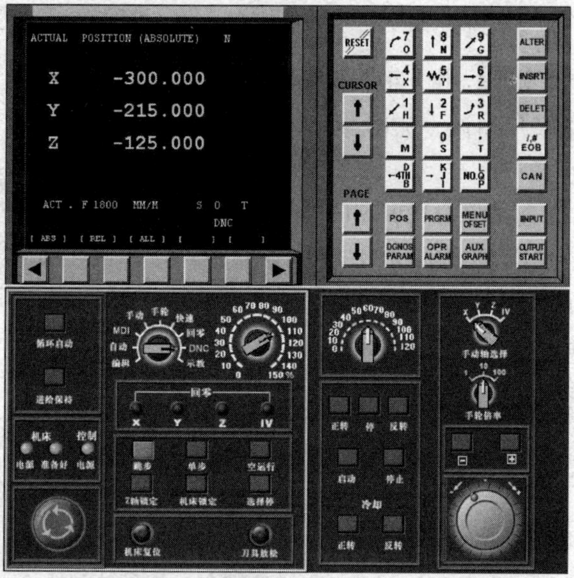

图 9-6 FANUC 0i 标准立式加工中心面板

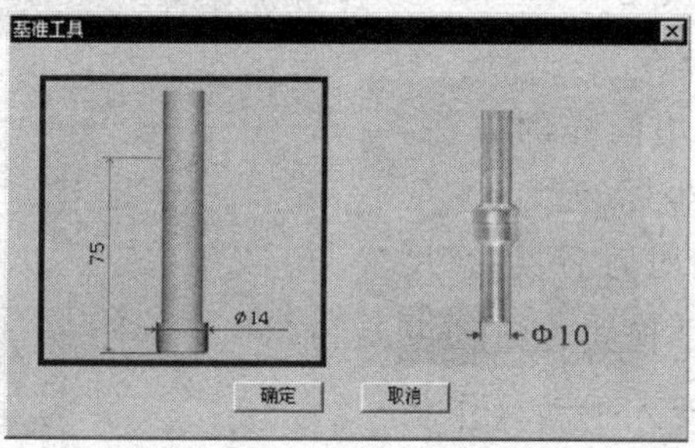

图 9-7

1. 刚性靠棒

刚性靠棒采用检查塞尺松紧的方式对刀,具体过程如下[我们采用将零件放置在基准工具的左侧(正面视图)的方式]:

X 轴方向对刀:将操作面板中模式旋钮切换到手动,进入“手动”方式;将机床移动到如图 9-8 所示的大致位置。

移动到大致位置后,可以采用手轮方式移动机床,将操作面板的模式旋钮切换到手轮档,通过调节操作面板上的倍率旋钮,用手轮精确移动靠棒,使用塞尺精调。如图9-9所示。

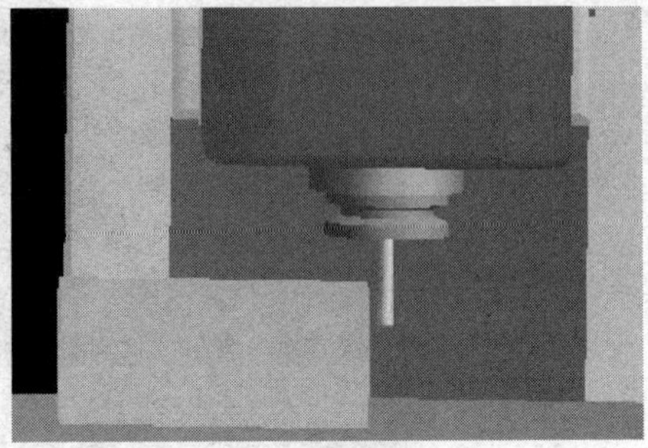

图9-8

记下塞尺检查结果合适时CRT界面中的X坐标值,此为基准工具中心的X坐标,记为X_1;将定义毛坯数据时设定的零件的长度记为X_2;将塞尺厚度记为X_3;将基准工件直径记为X_4(可在选择基准工具时读出)。则工件上表面中心的X的坐标为:

基准工具中心的X的坐标-零件长度的一半-塞尺厚度-基准工具半径

即:$X_1 - X_2/2 - X_3 - X/2$

结果记为X。

Y方向对刀采用同样的方法。得到工件中心的Y坐标,记为Y。

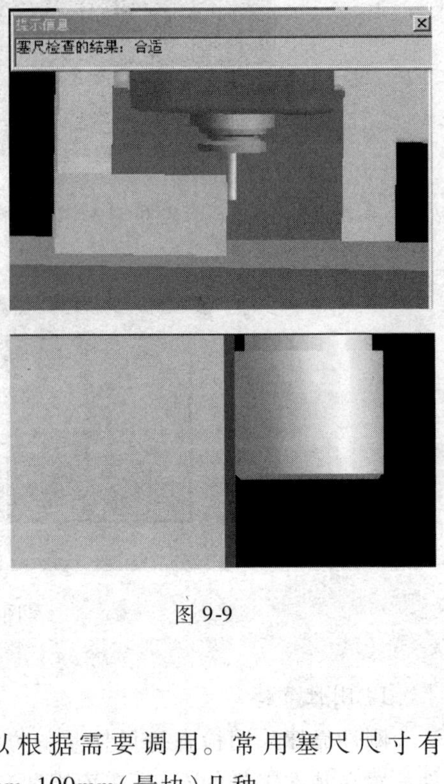

图9-9

完成X、Y方向对刀后,将塞尺收回;将操作面板中模式旋钮切换到手动,机床转入手动操作状态;将手动轴旋钮设在Z轴,点击按钮,将Z轴提起,再拆除基准工具。

【注】塞尺有各种不同尺寸,可以根据需要调用。常用塞尺尺寸有0.05mm、0.1mm、0.2mm、1mm、2mm、3mm、100mm(量块)几种。

2. 寻边器

寻边器由固定端和测量端两部分组成。固定端由刀具夹头夹持在机床主轴上,中心线与主轴轴线重合。在测量时,主轴以400rpm旋转。通过手动方式,使寻边器向工件基准面移动靠近,让测量端接触基准面。在测量端未接触工件时，固定端与测量端的中心线不重合，两者呈偏心状态。当测量端与工件接触后，偏心距减小，这时使用点动方式或手轮方式微调进给，寻边器继续向工件移动，偏心距逐渐减小。当测量端和固定端的中心线重合的瞬间，测量端会明显的偏出，出现明显的偏心状态。这时主轴中心位置距离工件基准面的距离等于测量端的半径。

(1) X 轴方向对刀

将操作面板中模式旋钮切换到手动，进入“手动”方式。利用操作面板上的按钮和手动轴选择旋钮，将机床移动到如图 9-10 所示的大致位置。

图 9-10

在手动状态下，点击操作面板上的“正转”或“反转”按钮，使主轴转动。未与工件接触时，寻边器测量端大幅度晃动。移动到大致位置后，可以采用手轮方式移动机床，将操作面板的模式旋钮切换到手轮档，通过调节操作面板上的倍率旋钮，用手轮精确移动寻边器；寻边器测量端晃动幅度逐渐减小，直至固定端与测量端的中心线重合。若此时再进行增量或手轮方式的小幅度进给时，寻边器的测量端突然大幅度偏移，如图 9-11 所示，即认为此时寻边器与工件恰好吻合。

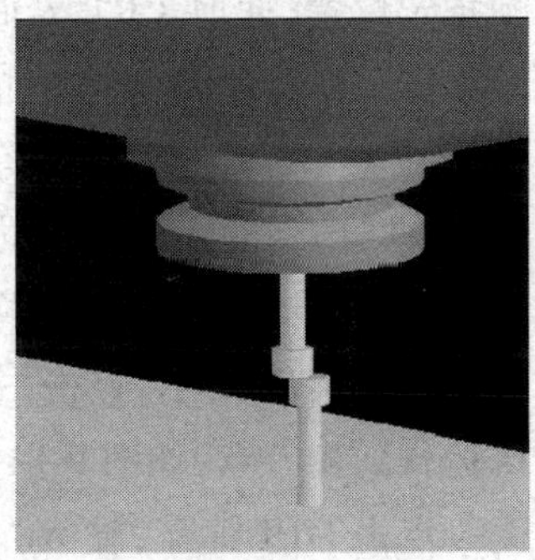

图 9-11

记下寻边器与工件恰好吻合时 CRT 界面中的 X 坐标，此为基准工具中心的 X 坐标，记为 X_1；将定义毛坯数据时设定的零件的长度记为 X_2；将基准工件直径记为 X_3（可在选择基准工具时读出）。则工件上表面中心的 X 的坐标为：

基准工具中心的 X 的坐标 − 零件长度的一半 − 基准工具半径

即：$X_1 - X_2/2 - X_3/2$，结果记为 X。

Y 方向对刀采用同样的方法。得到工件中心的 Y 坐标，记为 Y。

(2) Y 轴方向对刀

完成 X、Y 方向对刀后，将操作面板中模式旋钮切换到手动，机床转入手动操作状态；将手动轴旋钮设在 Z 轴，点击按钮，将 Z 轴提起，再拆除基准工具。

(3) Z 轴对刀

立式加工中心 Z 轴对刀时首先要将选定的、已放置在刀架上的刀具放置在主轴上，再逐把对刀。

装刀：立式加工中心需采用自动加工方式将刀架上的刀具放置在主轴上，这里介绍采用 MDI 指令方式装刀。

将操作面板上的模式旋钮置于 MDI 档，进入 MDI 编辑模式。按键“PRGRM”，使 CRT 界面显示 MDI 编辑界面。如图 9-12 所示。

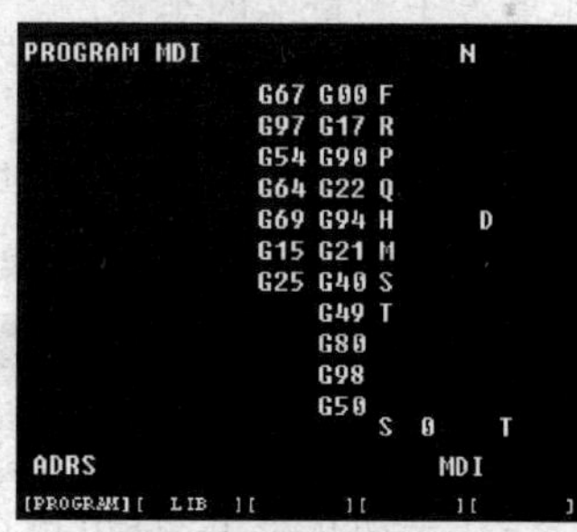

图 9-12

点击 MDI 键盘上的数字/字母键，输入“G28”，按“INPUT”键将输入域中的内容输入到指定位置，此时 CRT 界面上的第一行出现“G28”。点击 MDI 键盘上的数字/字母键，输入“Zx”(x 表示任意小于等于 0 的数字)，按“INPUT”键将输入域中的内容输入到指定位置，告知机床通过某点回换刀点。此时 CRT 界面如图 9-13 所示，点击“循环启动”按钮，机床运行到换刀点，如图 9-14 所示。

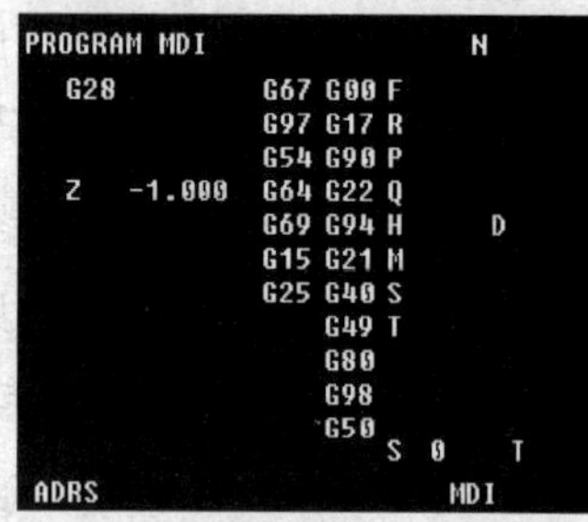

图 9-13

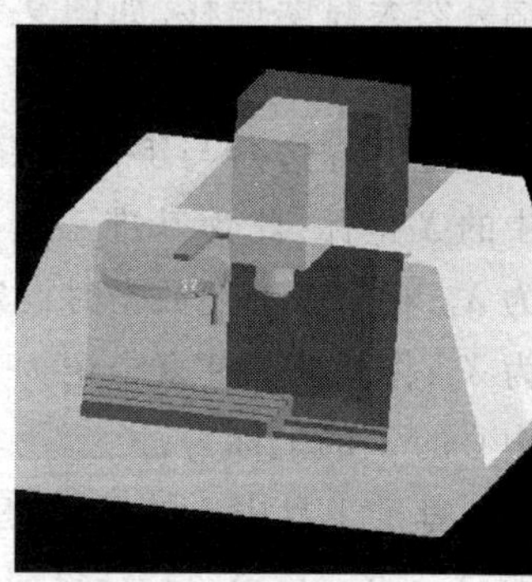

图 9-14

点击 MDI 键盘，输入“Tx”，如 1 号刀位，则输入“T01”，按“INPUT”键将输入域中的内容输入到指定位置。

点击 MDI 键盘，输入“M06”，按“INPUT”键将输入域中的内容输入到指定位置，此时 CRT 界面如图 9-15 所示，按循环启动按钮，刀架旋转后将指定刀位的刀具装好，如图 9-16 所示。

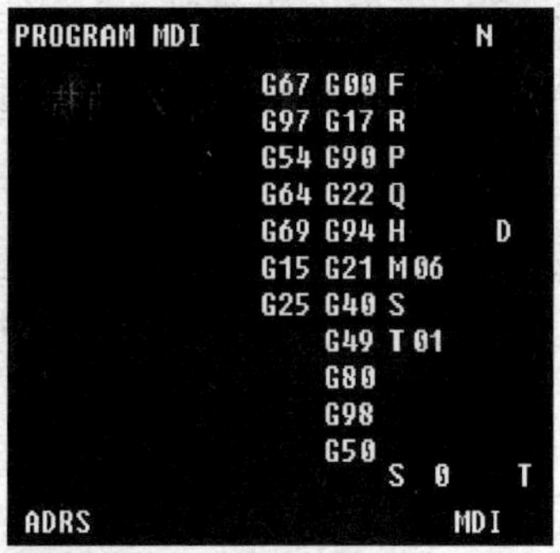

图 9-15

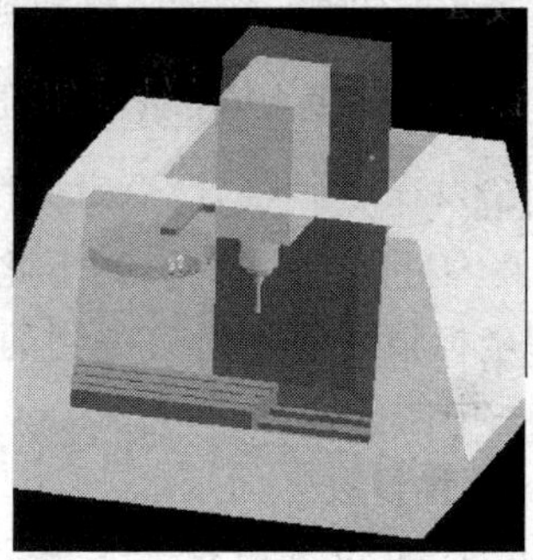

图 9-16

塞尺检查法：将操作面板中模式旋钮切换到手动，进入“手动”方式。点击 MDI 键盘上的“POS”，使 CRT 界面上显示坐标值；利用操作面板上的按钮“ ”和手动轴选择旋钮，将机床移动到如图 9－17 所示的大致位置。

类似在 X，Y 方向对刀的方法进行塞尺检查，得到“塞尺检查：合适”时 Z 的坐标值，记为 Z_1，如图 9-18 所示。则工件中心的 Z 坐标值为 Z_1－塞尺厚度。得到工件表面一点处 Z 的坐标值，记为 Z。

图 9-17

图 9-18

3. 试切法

将操作面板中模式旋钮切换到手动，进入“手动”方式；点击 MDI 键盘上的“POS”，使 CRT 界面上显示坐标值；利用操作面板上的按钮 和手动轴选择旋钮，将机床移动到如图 9 - 17 所示的大致位置。

点击操作面板上的“正转”或“反转”按钮使主轴转动；将手动轴选择旋钮设在 Z 轴位置，点击操作面板上的按钮，直到铣刀切削零件表面，使铣刀将零件切削小部分，记下此时 Z 的坐标值，记为 Z，此为工件表面一点处 Z 的坐标值。通过对刀得到的坐标值(X,Y,Z)即为工件坐标系原点在机床坐标系中的坐标值。

三、设置参数

1. G54 ~ G59 参数设置

将操作面板中旋钮置于“编辑”档；在起始界面下，按“MENU OFSET”键 3 次，进入参数设定页面；用 PAGE ↓或↑键在 No. 1 ~ No. 3 坐标系页面和 No. 4 ~ No. 6 坐标系页面(如图 9-19)之间切换。用 CURSOR ↓或↑选择所需的坐标系。

按数字键输入地址字(X、Y、Z)和数值到输入域。设通过对刀得到的工件坐标系原点在机床坐标系的坐标值为(- 100, - 200, - 300)，则输入“X - 100.00”，按“INPUT”键，把输入域中间的内容输入到所指定的位置；再分别输入“Y - 200.00”，按“INPUT”键，“Z - 300.00”，按“INPUT”键，即完成了工件坐标原点的设定。

此时 CRT 界面上对应显示输入域中的内容。

【注】X 坐标值为 - 100，须输入“X - 100. 00”；若输入“X - 100”，则系统默认为 - 0. 100。

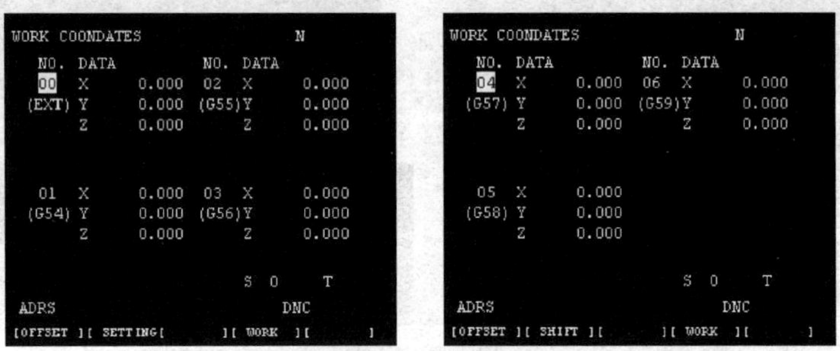

图 9-19　N0. 1 ~ N0. 6 分别对应 G54 ~ G59

2. 设置加工中心刀具补偿参数

加工中心的刀具补偿包括刀具的半径和长度补偿，设定后，可在数控程序中调用。

(1)输入半径补偿参数

将操作面板中旋钮置于“编辑”档；在起始页面下，按“MENU OFF SET”键进入半径补偿参数设定页面，如图9-20所示。

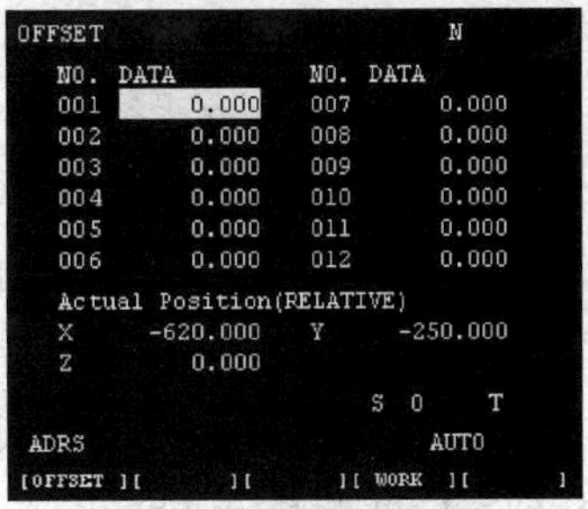

图9-20

用CURSOR ↓ 或 ↑ 键选择补偿参数编号；点击MDI键盘，将所需的刀具半径输入到输入域内。

按“INPUT”键，把输入域中间的补偿值输入到所指定的位置。按“CAN”依次逐字删除输入域中的内容。

(2)输入长度补偿参数

将操作面板中旋钮置于“编辑”档；在起始页面下，按“MENU OF SET”键两次，进入长度补偿参数设定页面，如图9－21所示。用CURSOR ↓ 或 ↑ 键选择补偿参数编号；输入方法同输入半径补偿参数。

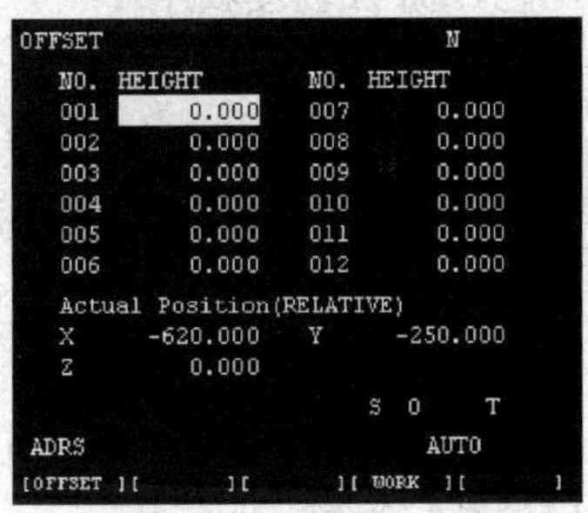

图9-21

按“INPUT”键，把输入域中间的补偿值输入到所指定的位置。按“CAN”依次逐字删除输入域中的内容。

【注】在设置铣床及加工中心刀具补偿参数时通过点击“MENU OFF SET”按钮切换坐标系设定，可进入刀具半径补偿参数设定和刀具长度补偿参数设定界面。

第三节　手动加工零件

一、手动/连续方式

将操作面板中模式旋钮切换到手动，进入“手动”方式。利用操作面板上的按钮和手动轴选择旋钮移动机床。点击中的按钮，控制主轴的转动、停止。

【注】刀具切削零件时，主轴需转动。要注意加工过程中刀具与零件发生非正常碰撞(非正常碰撞包括车刀的刀柄与零件发生碰撞，铣刀与夹具发生

碰撞等)。一般正式加工前需进行程序空运行,如刀具与零件发生非正常碰撞,系统弹出警告对话框,同时主轴自动停止转动,调整到适当位置。继续加工时需再次点击中的按钮,使主轴重新转动。

二、手动/手轮方式

在手动/连续加工或在对刀时,若需精确调节机床,可用手轮方式移动机床。

将操作面板的模式旋钮切换到手轮档;通过调节操作面板上的倍率旋钮,再旋转手轮来精确控制机床。其中 X1 为0.001mm, X10 为0.01mm, X100 为0.1mm。点击按钮,来控制主轴的转动、停止。

三、数控程序处理

1. 导入数控程序

数控程序可以通过计算机编程并直接用数据线导入机床,也可直接用 FANUC 系统的 MDI 键盘输入。加工前要将这些程序导入。

(1)将操作面板中旋钮置于 DNC 档。

(2)点击 MDI 键盘上的“PRGRM”键,进入编辑页面。

再通过 MDI 键盘输入 O××(O 后面输入的是不超过 4 位的任意数字),点击“INPUT”键,即可输入预先编辑好的数控程序。此时 CRT 界面上显示选定的数控程序。

2. 数控程序管理

(1)显示数控程序目录

经过导入数控程序操作后,将操作面板中旋钮置于“编辑”档,在 MDI 键盘上“PRGRM”按键,进入编辑页面,再按软键“Lib”。经过 DNC 传送的数控程序名显示在 CRT 界面上。

(2)选择一个数控程序

将操作面板中旋钮置于编辑档或自动档,在 MDI 键盘上按“PRGRM”键,进入编辑页面,按键入字母“O”;按数字键键入搜索的号码:XXXX(搜索号码为数控程序目录中显示的程序号);按 CURSOR 开始搜索。找到后,“OXXXX”显示在屏幕右上角程序号位置,NC 程序显示在屏幕上。

(3)删除一个数控程序

将操作面板中旋钮置于“编辑”档,在 MDI 键盘上按“PRGRM”键,进入编辑页面，按键入字母“O”；按数字键键入要删除的程序的号码：XXXX；按“DELET”键，程序即被删除。

(4)新建一个 NC 程序

将操作面板中旋钮置于“编辑”档，在 MDI 键盘上按“PRGRM”键，进入编辑页面，按键入字母“O”；按数字键键入程序号，但不可以与已有的程序号重复；按“INSRT”键，开始程序输入；每输入一个代码，按“INSRT”键，输入域中的内容显示在 CRT 界面上，用回车换行键结束一行的输入后换行。

【注】MDI 键盘上的数字/字母键，通过 SHIFT 键进行切换。

将操作面板中旋钮置于“编辑”档，在 MDI 键盘上按“PRGRM”键，进入编辑页面，按键入字母“O”；按键键入“-”；按键键入“9999”；按“DELET”键。

3. 编辑程序

将操作面板中旋钮置于“编辑”档，在 MDI 键盘上按“PRGRM”键，进入编辑页面，选定了一个数控程序后，此程序显示在 CRT 界面上，可对数控程序进行编辑操作。

(1)移动光标

按 PAGE ↓或↑翻页，按 CURSOR ↓或↑移动光标。

(2)插入字符

先将光标移到所需位置，点击 MDI 键盘上的数字/字母键，将代码输入到输入域中，按“INSRT”键，把输入域的内容插入到光标所在代码后面。

(3)删除输入域中的数据

按“CAN”键用于删除输入域中的数据。

(4)删除字符

先将光标移到需删除字符的位置，按“DELET”键，删除光标所在的代码。

(5)查找

输入需要搜索的字母或代码(代码可以是一个字母或一个完整的代码，例如：“N0010”，“M”等)，按 CURSOR ↓开始在当前数控程序中光标所在位置后搜索。如果此数控程序中有所搜索的代码，则光标停留在找到的代码处；如果此数控程序中光标所在位置后没有所搜索的代码，则光标停留在原处。

(6)替换

先将光标移到所需替换字符的位置，将替换成的字符通过 MDI 键盘输入到输入域中,按"ALTER"键,把输入域的内容替代光标所在的代码。

四、自动加工方式

1. 自动/连续方式

(1)自动加工流程

①检查机床是否回零。若未回零,先将机床回零。

②导入数控程序或自行编写一段程序。

③将操作面板中旋钮置于"自动"档。

④按循环启动按钮,数控程序开始运行。

(2)中断运行

数控程序在运行过程中可根据需要暂停、停止、急停和重新运行。

数控程序在运行时,点击进给保持按钮,程序暂停运行,再次点击循环启动按钮,程序从暂停运行开始继续运行。

数控程序在运行时,按下急停按钮,数控程序中断运行,继续运行时,先将急停按钮松开,再按循环启动按钮,余下的数控程序从中断行开始作为一个独立的程序执行。

2. 自动/单段方式

(1)检查机床是否回零。若未回零,先将机床回零。

(2)导入数控程序或自行编写一段程序。

(3)将操作面板中旋钮置于"自动"档。

(4)点击单步按钮,按钮将变亮。

(5)按循环启动按钮,数控程序开始运行。

自动/单段方式执行每一行程序均需点击一次循环启动按钮。

【注】跳步按钮亮时,数控程序中的跳过符号"/"有效。

选择停按钮亮时,"M01"代码有效。

根据需要调节进给速度(F)调节旋钮,来控制数控程序运行的进给速度,调节范围从0~150%。

按键,可使程序重置。

3. 检查运行轨迹

NC程序导入后,可检查运行轨迹。

将操作面板中旋钮置于"自动"档,点击控制面板中"AUX GRAPH"

命令，转入检查运行轨迹模式；再点击操作面板上的按钮，即可观察数控程序的运行轨迹。

【注】检查运行轨迹时，暂停运行、停止运行、单段执行等同样有效。

五、MDI 模式

将控制面板上模式旋钮切换到 MDI 上，进行 MDI 操作。在 MDI 键盘上按“PRGRM”键，进入编辑页面。如图 9-22 所示。

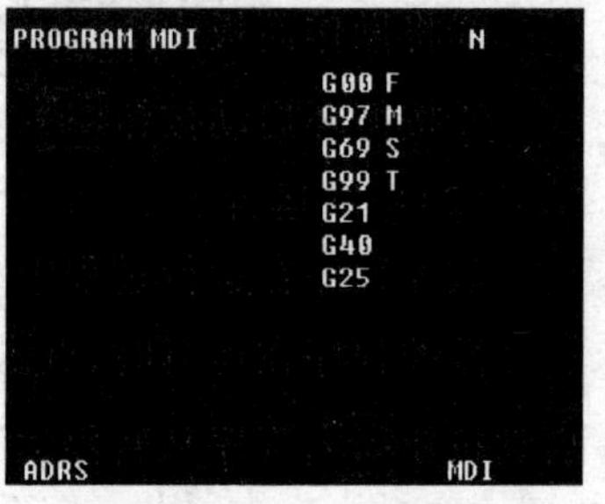

图 9-22

输写数据指令：在输入键盘上点击数字/字母键，通过 SHIFT 键在数字和字母之间进行切换。

字符显示在输入域中，可以作取消、插入、删除等修改操作，进行程序编辑。

按“CAN”键，删除输入域中的数据。按键盘上键，将输入域中的内容输入到指定位置。CRT 界面如图 9-23 所示。

按键盘上“INPUT”键，将输入域中的内容输入到指定位置，CRT 界面如图 9-23 所示。

按“RESET”键，已输入的 MDI 程序被清空。

输入完整数据指令后，按运行控制按钮运行程序。运行结束后，CRT 界面上的数据被清空。

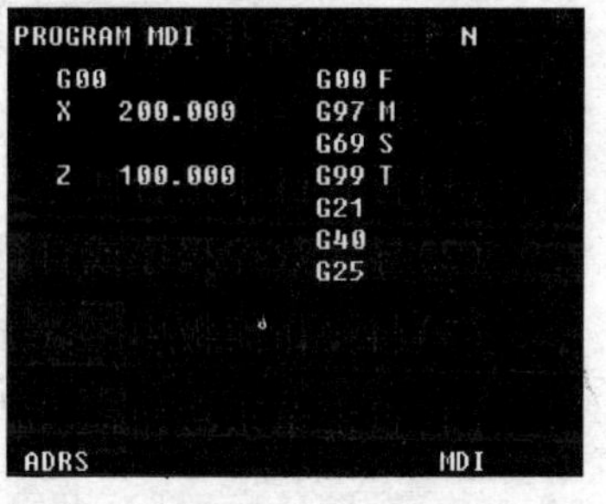

图 9-23

【注】可重复输入多个指令字。若重复输入同一指令字，后输入的数据将覆盖前输入的数据，重复输入 M 指令也会覆盖以前的输入。

六、编程加工综合示例

使用刀具长度补偿功能和固定循环功能加工如图 9-24 所示零件上的 12 个孔。

1. 分析零件图样，进行工艺处理

该零件孔加工中，有通孔、盲孔，需钻、扩和镗加工，故选择钻头 T01、扩孔刀 T02 和镗刀 T03，加工坐标系 Z 向原点在零件上表面处。由于有 3 种孔径尺寸的加工，按照先小孔后大孔加工的原则，确定加工路线为：从编程原点开

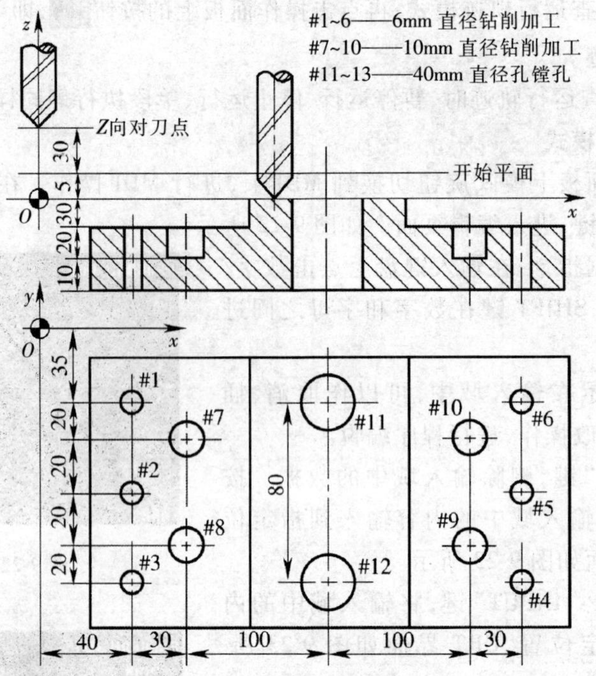

图 9-24 零件图样

始,先加工 6 个 Ø6 的孔,再加工 4 个 Ø10 的孔,最后加工 2 个 Ø40 的孔。T01、T02 的主轴转数 $S=600$r/min,进给速度 $F=120$mm/min;T03 主轴转数 $S=300$r/min,进给速度 $F=50$mm/min。

2. 加工调整

T01、T02 和 T03 的刀具补偿号分别为 H01、H02 和 H03。对刀时,以 T01 刀为基准,按图 9-24 中的方法确定零件上表面为 Z 向零点,则 H01 中刀具长度补偿值设置为零,该点在 G53 坐标系中的位置为 Z－35。对 T02,因其刀具长度与 T01 相比为 140－150＝－10mm,即缩短了 10mm,所以将 H02 的补偿值设为－10。对 T03 同样计算,H03 的补偿值设置为－50,如图 9-25 所示。换刀时,采用 P9000 子程序实现换刀。

根据零件的装夹尺寸,设置加工原点 G54:X＝－600,Y＝－80,Z＝－35。

3. 数学处理

在多孔加工时,为了简化程序,采用固定循环指令。这时的数学处理主要是按固定循环指令格式的要求确定孔位坐标、快进尺寸和工作进给尺寸值等。固定循环中的开始平面为 $Z=5$,R 点平面定为零件孔口表面＋Z 向 3mm 处。

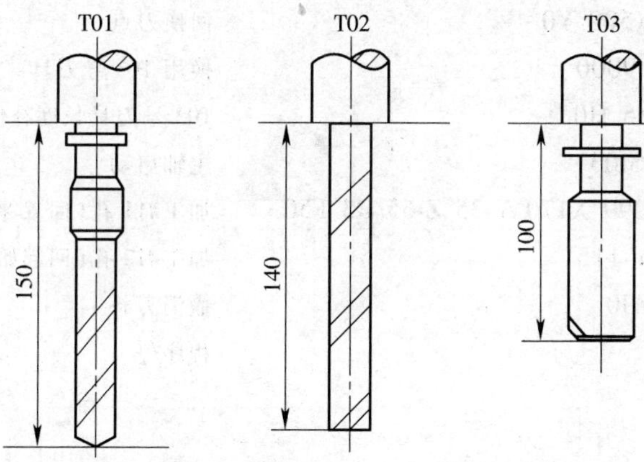

图 9-25　刀具图

4. 编写零件加工程序

程序	说明
N10 G54 G90 G00 X0 Y0 Z30	进入加工坐标系
N20 T01 M98 P9000	换用 T01 号刀具
N30 G43 G00 Z5 H01	T01 号刀具长度补偿
N40 S600 M03	主轴启动
N50 G99 G81 X40 Y-35 Z-63 R-27 F120	加工#1 孔(回 *R* 平面)
N60 Y-75	加工#2 孔(回 R 平面)
N70 G98 Y-115	加工#3 孔(回起始平面)
N80 G99 X300	加工#4 孔(回 *R* 平面)
N90 Y-75	加工#5 孔(回 *R* 平面)
N100 G98 Y-35	加工#6 孔(回起始平面)
N110 G49 Z20	*Z* 向抬刀,撤消刀补
N120 G00 X500 Y0	回换刀点
N130 T02 M98 P9000	换用 T02 号刀
N140 G43 Z5 H02	T02 号刀具长度补偿
N150 S600 M03	主轴启动
N160 G99 G81 X70 Y-55 Z-50 R-27 F120	加工#7 孔(回 *R* 平面)
N170 G98 Y-95	加工#8 孔(回起始平面)
N180 G99 X270	加工#9 孔(回 *R* 平面)
N190 G98 Y-55	加工#10 孔(回起始平面)
N200 G49 Z20	*Z* 向抬刀,撤消刀补

```
N210 G00 X500 Y0                              回换刀点
T220 M98 P9000                                换用 T03 号刀具
N230 G43 Z5 H03                               T03 号刀具长度补偿
N240 S300 M03                                 主轴启动
N250 G76 G99 X170 Y-35 Z-65 R3 F50            加工#11 孔(回 R 平面)
N260 G98 Y-115                                加工#12 孔(回起始平面)
N270 G49 Z30                                  撤消刀补
N280 M30                                      程序停
```

第十章 加工中心的维修与维护

随着电子技术和自动化技术的发展,数控技术的应用越来越广泛。以微处理器为基础,以大规模集成电路为标志的数控设备,已在我国批量生产、大量引进和推广应用,它们给机械制造业的发展创造了条件,并带来很大的效益。但同时,由于它们的先进性、复杂性和智能化高的特点,在维修理论、技术和手段上都发生了巨大的变化。数控维修技术不仅是保障数控设备正常运行的前提,对数控技术的发展和完善也起到了巨大的推动作用,因此,目前它已经成为一门专门的学科。

另外,任何一台数控设备都是一种过程控制设备,这就要求它在实时控制的每一时刻都准确无误地工作。任何部分的故障与失效,都会使机床停机,从而造成生产停顿。因而对数控系统这样原理复杂、结构精密的装置进行维修就显得十分必要了。尤其对引进的 CNC 机床,花费了几十万到上千万美元。在许多行业中,这些设备均处于关键的工作岗位,若出现故障后不及时维修,排除故障,就会造成较大的经济损失。

我们现有的维修状况和水平与国外进口设备的设计与制造技术水平还存在很大的差距。造成差距的原因在于:人员素质较差,缺乏数字测试分析手段,数域与频域综合方面的测试分析技术有待提高等。

第一节 概 念

一、系统可靠性的基本概念

系统可靠性是指数控系统在规定的条件和规定的时间内完成规定功能的能力。

故障是指系统在规定的条件和规定的时间内失去了规定的功能。

数控机床是复杂的大系统,它涉及光、机、电、液等很多技术,发生故障是难免的。机械锈蚀、机械磨损、机械失效、电子元器件老化、插件接触不良、电流电压波动、温度变化、干扰、噪声、软件丢失或本身有隐患、灰尘、操作失误等都可导致数控机车出故障。

二、数控系统的构成与特点

目前,世界上的数控系统种类繁多,形式各异,组成结构上都有各自的特点。这些结构特点来源于系统初始设计的基本要求和工程设计的思路。例如对点位控制系统和连续轨迹控制系统就有截然不同的要求。对于T系统和M系统,同样也有很大的区别,前者适用于回转体零件加工,后者适合于异形非回转体的零件加工。对于不同的生产厂家来说,基于历史发展因素以及各自因地而异的复杂因素的影响,在设计思想上也可能各有千秋。例如,美国Dynapath系统采用小板结构,便于板子更换和灵活结合,而日本FANUC系统则趋向大板结构,使之有利于系统工作的可靠性,促使系统的平均无故障率不断提高。然而无论哪种系统,它们的基本原理和构成是十分相似的。

一般整个数控系统由3大部分组成,即控制系统、伺服系统和位置测量系统。控制系统按加工工件程序进行插补运算,发出控制指令到伺服驱动系统;伺服驱动系统将控制指令放大,由伺服电机驱动机械按要求运动;测量系统检测机械的运动位置或速度,并反馈到控制系统来修正控制指令。这3部分有机结合,组成完整的闭环控制的数控系统。

控制系统主要由总线、CPU、电源、存贮器、操作面板和显示屏、位控单元、可编程序控制器逻辑控制单元以及数据输入/输出接口等组成。最新一代的数控系统还包括一个通讯单元,它可完成CNC、PLC的内部数据通讯和外部网络的连接。伺服驱动系统主要包括伺服驱动装置和电机。位置测量系统主要是采用长光栅或圆光栅的增量式位移编码器。

数控系统的主要特点是:一、可靠性要求高。因为一旦数控系统发生故障,即造成巨大经济损失。二、有较高的环境适应能力,因为数控系统一般为工业控制机,其工作环境为车间环境,要求它具有在振动、高温、潮湿以及各种工业干扰源干扰的环境条件下工作的能力。三、接口电路复杂。数控系统要与各种数控设备及外部设备相配套,要随时处理生产过程中的各种情况,适应设备的各种工艺要求,因而接口电路复杂,而且工作频繁。

三、现代数控系统维修工作的基本条件

1. 维修工作人员的基本条件

维修工作开展得好坏首先取决于人员条件。维修工作人员必须具备以下要求:

(1)高度的责任心与良好的职业道德。

(2)知识面广,掌握计算机技术、模拟与数字电路基础、自动控制与电机

拖动、检测技术及机械加工工艺方面的基础知识与一定的外语水平。

(3)经过良好的技术培训,掌握有关数控、驱动及 PLC 的工作原理,懂得 CNC 编程和编程语言。

(4)熟悉结构,具有实验技能和较强的动手操作能力。

(5)掌握各种常用(尤其是现场)的测试仪器、仪表和各种工具。

2. 在维修手段方面应具备的条件

(1)准备好常用备品、配件。

(2)随时可以得到微电子元器件的实际支援或供应。

(3)必要的维修工具、仪器、仪表、接线、微机。最好有小型编程系统或编程器,用以支援设备调试。

(4)完整资料、手册、线路图、维修说明书(包括 CNC 操作说明书)以及接口、调整与诊断、驱动说明书、PLC 说明书(包括 PLC 用户程序单)、元器件表格等。

3. 维修前的准备

接到用户的直接要求后,应尽可能直接与用户联系,以便尽快地获取现场信息、现场情况及故障信息。如数控机床的进给与主轴驱动型号、报警指示或故障现象、用户现场有无备件等。据此预先分析可能出现的故障原因与部位,而后在出发到现场之前,准备好有关的技术资料与维修服务工具、仪器备件等,做到有备而去。

第二节 加工中心故障诊断

现场维修是对数控机床出现的故障(主要是数控部分)进行诊断,找出故障部位,以相应的正常备件更换,使机床恢复正常运行。这个过程的关键是诊断,即对系统或外围线路进行检测,确定有无故障,并对故障定位指出故障的确切位置。从整机定位到插线板,在某些场合下甚至定位到元器件。这是整个维修工作的主要部分。

1. 诊断过程

(1)初步判别

通常在资料较全时,可通过资料分析判断故障所在,或采取接口信号法根据故障现象判别可能发生故障的部位,而后再按照故障与这一部位的具体特点,逐个部位检查,初步判别。在实际应用中,可能用一种方法即可查到故障并排除,有时需要多种方法并用。对各种判别故障点的方法的掌握程度主要取决于对故障设备原理与结构掌握的深度。

(2)报警处理

①系统报警的处理:数控系统发生故障时,一般在显示屏或操作面板上给出故障信号和相应的信息。通常系统的操作手册或调整手册中都有详细的报警号、报警内容和处理方法。由于系统的报警设置单一、齐全、严密、明确,维修人员可根据每一警报后面给出的信息与处理办法自行处理。

②机床报警和操作信息的处理:机床制造厂根据机床的电气特点,应用PLC程序,将一些能反映机床接口电气控制方面的故障或操作信息,以特定的标志通过显示器给出,并可通过特定键,看到更详尽的报警说明。这类报警可以根据机床厂提供的排除故障手册进行处理,也可以利用操作面板或编程器根据电路图和PLC程序,查出相应的信号状态,按逻辑关系找出故障点进行处理。

③无报警或无法报警的故障处理:当系统的PLC无法运行,系统已停机或系统没有报警但工作不正常时,需要根据故障发生前后的系统状态信息,运用已掌握的理论基础,进行分析,作出正确的判断。下面阐述这种故障诊断和排除办法。

2. 故障诊断方法

(1)常规检查法

①目测。目测故障板,仔细检查有无保险丝烧断,元器件烧焦、烟熏、开裂现象,有无异物断路现象。以此可判断板内有无过流、过压、短路等问题。

②手摸。用手摸并轻摇元器件,尤其是阻容、半导体器件有无松动之感,以此可检查出一些断脚、虚焊等问题。

③通电。首先用万用表检查各种电源之间有无断路,如无,即可接入相应的电源,目测有无冒烟、打火等现象,手摸元器件有无异常发热,以此可发现一些较为明显的故障,而缩小检修范围。

(2)仪器测量法

当系统发生故障后,采用常规电工检测仪器、工具,按系统电路图及机床电路图对故障部分的电压、电源、脉冲信号等进行实测判断故障所在。如电源的输入电压超限,引起电源监控失常,可用电压表测网络电压,或用电压测试仪实时监控以排除其他原因。如发生位置控制环故障,可用示波器检查测量回路的信号状态,或用示波器观察其信号输出是否缺相,有无干扰。例如,上海某厂在排除故障中,系统报警,位置环硬件故障,用示波器检查发现有干扰信号,我们在电路中用接电容的方法将其滤掉,使系统工作正常。如出现系统无法回基准点的情况,可用示波器检查是否有零标记脉冲,若没有可考虑是测量系统损坏。

①用可编程控制器进行 PLC 中断状态分析:可编程序控制器发生故障时,其中断原因以中断堆栈的方式记忆。使用编程器可以在系统停止状态下,调出中断堆栈和块堆栈,按其所指示的原因,查明故障所在。在可编程序控制器的维修中这是最常用、有效和快速的办法。

②接口信号检查:通过用可编程序控制器检查机床控制系统的接口信号,并与接口手册的正确信号相对比,亦可查出相应的故障点。

③诊断备件替换法:现代数控系统大都采用模块化设计,按功能不同划分不同模块。随着现代技术的发展,电路的集成规模越来越大,按常规方法,很难把故障定位到一个很小的区域,而一旦系统发生故障,为了缩短停机时间,我们可以根据模块的功能与故障现象,初步判断出可能的故障模块,用诊断备件将其替换,这样可迅速判断出有故障的模块。在没有诊断备件的情况下,可以采用现场相同或相容的模块进行替换检查。对于现代数控的维修,越来越多的情况采用这种方法进行诊断,然后用备件替换损坏模块,使系统正常工作。尽最大可能缩短故障停机时间,使用这种方法在操作时注意一定要在停电状态下进行,还要仔细检查线路板的版本、型号、各种标记、跨接是否相同,对于有关的机床数据和电位计的位置应做好记录,拆线时应做好标志。

④利用系统的自诊断功能判断:现代数控系统尤其是全功能数控具有很强的自诊断能力。通过实时监控系统各部分的工作,及时判断故障,给出报警信息,并做出相应的动作,避免事故发生。然而有时当硬件发生故障时,就无法报警,有的数控系统可通过发光管不同的闪烁频率或不同的组合作出相应的指示,这些指示配合使用就可帮助我们准确地诊断出故障模板的位置。如 SINUMERIK8 系统根据 MS100 CPU 板上 4 个指示灯和操作面板上的 FAULT 灯的亮灭组合就可判断出故障位置。

上述诊断方法在实际应用时并无严格的界限,可能用一种方法就能排除故障,亦可能需要多种方法同时进行。其效果主要取决于对系统原理与结构的理解与掌握的深度,以及维修经验的多少。

3. 数控系统的常见故障分析

根据数控系统的构成、工作原理和特点,结合我们在维修中的经验,将常见的故障部位及故障现象分析如下。

(1)位置环

这是数控系统发出控制指令,并与位置检测系统的反馈值相比较,进一步完成控制任务的关键环节。它具有很高的工作频度,并与外设相联接,所以容易发生故障。

常见的故障有:

①位控环报警:可能是测量回路开路;测量系统损坏,位控单元内部损坏。

②不发指令就运动,可能是漂移过高,正反馈,位控单元故障;测量元件损坏。

③测量元件故障,一般表现为无反馈值;机床回不了基准点;高速时漏脉冲产生报警可能的原因是光栅或读头脏了;光栅坏了。

(2)伺服驱动系统

伺服驱动系统与电源电网、机械系统等相关联,而且在工作中一直处于频繁的启动和运行状态,因而这也是故障较多的部分。

其主要故障有:

①系统损坏。一般由于网络电压波动太大或电压冲击造成。我国大部分地区电网质量不好,会给机床带来电压超限,尤其是瞬间超限,如无专门的电压监控仪,则很难测到,在查找故障原因时,要加以注意,还有一些是由于特殊原因造成的损坏。如华北某厂由于雷击中工厂变电站并窜入电网而造成多台机床伺服系统损坏。

②无控制指令,而电机高速运转。这种故障的原因是速度环开环或正反馈。如东北某厂引进的西德 WOTAN 公司转子铣床,在调试中,机床 X 轴在无指令的情况下高速运转,经分析我们认为是正反馈造成的。因为系统零点漂移,在正反馈情况下,就会迅速累加使电机在高速下运转,而我们按标签检查线路后完全正确,机床厂技术人员认为不可能接错,在充分分析与检测后我们将反馈线反接,结果机床运转正常。机床厂技术人员不得不承认德方工作失误。还有一例子,我们在天津某厂培训讲学时,应厂方要求对他们厂一台自进厂后一直无法正常工作的精密磨床进行维修,其故障是:机床一启动电机就运转,而且越来越快,直至最高转速。我们分析认为是由于速度环开路,系统漂移无法抑制造成。经检查其原因是速度反馈线接到了地线上造成的。

③加工时工件表面达不到要求,走圆弧插补轴换向时出现凸台,或电机低速爬行或振动,这类故障一般是由于伺服系统调整不当,各轴增益系统不相等或与电机匹配不合适引起,解决办法是进行最佳化调节。

④保险丝烧断,或电机过热,以致烧坏,这类故障一般是机械负载过大或卡死。

(3)电源部分

电源是维持系统正常工作的能源支持部分，它失效或故障的直接结果是造成系统的停机或毁坏整个系统。一般在欧美国家，这类问题比较少，在设计上这方面的因素考虑的不多，但在中国由于电源波动较大，质量差，还隐藏有如高频脉冲这一类的干扰，加上人为的因素（如突然拉闸断电等），这些原因可造成电源故障监控或损坏。另外，数控系统部分运行数据、设定数据以及加工程序等一般存贮在 RAM 存贮器内，系统断电后，靠电源的后备蓄电池或锂电池来保持。因而，停机时间比较长，拔插电源或存贮器都可能造成数据丢失，使系统不能运行。

（4）可编程序控制器逻辑接口

数控系统的逻辑控制，如刀库管理、液压启动等，主要由 PLC 来实现，要完成这些控制就必须采集各控制点的状态信息，如断电器、伺服阀、指示灯等。因而它与外界种类繁多的各种信号源和执行元件相连接，变化频繁，所以发生故障的可能性就比较多，而且故障类型亦千变万化。

（5）其他

由于环境条件，如干扰、温度、湿度超过允许范围，操作不当，参数设定不当，亦可能造成停机或故障。有一工厂的数控设备，开机后不久便失去数控准备好信号，系统无法工作，经检查发现机体温度很高，原因是通气过滤网已堵死，引起温度传感器动作，更换滤网后，系统正常工作。不按操作规程拔插线路板，或无静电防护措施等，都可能造成停机故障甚至毁坏系统。

一般在数控系统的设计、使用和维修中，必须考虑对经常出现故障的部位给予报警。报警电路工作后，一方面在屏幕或操作面板上给出报警信息，另一方面发出保护性中断指令，使系统停止工作，以便查清故障和进行维修。

第三节　数控加工中心的维修

一、概述

数控加工中心的维修概念，不能单纯局限于数控系统发生故障时，如何排除故障和及时修复，使数控系统尽早投入使用，还应包括正确使用和日常保养等。

二、正确操作和使用数控系统的步骤

1. 数控系统通电前的检查

（1）检查 CNC 装置内的各个印刷线路板是否紧固，各个插头有无松动。

（2）认真检查 CNC 装置与外界之间的全部连接电缆是否按随机提供的连

接手册的规定,正确而可靠地连接。

(3)交流输入电源的连接是否符合CNC装置规定的要求。

(4)确认CNC装置内的各种硬件设定是否符合CNC装置的要求。

只有经过上述检查,CNC装置才能投入通电运行。

2. 数控系统通电后的检查

(1)首先要检查数控装置中各个风扇是否正常运转。

(2)确认各个印刷线路或模块上的直流电源是否正常,是否在允许的波动范围之内。

(3)进一步确认CNC装置的各种参数。

(4)当数控装置与机床联机通电时,应在接通电源的同时,作好按压紧急停止按钮的准备,以备出现紧急情况时随时切断电源。

(5)用手动以低速进给移动各个轴,观察机床移动方向的显示是否正确。

(6)进行几次返回机床基准点的操作,用来检查数控机床是否有返回基准点功能,以及每次返回基准点的位置是否完全一致。

(7)CNC装置的功能测试。

三、CNC系统的日常维护

(1)制定CNC系统的日常维护的规章制度。

(2)应尽量少开数控柜和强电柜的门。

(3)定时清理数控装置的散热通风系统。

(4)CNC系统的输入/输出装置的定期维护。

(5)定期检查和更换直流电机电刷。

(6)经常监视CNC装置用的电网电压。

(7)存储器用电池的定期更换。

(8)CNC系统长期不用时的维护。

(9)备用印刷线路板的维护。对于已购置的备用印刷线路板应定期装到CNC装置上通电运行一段时间,以防损坏。

(10)做好维修前期的准备工作。

①技术准备:维修人员应在平时充分了解系统的性能。

②工具准备:作为最终用户,维修工具只需准备一些常规的仪器设备,如交流电压表、直流电压表,可以用指针式的也可以是数字式的,测量误差在±2%范围内即可。万用表也是一种常用的仪表。

③备件准备:一旦由于CNC系统的部件或元器件损坏,使系统发生故障。为能及时排除故障,用户应准备一些常用的备件。

四、故障处置

一旦 CNC 系统发生故障,系统操作人员应采取急停措施,停止系统运行,保护好现场。

1. 故障的表现

(1)系统发生故障的工作方式。

工作方式有:Tape(纸带方式)、MDI(手动数据输入方式)、MEMORY(存储器方式)、EDIT(编辑)、HANDLE(手轮)、JOG(点动)方式。

(2)MDI/DPL(手动数据输入/显示)。

(3)系统状态显示。有时系统发生故障时却没有报警,此时需要通过诊断画面观察系统所处的状态。

(4)定位误差超差情况。

(5)在 CRT 上的报警及报警号。

(6)刀具轨迹出现误差时的速度。

2. 故障的频繁程度

(1)故障发生的时间及频率。

(2)加工同类工件时,发生故障的概率。

(3)故障发生的方式,判别是否与进给速度、换刀方式或是与螺纹切削有关。

(4)出现故障的程序段。

3. 故障的重复性

(1)将引起故障的程序段重复执行多次进行观察,来考察故障的重复性。

(2)将该程序段的编程值与系统内的实际数值进行比较,确认两者是否有差异。

(3)本系统以前是否发生过同样故障?

4. 外界状况

(1)环境温度。

(2)周围的振动源。

(3)系统的安装位置检查,出故障时是否受到阳光的直射等。

(4)切削液、润滑油是否飞溅到了系统柜,系统柜里是否进水,受到水的浸渍(如暖气漏水)等。

(5)输入电压调查,输入电源是否有波动、电压值等。

(6)工厂内是否有使用大电流的装置。

(7)近处是否存在干扰源。

(8)附近是否正在修理或调试机床、安装了新机床等。

(9)重复出现的故障是否与外界因素有关?

5. 有关操作情况

(1)经过什么操作之后才发生的故障?

(2)机床的操作方式对吗?

(3)程序内是否包含有增量指令?

6. 机床情况

(1)机床调整状况。

(2)机床在运输过程中是否发生振动?

(3)所用刀具的刀尖是否正常?

(4)换刀时是否设置了偏移量?

(5)间隙补偿给的是否恰当?

(6)机械零件是否随温度变化而变形?

(7)工件测量是否正确?

7. 运转情况

(1)在运转过程中是否改变过或调整过运转方式?

(2)机床侧是否处于报警状态?是否已作好运转准备?

(3)机床操作面板上的倍率开关是否设定为“0”?

(4)机床是否处于锁住状态?

(5)系统是否处于急停状态?

(6)系统的保险丝是否烧断?

(7)机床操作面板上的方式选择开关设定是否正确?

8. 机床和系统之间的接线情况

(1)电缆是否完整无损?

(2)交流电源线和系统内部电线是否分开安装?

(3)电源线和信号线是否分开走线?

(4)信号屏蔽线接地是否正确?

(5)继电器、电磁铁以及电动机等电磁部件是否装有噪声抑制器?

9. CNC 装置的外观检查

(1)机柜。检查破损情况和是否是在打开柜门的状态下操作。

(2)机柜内部。风扇电机工作是否正常?

(3)电源单元。保险丝是否正常?

(4)电缆。电缆连接器插头是否完全插入、拧紧?

(5)印刷线路板。印刷线路板数量有无缺损?

(6)MDI/CRT单元。

五、故障排除方法

1. 初始化复位法

一般情况下,由于瞬时故障引起的系统报警,可用硬件复位或开关系统电源依次来清除故障。若系统工作存贮区由于掉电、拔插线路板或电池欠压造成混乱,则必须对系统进行初始化清除,清除前应注意作好数据拷贝记录。若初始化后故障仍无法排除,则进行硬件诊断。

2. 参数更改,程序更正法

系统参数是确定系统功能的依据。参数设定错误就可能造成系统的故障或某功能无效。例如,在哈尔滨某厂转子铣床上采用了测量循环系统,这一功能要求有一个背景存贮器,调试时发现这一功能无法实现。检查发现确定背景存贮器存在的数据位没有设定,经设定后该功能正常。有时由于用户程序错误亦可造成故障停机,对此可以采用系统的块搜索功能进行检查,改正所有错误,以确保其正常运行。

3. 调节,最佳化调整法

调节是一种最简单易行的办法。通过对电位计的调节,修正系统故障。如某军工厂维修中,其系统显示器画面混乱,经调节后正常。在山东某厂,其主轴在启动和制动时发生皮带打滑,原因是其主轴负载转矩大,而驱动装置的上升时间设定过小,经调节后正常。

最佳化调整是系统地对伺服驱动系统与被拖动的机械系统实现最佳匹配的综合调节方法,其办法很简单。用一台多线记录仪或具有存贮功能的双踪示波器,分别观察指令和速度反馈或电流反馈的响应关系。通过调节速度调节器的比例系数和积分时间,来使伺服系统达到既有较高的动态响应特性,而又不振荡的最佳工作状态。在现场没有示波器或记录仪的情况下,根据经验,调节使电机起振,然后向反向慢慢调节,直到消除振荡即可。

4. 备件替换法

用好的备件替换诊断出坏的线路板,并做相应的初始化启动,使机床迅速投入正常运转,然后将坏板修理或返修,这是目前最常用的排故办法。

5. 改善电源质量法

目前一般采用稳压电源,来改善电源波动。对于高频干扰可以采用电容滤波法,通过这些预防性措施来减少电源板的故障。

6. 维修信息跟踪法

一些大的制造公司根据实际工作中由于设计缺陷造成的偶然故障,不断修改和完善系统软件或硬件。这些修改以维修信息的形式不断提供给维修人员,以此作为故障排除的依据,可正确彻底地排除故障。

7. 直观法

这是一种最基本的方法。维修人员通过对故障发生时的各种光、声、味等异常现象的观察以及认真察看系统的每一处,往往可将故障范围缩小到一个模块或一块印刷线路板。这要求维修人员具有丰富的实际经验,要有多学科的、较宽的知识和综合判断的能力。

8. 自诊断功能法

现代的数控系统虽然尚未达到智能化很高的程度,但已经具备了较强的自诊断功能。能随时监视数控系统的硬件和软件的工作状况。一旦发现异常,立即在 CRT 上报警信息或用发光二极管批示出故障的大致起因。利用自诊断功能,也能显示出系统与主机之间接口信号的状态,从而判断出故障发生在机械部分还是数控系统部分,并批示出故障的大致部位。这个方法是当前维修时最有效的一种方法。

9. 功能程序测试法

所谓功能程序测试法就是将数控系统的常用功能和特殊功能,如直线定位、圆弧插补、螺纹切削、固定循环、用户宏程序等用手工编程或自动编程方法,编制成一个功能程序送入数控系统中,然后启动数控系统使之进行运行,藉以检查机床执行这些功能的准确性和可靠性,进而判断出故障发生的可能起因。本方法对于长期闲置的数控机床第一次开机时的检查以及机床加工造成废品但又无报警的情况下,一时难以确定是编程错误或是操作错误,还是机床故障时的判断是一种较好的方法。

10. 测量比较法

CNC 系统生产厂在设计印刷线路板时,为了调整、维修的便利,在印刷线路板上设计了多个检测用端子。用户也可利用这些端子比较测量正常的印刷线路板和有故障的印刷线路板之间的差异。可以检测这些测量端子的电压或波形,分析故障的起因及故障的所在位置。甚至,有时还可对正常的印刷线路人为地制造“故障”,如断开连线或短路,拔去组件等,以判断真实故障的起因。为此,维修人员应在平时积累印刷线路板上关键部位或易出故障部位在正常时的正确波形和电压值。因为 CNC 系统生产厂往往不提供有关这方面的资料。

11. 敲击法

当系统出现的故障表现为若有若无时，往往可用敲击法检查出故障的部位所在。这是由于 CNC 系统是由多块印刷线路板组成，每块板上又有许多焊点，板间或模块间又通过插接件及电缆相连。因此，任何虚焊或接触不良，都可能引起故障。当用绝缘物轻轻敲打有虚焊及接触不良的疑点处时，故障肯定会重复再现。

12. 局部升温

CNC 系统经过长期运行后元器件均要老化，性能会变坏。当它们尚未完全损坏时，出现的故障变得时有时无。这时可用热吹风机或电烙铁等来局部升温被怀疑的元器件，加速其老化，以便彻底暴露故障部件。当然，采用此法时，一定要注意元器件的温度参数等，不要将原来好的器件烤坏。

13. 原理分析法

根据 CNC 系统的组成原理，可从逻辑上分析各点的逻辑电平和特征参数（如电压值或波形），然后用万用表、逻辑笔、示波器或逻辑分析仪进行测量、分析和比较，从而对故障定位。运用这种方法，要求维修人员必须对整个系统或每个电路的原理有清楚的、较深的了解。

除了以上常用的故障检查测试方法外，还有拔板法、电压拉偏法、开环检测法等多种。这些检查方法各有特点，按照不同的故障现象，可以同时选择几种方法灵活应用，对故障进行综合分析，才能逐步缩小故障范围，较快地排除故障。

六、故障排除的一般过程

当数控系统出现报警发生故障时，维修人员不要急于动手处理，而应多进行观察和试验。

1. 充分调查故障现场

这是维修人员取得第一手材料的一个重要手段。一方面要向操作者调查，详细询问出现故障的全过程，查看故障记录单，了解发生过什么现象，曾采取过什么措施等；另一方面，要对现场要做细致的勘查。从系统的外观到系统内部各印刷线路板都应细心地察看是否有异常之处。在确认系统通电无危险的情况下，方可通电，观察系统有何异常，CRT 显示的内容等。

2. 认真分析产生故障的起因

当前的 CNC 系统智能化程度都比较低，系统尚不能自动诊断出发生故障的确切原因。往往是同一报警号可以有多种起因，不可能将故障缩小到具体的某一部件。因此，在分析故障的起因时，一定要思路开阔。往往有这种情况,自诊断出系统的某一部分有故障,但究其起源,却不在数控系统,而是在机械部分。所以,无论是 CNC 系统,机床强电,还是机械、液压、气路等,只要有可能引起该故障的原因,都要尽可能全面地列出来,进行综合判断和筛选,然后通过必要的试验,达到确诊和最终排除故障的目的。

造成数控系统故障而又不易发现的另一个重要原因是干扰。根据经验,大致有下面几种原因。

(1)机床生产厂的装配工艺问题

装配工艺不好反映在干扰方面的表现,大致有如下几点:

①没有采用一点接地法。有些机床生产为了图省事,到处就近接地,结果造成多点接地,形成地环流。

②由于接地点选择不当或接触不良,甚至虚焊造成接地电阻变大而引起噪声干扰。

③CNC 系统与主机的信号通讯,有许多是采用屏蔽线连接的。若对屏蔽地处理不当,没有按照规定连接(如有的屏蔽地按规定只许接在系统侧,而不能接在机床侧。),也是造成干扰的一种因素。

(2)强电干扰

数控机床的强电柜中的接触器、继电器等电磁部件均是 CNC 系统的干扰源。

(3)供电线路的干扰

由于我国局部地区电力不足和供电频率不稳和用户厂电网分配不合理等因素造成供电线路的干扰。现象可归纳为超压、欠压、频率和相位漂移、谐波失真、共模噪声及常模噪声等原因。为避免供电电线路干扰可采取下列措施:

①在电网电压变化较大的地区,应在 CNC 系统的输入电源前增加电子稳压器,以避免电网电压波动。如果能加入电源调节器,则效果更好,但切不可串入自耦变压器。

②用户厂的供电线路的容量应能满足数控机床电器容量的要求。

③数控机床避免与电火花设备以及大功率的起、停频繁的设备共用一干线,以免这些设备的干扰通过供电线串入到 CNC 系统中。

④数控机床设备安置时应远离中频炉、高频感应炉等变频设备。

3. 动手修复

一旦故障部位已找到,但手头却无可更换的备件时,可用移植借用办法,作为应急措施来解决。例如某一组件坏了(如与非门或触发器等),但损坏的往往只是组件中的某一路,其他几部分还是好的。而在印刷线路板的设计中,又往往只是用了组件中的一部分,没有全部用满。此时,可将没有使用的富余部分取来作为应急用。具体的作法是,切断已损坏部分的插脚(包括输入和输出脚),然后由区线将信号输入、输出线引至富余的组件插脚上即可。

七、维修中应注意的事项

(1)从整机上取出某块线路板时,应注意记录其相对应的位置,连接的电缆号,对于固定安装的线路板,还应按前后取下相应的压接部件及螺钉作记录。拆卸下的压件及螺钉应放在专门的盒内,以免丢失,装配后,盒内的东西应全部用上,否则装配不完整。

(2)电烙铁应放在顺手的前方,远离维修线路板。烙铁头应作适当的修整,以适应集成电路的焊接,并避免焊接时碰伤别的元器件。

(3)测量线路间的阻值时,应切断电源,测阻值时应红黑表笔互换测量两次,以阻值大的为参考值。

(4)线路板上大多刷有阻焊膜,因此测量时应找到相应的焊点作为测试点,不要铲除焊膜。有的板子全部刷有绝缘层,则只有在焊点处用刀片刮开绝缘层。

(5)不应随意切断印刷线路。有的维修人员具有一定的家电维修经验,习惯断线检查,但数控设备上的线路板大多是双面金属孔板或多层孔化板,印刷线路细而密,一旦切断不易焊接,且切线时易切断相邻的线,再则有的点在切断某一根线时,并不能使其和线路脱离,需要同时切断几根线才行。

(6)不应随意拆换元器件。有的维修人员在没有确定故障元件的情况下只是凭感觉判断哪一个元件坏了,就立即拆换,这样误判率较高,拆下的元件人为损坏率也较高。

(7)拆卸元件时应使用吸锡器及吸锡绳,切忌硬取。同一焊盘不应长时间加热及重复拆卸,以免损坏焊盘。

(8)更换新的器件,其引脚应作适当的处理,焊接中不应使用酸性焊油。

(9)记录线路上的开关、跳线位置,不应随意改变。进行两极以上的对照检查或互换元器件时,注意标记各板上的元件,以免错乱,致使好板亦不能工作。

(10)查清线路板的电源配置及种类,根据检查的需要,可分别供电或全部供电。应注意高压,有的线路板直接接入高压或板内有高压发生器,需适当绝缘,操作时应特别注意。

第四节　典型数控机床维修方法

一、常见故障现象

北京机床研究所生产的立式加工中心,其系统是采用日本 FANUC 0i 系统全功能数控机床,根据 CRT 显示的报警信号排除故障。

【例 1】故障现象:CRT 显示 05#07#报警。

故障检查与分析:查 FANUC 0i 系统维修手册,05#为紧急停车信号接通,07#系速度控制单元报警。从维修手册中看,05#报警是由紧急停车造成的,故排除其故障较为容易,如急停开关是否压上,*X*、*Y*、*Z* 各轴超程限位是否压合,检查均正常,按清除键,05#消失,07#报警仍存在,抬起手 05#又现。经过分析,认为 07#报警是关键,由于它异常后,而采用紧急停车来加以保护,从而同时出现 05#、07#报警。对于 07#报警,维修手册中指出:任意一轴的速度控制单位处于报警条件,或电机电源线的接触器断路,产生该报警,可考虑以下原因:

①电机过载。

②速度控制的电源变压器过热。

③速度控制电源变压器的电源保险丝断。

④速度控制单元的保险丝断。

⑤在控制部分电源输入支架上,接线座的 ZMGIN 和 2 点间的触点开路。

⑥在控制部分电源输入支架上,交流 100V 保险丝(F5)断。

⑦连接速度控制单元与控制部分之间的信号电缆断开,或者从插头中脱落。

⑧由于某种其他伺服机构报警,电机电源线上的接触器(MCC)断开。

分析:逐一检查,先易后难。A 项:用表查热元件无异常,并且是在开 NC 后,*X* 轴、*Y* 轴、*Z* 轴,刀库各轴未移动而产生 05#、07#报警,故 A 项否。B 项:用手摸变压器,不过热,用万用表查 OH1 、OH2 正常,检查 C、D、F 中的保险,未断。E 项:用万用表查接线调的 ZMGIN 和 2 之间的触点,结果通,正常。故矛盾集中在 G、H 上,用万用表电阻挡检查,发现 *Y* 轴速度控制单元板有异常。因为电机有一过热保护,在此电气接线中是各轴相互串在一起的,并且应有 24V 电压。其过程为 24V→*X* 轴过热保护常闭→速度控制单元→*Y* 轴过热保护常闭→速度控制单元→*Z* 轴过热保护常闭→*Z* 轴速度控制控制单元→刀架过热保护常闭→刀库速度控制单元→NC 为正常,当检查到 *Y* 轴过热保护常闭→Y轴速度控制单元→Z轴过热保护常闭时不通，断路，故检查Y轴速度控制板，由线查找，发现一短路棒断路，油腻太脏造成，清洗后插上，开机正常。

【例2】故障现象：主轴不能定向，负载表达红区08#报警。

故障检查与分析：查机床维修手册，08#报警为主轴定位故障，根据手册要求，我们打开机床电源柜，在交流主轴控制线路板上，找到7个发光二极管(6绿1红)，这7个指示灯(从左到右)分别表示①定向指令②低速档③磁道峰值检测④减速指令⑤精定位⑥定位完成⑦试验方式(①~③为绿，①红)。在机床定向时，观察这7个指令灯的情况如下：1#灯亮，3#、5#灯闪烁。这表明定位指令已经发出，磁道峰值已检测到，定位信号检测到，但是系统不能完成定位，主轴仍在低速运行，故3#、5#灯不闪烁。从以上情况分析，我们怀疑是主轴箱上的放大器问题。打开主轴防护罩，检查放大器，同时，发现主轴上的刀具夹紧油缸软管绕成绞形，缠绕在主轴上。分析这个不正常现象，我们判断就是该软管盘绕致使主轴定位偏移而不能准确定位，造成08#报警，将该较管卸下回直后装好，又将主轴控制器中的调节电位器RV11(定位点偏移)进行了重新调节，故障排除，报警消失，机床就恢复正常运行。

【例3】故障现象：开电源，开NC电源各轴回零后，当轴主执行M03启动时，产生01#报警。

故障检查与分析：查维修手册，01#报警为主轴系统内的故障，可由主轴伺服装置内的指示灯指示内容。检查交流主轴伺服装置内的指示灯为8421中的4号灯亮，4号灯亮指示内容为交流耦合电路的F1、F2、F3熔断，而4号故障又分为以下4种情况：①交流电源阻抗过高；②功率晶体管烧毁；③二极管或可控硅组件烧坏；④浪涌吸收器和电容损坏。

据此分析依次检查各项，只保险断两相，其他无问题，故更换保险，开机床电源开关，测交流电压正常，开NC电源，正常操作。当程序执行到M03时，主轴刚一启动，又产生01#报警，检F1、F2、F3又断原先两相。故综合分析，抛开维修手册提示的内容，检测外围，当检测到母线排分线盒时，发现其中一相线断，因此故障现象为断其他两相，修复分线盒，开机就要电源，执行M03时正常，故障解决。

【例4】故障现象：正常加工执行程序，当执行换刀动作M06时，刀套下，主轴不定向；不换刀，主轴又按下一把刀的程序继续加工，无报警。

故障检查与分析：执行换刀指令M06动作顺序为：主轴定向，刀套下，75°转出，手臂下，180°回转换刀，手臂上，75°转回，刀套上，180°油缸复位，而后发出FIN指令，再执行下段程序。结合故障分析，检查PC输出板，执行换刀动作的元器件,当检查到 G3 时,发现异常。正常时,G3 在换刀时,其管角 2 为高电平,3 为高电平,24V 送不出,而执行换刀动作。当换刀完毕后,管角 2 变为低电平,而使 24V 电压送出,发出 FIN,即 MT 信号执行完毕。管角 2 现在无论为高电平或低电平,FIN 信号发出,均有 24V 输出,MT 信号执行完毕送出,从而 NC 执行下段程序。其刀具尚未交换,易发生撞件的可能。据此,拆下 G3 芯片,其为干簧电器,根据其性能而采用松下 DSZY-S-DC5C 代替,故障解决,从换至今一年多没再发生类似故障,保证了车间的正常生产。

二、FANUC 0i 系统故障分析与处理方法

当系统电源打开后,如果电源正常,数控系统则会进入系统版本号显示画面(如下图所示),系统开始进行初始化。如果系统出现硬件故障,显示屏上会出现 900 ~ 973 号报警提示用户。下面介绍出现系统报警时的原因和处理方法。

SYSTMALARM D401-01
900 ROM PARTTY
CNC FLASH ROM
A01 A02
MACRO FLASH ROM
SERYO FLASH ROM

CNC 软件系列号和版本号

显示检查出的不良的 F-ROM 文件

1. 900 号报警(ROM 奇偶校验错误)

此报警表示发生了 ROM 奇偶错误。

要点分析:系统中的 FROM 在系统初始化过程中都要进行奇偶校验。当校验出错时,则发生 FROM 奇偶性报警,并指出不良的 FROM 文件。

原因和处理:主板上的 FOROM&SRAM 模块或者主板不良。

2. 910 ~ 911 报警(DRAM 奇偶校验错误)

此报警是 DRAM(动态 RAM)的奇偶错误。

要点分析:在 FANUC 0i 数控系统中,DRAM 的数据在读写过程中,具有奇偶校验检查电路,一旦出现写入的数据和读出的数据不符时,则会发生奇偶校验报警。ALM910 和 ALM911 分别提示低字节和高字节的报警。

原因和处理:应考虑主板上安装的 DRAM 不良。更换主板。

3. 912～913 报警(SRAM 奇偶校验错误)

此报警是 SRAM(静态 RAM)的奇偶错误。

```
SYSTMALARM                                                    D401-01
912 SYSTMALARM:(LOW)
EAX      EBX      ECX      EDX      ESI      EDI      EBP      ESP
000D602 00930063 00000000 009C0340 00000010 009404E0 00000938 0000FFDC
SS   DS   ES   FS   GS   TR   LDTR EFLAGS VECT   ERRC ERROR-ADDRESS
06D8 0050 0050 0068 0338 0678 0028 00003046 FFFF        0078:0000916B
STACK(PLO)
3646 0338 7CBA 0001 0958 FFF8 0063 0346 0D00 0000 0338 0FF1 03E8 0000 0000
0000 0000 0000 0000 0000
NMIC 11100000 0000010001010001 10110101 01001011 10001100
ADRS 003C0000 01000100
```

确认此处显示的地址

1)003C0000-003FFFFF(16 进制)时更换 FROM SRAM 模块

2)00380000-003BFFFF(16 进制)时更换存储器、主轴模块

要点分析:与 DRAM 一样,SRAM 中的数据在读写过程中,也具有奇偶校验检查电路,一旦出现写入的数据和读出的数据不符时,则会发生奇偶校验报警。ALM912 和 ALM913 分别提示低字节和高字节的报警。

原因和处理:

(1)SRAM 中存储的数据不良。

若每次接通电源,马上就发生报警,将电源关断,全清存储器(全清的操作方法是同时按住 MDI 面板上的 RESET 和 DELET 键,再接通电源)。

(2)存储器全清后,奇偶报警仍不消失时,认为是 SRAM 不良。按以下内容,更换 FROM&SRAM 模块或存储器 & 主轴模块。不显示地址时,按照 1)更换 FROM&SRAM 模块→ 2)更换存储器 & 主轴模块的顺序进行处理。(更换后,对存储器进行一次全清)。

(3)更换了 FROM&SRAM 模块或存储器 & 主轴模块还不能清除奇偶报警时,请更换主板。(更换后,对存储器进行一次全清)。

(4)存储器用的电池电压不足时,如当电压降到 2.6V 以下时出现电池报

警(额定值为3.0V)。存储器用电池的电压不足时,画面上的「BAT」会一闪一闪地显示。当电池报警灯亮时,要尽早更换新的锂电池。请注意在系统通电时更换电池。

4.920报警(监控电路或RAM奇偶校验错误)

920:第1/2轴的监控电路报警或伺服控制电路中RAM发生奇偶错误。

921:第3/4轴,同上。

要点分析:监控定时器报警。把监视CPU运行的定时器称为监控定时器,每经过一固定时间,CPU将定时器的时间进行一次复位。当CPU或外围电路发生异常时,定时器不能复位,则出现报警。

RAM奇偶错误。当检测出伺服电路的RAM奇偶错误时,发生此报警。

原因和处理:

(1)主板不良。主板上的第1/2轴伺服用RAM,监控定时电路等硬件不良,检测电路异常、误动作等。→更换主板。

(2)伺服模块不良。伺服模块第3/4轴的伺服RAM,监控定时电路等硬件不良,检测电路异常、误动作等。→更换伺服模块。

(3)由于干扰而产生的误动作。由于控制单元受外部干扰,使监控定时电路及CPU出现误动作。→是由于对主电源的干扰及机间电缆的干扰而引起的故障。检查此报警与同一电源线上连接的其他机床的动作的关系,与机械继电器、压缩机等干扰源的动作的关系,对干扰采取措施。

5.924报警(伺服模块安装不良)

当没有安装伺服模块时出此报警。

要点分析:通常在运行时不出现此报警。维修时,插拔印刷板,更换印刷板时有可能发生。

原因和处理:

(1)检查主板上有无安装伺服模块,有无安装错误及确认安装状态。

(2)当不是(1)的原因时,可认为是伺服模块不良或者主板不良。请参照上述的(920、921报警),分别进行更换。

6.930报警(CPU错误)

CPU发生错误(异常中断)。

要点分析:通常,CPU会在中断之前完成各项工作。但是,当CPU的外围电路工作不正常时,CPU的工作会突然中断,这时会发生CPU报警。

原因和处理:产生了在通常运行中不应发生的中断。

主CPU板出错:如果在电源断开再接通后运行正常,则可能是外部干扰引起的。请检查系统的屏蔽、接地、布线等抗干扰措施是否规范。当不能确定原因时,可能是 CPU 外围电路异常,要更换主板。

7. 950 报警(PMC 系统报警)

测试 PMC 软件使用的 RAM 区时,发生错误。

原因:

(1)PMC 控制模块不良。

(2)PMC 用户程序(梯形图)或 FROM&SRAM 模块不良。

(3)主板不良。

8. 970 报警(PMC 控制模块内 NMI 报警)

在 PMC 控制模块内发生了 RAM 奇偶错误或者 NMI(非屏蔽中断)报警。

原因:

(1)PMC 控制模块不良。

(2)PMC 用户程序不良(FROM & SRAM 模块不良)。更换模块时请参照(950 报警)。

9. 971 报警(SLC 内 NMI 报警)

在 CNC 与 FANUC I/O Link 间发生通讯报警等。PMC 控制模块发生了 NMI 报警。

原因和处理:

(1)PMC 控制模块不良。关于 PMC 模块的更换,请参照(950 报警)。

(2)FANUC I/O Link 中,连接的子单元不良。

(3)FANUC I/O Link 中,连接的子单元的 +24V 的电源不良。用电压表测各子单元的输入电压(正常时为 DC +24V ±10%)。

(4)连接电缆断线或脱落。

10. 973 报警(原因不明的 NMI 报警)

发生了不明原因的 NMI 报警。

原因:

(1)可能是 I/O 板、基板或主板不良。

注意:更换主板或主板上的 FROM&SRAM 模块或存储器 & 主轴模块时,存储器中存储的全部数据会丢失,要重新恢复数据。

(2)可能是插在小槽中的板不良,即 HSSB(高速串行总线)板不良。

第五节　数控机床中几种无报警故障的修理

数控机床的控制系统中都有故障自诊断功能,一般情况下发生故障时都有报警信息出现,根据机床所使用的控制系统不同,提供的报警内容多少不一,但按说明书中的故障处理方法检查,大多数的故障都能找到解决方法。

机床在实际使用中也有些故障既无报警,现象也不是很明显,对这种情况,处理起来就不那样简单了。

另外有些设备出现故障后,不但无报警信息,而且缺乏有关维修所需的资料。有些机床在使用中出现故障后如果稍不注意,还会造成工件批量报废,所以处理时更难。对这种故障处理,当修理人员缺乏一定的工作经验时,处理时常会作出错误的判断,造成不必要的经济损失或延长修理时间。

另外有时由于故障出现的频率不高,请特约维修服务部处理时也会遇到很大的麻烦,对这类故障我们认为:必须根据具体情况,仔细检查,从现象的微小之处进行分析,找出它的真正原因。

要查清这类故障的原因,首先必须从纵横交错的各种表面现象中找出它的真实现象(这个“现象”是故障的真实情况),再从确认的故障现象中找出发生的原因。全面地分析一个故障现象是决定判断是否正确的重要因素。在查找故障原因前,首先必须了解以下情况:

①故障是在正常工作中出现还是刚开机就出现的。

②出现的次数,是第一次还是已多次发生。

③确认机床的加工程序不会有错。

④其他人员是否对该机床进行了修理或调整。

⑤请修时的故障现象与现场的情况是否有差别。

以下是在维修中遇到的一些无报警故障的处理分析方法。

【故障一】加工中心主轴定向不准或错位。

加工中心主轴的定向通常采用3种方式:磁传感器、编码器和机械定向。使用磁传感器和编码器时,除了通过调整元件的位置外,还可通过对机床参数调整。发生定向错误时大都无报警,只能在换刀过程中发生中断时才会被发现。有一次在一台改装过的加工中心上出现了定向不准的故障,开始时机床在工作中经常出现中断,但出现的次数不是很多,重新开机又能工作,故障反复出现。经在故障出现后对机床进行了仔细观察,才发现故障的真正原因是主轴在定向后发生位置偏移，奇怪的是主轴在定向后如用手碰一下（和工作中在换刀时当刀具插入主轴时的情况相近），主轴会产生向相反方向漂移，检查电气部分无任何报警，机械部分又很简单。该机床的定向使用编码器，所以从故障的现象和可能发生的部位来看，电气部分的可能性比较小，机械上最主要的是联接。所以决定检查机械联接部分，在检查到编码器的联接处时发现编码器上联接套的紧定螺钉松动，使联接套后退造成与主轴的联接部分间隙过大使旋转不同步。将紧定螺钉按要求固定好后故障消除。发生主轴定向方面的故障应根据机床的具体结构进行分析处理，先检查电气部分，如确认正常后再考虑机械部分。

【故障二】数控车床在使用中出现手动移动正常，自动回零时移动一段距离后不动，重开手动移动又正常。

车床使用经济数控、步进电机、手动移动时，由于速度稍慢移动正常，自动回零时快速移动距离较长，出现机械卡住现象。根据故障进行分析，主要是机械原因，后经询问，才得知该机床因发现加工时尺寸不准，将另一台机床上的电机拆来使用，后出现了该故障，经仔细检查是因变速箱中的齿轮间隙太小引起，重新调整后正常。这是一例人为因素造成的故障，在修理中如不加注意经常会发生，因此在工作中应引起重视，避免这种现象的发生。

【故障三】在数控设备中，出现无报警故障最多的是机床误差或尺寸不准。

误差故障的现象较多，在各种设备上出现时的表现不一。如数控车床在直径方向出现时大时小的现象较多。在加工中心上垂直轴出现误差的情况较多，常见的是尺寸向下逐渐增大，但也有尺寸向上增大的现象，在水平轴上也经常会有一些较小误差的故障出现，有些经常变化，时好时坏使零件的尺寸难以控制。

造成数控机床中误差故障但又无报警的情况，主要有几种情况：

①机床的数控系统较简单，在系统中对误差没有设置检测，因此在机床出现故障时没有报警显示。

②机床中出现的误差情况不在设计时预测的范围内，因此当出现误差时检测不到。由于大多数的数控机床使用的是半闭环系统，因此不能检测到机床的实际位置。

③丝杠与电机的联轴器结构对故障发生的频率和可能性不同，出现故障

后现象也不同,有些尺寸只会向负方向增加,但有些正负方向变化的可能性都会发生。根据修理中的各种情况,我们得出这样的结论:联轴器中间采用弹性联接的基本上是负向增加的多,而中间使用键联接的两种故障均会发生。

④机床的电气系统中回零方式设置不当,回零点不能保证一致,该种故障出现的误差一般较小。除了一般的因减速开关不良造成故障外,回零时的减速距离太短也会使零点偏离。在有些系统中的监控页面中有“删格量”一项,记录并经常核对可及时发现问题。

数控机床中的无报警故障大都是一些较难处理的故障。在这些故障中,以机械原因引起的较多,其次是一些综合因素引起的故障。对这些故障的修理一般具有一定的难度,特别是对故障的现象判断尤其重要。在数控机床的修理中,对这方面故障的判断经验只有在实践中进行摸索,不断总结,不断提高,以适应现代工业新型设备维修的需要。

参考文献

[1] 唐健编. 数控加工及程序编制基础. 北京:机械工业出版社,1998

[2] 张超英,罗学科. 数控机床加工工艺、编程及操作实训. 北京:高等教育出版社,2003

[3] 合肥工业大学培训中心. 现代制造技术工程训练指导. 合肥:合肥工业大学出版社,2004

[4] 赵长明. 数控加工工艺及设备. 北京:高等教育出版社,2003

[5] 陈洪涛. 数控加工工艺与编程. 北京:高等教育出版社,2003

[6] 李斌. 数控加工技术. 北京:高等教育出版社,2001

[7] 华茂发. 数控机床加工工艺. 北京:机械工业出版社,2000

[8] 张柱银. 数控原理与数控机. 北京:化学工业出版社,2004

[9] 卢文武. 数控机床及其使用维修. 北京:机械工业出版社,2001

[10] 黄卫. 数控机床及故障诊断技术. 北京:机械工业出版社,2004

[11] 孙汉卿. 数控机床维修技术. 北京:机械工业出版社,2002

[12] 孙竹. 数控机床编程与操作. 北京:机械工业出版社,2004

[13] 许友谊. 数控机床编程技术. 北京:化学工业出版社,2005

[14] 冯小平. 数控机床编程与操作. 北京:机械工业出版社,2004

[15] 高凤英. 数控机床编程与操作切削技术. 南京:东南大学出版社,2003

[16] 陈志雄. 数控机床与数控编程技术. 北京:电子工业出版社,2003